核电厂蒸汽动力转换系统概述

主　编　张松梅

原子能出版社

图书在版编目(CIP)数据

核电厂蒸汽动力转换系统概述/张松梅主编．—北京：原子能出版社，2010.7

(核电厂新员工入厂培训系列教材)

ISBN 978-7-5022-4984-7

Ⅰ.①核… Ⅱ.①张… Ⅲ.①压水型堆—蒸汽—动力转换系统—技术培训—教材 Ⅳ.①TM623.91

中国版本图书馆 CIP 数据核字(2010)第 131762 号

内容简介

本书介绍了核电厂蒸汽动力转换系统相关基础知识。全书共分六章，内容包括核电厂蒸汽动力转换系统概述、汽轮机原理与结构、蒸汽和给水加热系统、汽轮机辅助系统、发电机及辅助系统以及常规岛其他系统等。在介绍核电厂蒸汽动力转换系统的流程与重要装置时，还简单介绍了其运行相关要点。

本书是中国核工业集团公司《核电厂新员工入厂培训系列教材》之一，也可供从事核电工程的相关人员参考。

核电厂蒸汽动力转换系统概述

出版发行 原子能出版社(北京市海淀区阜成路 43 号 100048)
责任编辑 肖 萍
技术编辑 丁怀兰 王亚翠
责任印制 潘玉玲
印　　刷 保定市中画美凯印刷有限公司
经　　销 全国新华书店
开　　本 787 mm×1092 mm 1/16
印　　张 10.75 **字　　数** 267 千字
版　　次 2010 年 12 月第 1 版 2010 年 12 月第 1 次印刷
书　　号 ISBN 978-7-5022-4984-7 **定　　价** **52.00 元**

网址:http://www.aep.com.cn **E-mail:atomep123@126.com**
发行电话:010-68452845

中国核工业集团公司
核电培训教材编审委员会

核电厂新员工基础理论培训教材
编　辑　部

名誉主任　王乃彦

主　　任　李和香

副 主 任　肖　武　李济民

顾　　问　（按姓氏拼音顺序排列）

李文琰　罗璋琳　浦胜娣　邵向业　郑福裕

编　　者　（按姓氏拼音顺序排列）

陈树明　丁云峰　郝老迷　李永章　刘惠枫

浦胜娣　阮於珍　苏淑娟　田传久　夏延龄

于　宏　章　超　张松梅　赵郁森　郑福裕

本册主编　张松梅

本册校审　张金山

本册统审　（按姓氏拼音顺序排列）

刘全友　叶鸣钧

总　序

核工业作为国家高科技战略性产业，是国家安全的重要基石、重要的清洁能源供应，以及综合国力和大国地位的重要标志。

1978年以来，我国核工业第二次创业。中国核工业集团公司走出了一条以我为主发展民族核电的成功道路。在长期的核电设计、建造、运行和管理过程中，积累了丰富的实践和理论经验，在与国际同行合作过程中，实现了技术和管理与国际先进水平相接轨，取得了骄人的业绩。

中国核工业集团公司在三十多年的核电建设中，经历了起步、小批量建设、快速发展三个阶段。我国先后建成了秦山、大亚湾、田湾三大核电基地，实现了我国大陆核电“零”的突破、国产化的重大跨越、核电管理与国际接轨，走出了一条以我为主，发展民族核电的成功之路。在最近几年中，发展尤为迅猛。截至2008年底，核电运行机组11台，装机容量907.82万千瓦，全部稳定运行，态势良好。

进入21世纪，党中央、国务院和中央军委对核工业发展高度重视、极为关怀，对核工业做出了新的战略决策。胡锦涛总书记指出：“无论从促进经济社会发展看，还是从保障国家安全看，我们都必须切实把我国核事业发展好。”发展核电是优化能源结构、保障能源安全、满足经济社会发展需求的重要途径。2007年10月，国务院正式颁布了《核电中长期发展规划(2005—2020年)》。核电进入了快速、规模化、跨越式发展的新阶段。

在中国核电大发展之际，中国核工业集团公司继续以“核安全是核工业的生命线”的核安全文化理念和“透明、坦诚和开放”的企业管理心态，以推动核电又好又快又安全发展为己任，为加速培养核电发展所需的各类人才，组织核电领域专家，全面系统地对核电设计、工程建造、电站调试、生产准备和生产运营等各阶段的知识进行了梳理，构造了有逻辑性、系统性的核电知识体系，形成了覆盖核电各阶段的核电工程培训系列教材。

这套教材作为培养核电人才的重要工具，是国内目前第一套专业化、体系化、公开出版的核电人才培养系列教材，有助于开展培训工作，提高培训质量、节约培训成本，夯实核电发展基础。它集中了全集团的优势，突出高起点、实用性强，是集团化、专业化运作的又一次实践。是中国核工业 50 余年知识管理的积淀，是中国核工业 10 万人多年总结和实践经验的结晶。

21 世纪是“以人为本”的知识经济时代，拥有足够的优秀人才是企业持续发展的重要基础。中国核工业集团公司愿以这套教材为核电发展开路，为业界理论探讨、实践交流提供参考。

我们要继续以科学发展观为指导，认真贯彻落实党中央、国务院的指示精神，积极推进核电产业发展。特别是要把总结核电建设经验作为一项长期的工作来抓，不断更新和完善人才教育培训体系。

核电培训系列教材可广泛用于核电厂人员培训，也可用于核电管理者的学习工具书，对于有针对性地解决核电厂生产实践和管理问题具有重要的参考价值。

中国核工业集团公司总经理 孙勤

2009 年 9 月 9 日

前　言

《核电厂蒸汽动力转换系统概述》是根据核电厂新员工(非操纵人员)基础理论培训的基本要求,在编写大纲、广泛听取核电厂意见的基础上编写而成的,是中国核工业集团公司核电培训教材编制规划中《核电厂新员工入厂培训系列教材》之一。

本书是一本基础理论性的培训教材,培训对象是入厂的新员工。针对培训对象的专业较杂、核电基础知识薄弱,工作岗位为非操纵员的特点,本书深入浅出,以讲授系统功能以及设备工作原理为主,并结合核电厂实际,强调实用性;同时,本书也充分考虑到学科本身的系统性和完整性,并具有一定的通用性。

本书共六章:第一章核电厂蒸汽动力转换系统概述,介绍了反应堆堆型与蒸汽动力转换系统之间的关系,核电厂中能量转移、转换的过程以及核电厂蒸汽动力转换系统总体介绍。第二章汽轮机原理与结构,围绕中心设备——汽轮机,重点介绍了其工作原理与结构,并分析了饱和汽轮机工作特点以及汽轮机的运行与监测。第三章蒸汽和给水加热系统,介绍了核电厂二回路系统设置情况,并逐一分析了每个相关子系统的功能、流程、相关设备的工作原理与结构以及系统运行要点。第四章汽轮机辅助系统,介绍了保证汽轮机安全、经济运行的相关系统。第五章发电机及辅助系统,简单介绍了发电机工作原理及结构,重点分析了发电机相关辅助系统的功能与运行。第六章常规岛其他系统,包括循环水系统、常规岛闭式冷却水系统和辅助冷却水系统,重点介绍其功能。第二、三章为蒸汽动力转换系统的核心部分,是本书的重点。

本书在编写和出版过程中,得到了中国核工业集团公司领导的关心支持和核工业研究生部、原子能出版社等单位和有关同志的大力帮助,在此一并表示诚挚的感谢。

由于编者水平有限,错误和不足之处在所难免,敬请读者批评指正!

主编

2010 年 5 月

目　　录

第一章　概　述

第二章　汽轮机原理与结构

第三章 蒸汽和给水加热系统

第四章　汽轮机辅助系统

第五章 发电机及辅助系统

第六章 常规岛其他系统

第一章　概　述

能源的生产和消费是人类社会文明的重要标志之一，尤其随着人类社会的进步和经济的发展，人民生活水平和环保要求的提高，对能源的需求将不断增加，对能源质量的要求也将越来越高。而石油、天然气和煤炭等资源的日趋枯竭及其所带来的污染是众所周知的，在这种情况下，我们迫切需要寻找一种经济、高效的新能源。

电力行业发展的程度直接标示着一个国家的经济水平。现有的电力生产存在着不同形式，各种形式在实践中得以应用，并在实践当中总结出了很多经验。原有的火电带来的环境问题已经越来越多地引起人们的注意；对于风电、太阳能发电、潮汐发电等各类新能源，至今尚未解决电力大规模生产及经济性的问题。目前，清洁能源中能大规模生产的唯有核电，因此加快发展核电成为解决电力供应问题的必然选择。同时核能所具有的经济性、安全性和不污染性促进了世界核电的发展。

核电厂是利用核反应堆作为热源，进行能量转换，将其转变为电能而进行发电的电厂。其中核反应堆是由一定数量的易裂变物质组合成的可以维持可控的自持裂变链式反应的一种装置，在发生裂变反应的同时，产生大量的热量，利用蒸汽动力转换装置将这部分热能转变为机械能，并进一步通过发电机系统将其转变为电能，完成核能向电能的转换过程。

1.1　反应堆堆型及其与蒸汽动力转换系统之间的关系

1.1.1　反应堆堆型

核反应堆是利用易裂变物质，使之发生可控的自持裂变链式反应的一种装置。当前世界上已建的、在建的以及计划要建的反应堆有各种各样。从不同的角度出发，这些反应堆可以划分为很多类型。

(1) 按照核反应堆的用途分类

1) 生产堆：主要用于生产易裂变材料、同位素或用于工业规模辐照的反应堆。

2) 试验堆：主要包括零功率装置、试验研究堆和原型堆等。一般用于试验研究，为设计和研制反应堆、新型堆取得必要的堆物理或堆工程数据。

3) 动力堆：用于动力和直接发电的反应堆，其优越性越来越得到人们的认可。具体可以划分为移动式和固定式两类。

(2) 按照冷却剂类型分类

1) 压水堆：冷却剂和慢化剂为水。水慢化、导热性能都很好，堆内高压（14～16 MPa）保证水不会沸腾汽化（水温约为 300 ℃），从而带出反应堆内的热量。

2) 沸水堆：与压水堆一样，冷却剂为水。冷却剂水在堆内沸腾，变为蒸汽后直接进入汽轮机中做功。与压水堆相比，总体热力系统设置中少了一个环路，系统比较简单。但是在相同功率水平时，沸水堆堆芯体积要大出50%左右，同时该堆型的辐射防护和废物处理比较麻烦。

3）重水堆：慢化剂为重水，重水的慢化性能很好。冷却剂可以选择重水或者轻水。燃料采用低浓度铀，可以选用天然铀。

4）气冷堆：一般用 CO_2 或者氦气作为冷却剂。燃耗深，转化比高，体积大。

5）液态金属堆：金属钠等金属作为冷却剂，燃料要求高浓度铀或者钚。系统内部压力低，功率密度大。

（3）按照引起裂变的中子能量分类

1）热中子反应堆：引起燃料核裂变的中子能量为0.025 3 eV左右。压水堆属于这种堆型。

2）快中子反应堆：引起燃料核裂变的中子能量为0.1 MeV左右，例如钠冷快堆。

3）中能中子反应堆：引起燃料核裂变的中子能量介于快中子反应堆和热中子反应堆之间。

目前核动力反应堆的主要堆型有压水堆（如秦山二期核电厂）、沸水堆、重水堆（如秦山三期核电厂）、高温气冷堆，以及钠冷快中子反应堆（如中国实验快堆）。这几种堆型的基本特点见表1-1-1。

表1-1-1 核动力反应堆的主要堆型特点比较

堆　型	中子谱	慢化剂	冷却剂	燃料富集度
压水堆	热中子	H_2O	H_2O	3%左右
沸水堆	热中子	H_2O	H_2O	3%左右
重水堆	热中子	D_2O	D_2O	天然铀或稍加浓
高温气冷堆	热中子	石墨	氦气	7%～20%或90%
钠冷快堆	快中子	无	液态钠	15%～20%

1.1.2 反应堆堆型与蒸汽动力转换系统之间的关系

核电厂厂区根据各个系统中是否含有放射性核素而划分为核岛和常规岛两大部分。

核岛主要包括反应堆厂房、核辅助厂房、燃料厂房、主控室等，由于它们之间的工艺流程和功能紧密相关，因此，必须组成以反应堆厂房为核心的建筑群，它们之间要合理分区，并布置紧凑，缩短工艺管线，节约用地。一台600～900 MW机组核岛各厂房组合后的占地面积约8 000～10 000 m^2。核岛中大部分包括反应堆、一回路主系统和设备以及停堆冷却系统和设备都安装在安全壳内。

常规岛是指在正常运行工况下，核电厂中与核不相关的系统。主要任务是将由给水在蒸汽发生器中产生的蒸汽送入汽轮机中，推动汽轮发电机转子旋转做功，产生电能，送入电网。通常包括汽轮机系统、发电机系统、循环水系统。

一般核电厂的厂房可以分成下列几个部分：

1）核心区：主要由核岛和常规岛组成，包括反应堆厂房、核辅助厂房、燃料厂房、主控室、应急柴油发电机厂房、汽轮机厂房等。

2）三废区：主要由废液储存、处理厂房、固化厂房、弱放废物库、固体废物储存库、特种洗衣房和特种汽车库等组成。

3）供排水区：主要由循环水泵房、输水隧道、排水渠道、淡水净化处理车间、消防站、高压消防泵房、排水泵房等。

4）动力供应区：主要由冷冻机站、压缩空气及液氮储存气化站、辅助锅炉房等组成。

5）检修及仓库区：包括检修车间、材料仓库、设备综合仓库及危险品仓库等。

6）厂前区：包括电厂行政办公大楼及汽车、消防、保安及生活服务设施。

核电厂的总体布置主要取决于核心区、三废区、供排水区的布置，而关键又在于核心区的布置。核心区的布置首先取决于核岛各厂房的组合，以及它们与汽轮机房的相对位置关系。

反应堆厂房与汽轮机厂房的相对位置有两种形式：一种是汽轮机厂房与反应堆厂房呈L型布置（见图1-1-1），另一种是汽轮机厂房与反应堆厂房呈T型布置（见图1-1-2）。L型布置厂房布局紧凑，占地少，特别是由几个单元机组并列时，汽轮机厂房可以合在一起，以减少汽轮机厂房内重型吊车台数，若端部再接维修车间，则设备检修更为方便。但是，这种布置，在汽轮机厂房和与反应堆厂房之间需设置防止汽轮机飞车时叶片对安全壳冲击的屏障。采用T型布置方式时，汽轮机叶片飞射方向不会危及反应堆厂房，但厂房面积相对大些。目前，世界各国如美国、德国、法国新建造的1 000 MW级的单机组和双机组核电厂的厂房布置均采用双T型布置形式。

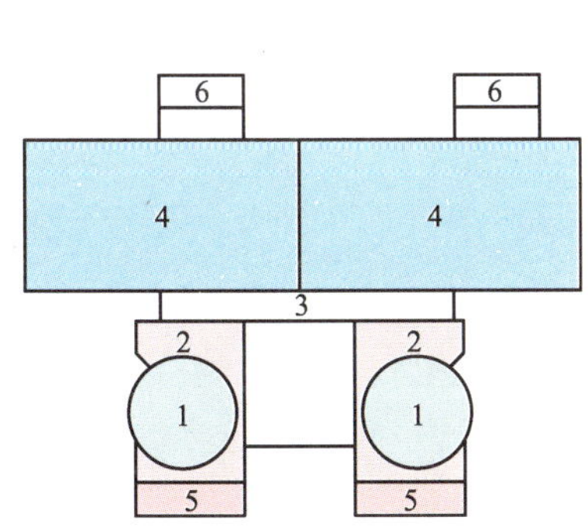

图1-1-1 核电厂厂区L型布置示意图

1—反应堆厂房；2—核辅助厂房；3—主控室；4—汽轮机厂房；5—燃料厂房；6—变电站

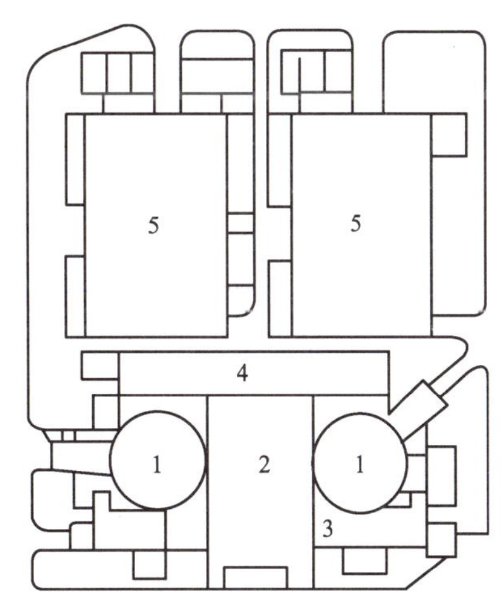

图1-1-2 核电厂厂区T型布置示意图

1—反应堆厂房；2—核辅助厂房；3—燃料厂房；4—电气厂房；5—汽轮机厂房

蒸汽动力转换系统所涉及的设备中，除了蒸汽发生器以及从蒸汽发生器上引出的部分主蒸汽管线布置于核岛部分之外，其余系统和设备（包括汽轮机系统、发电机系统和循环水系统等）均布置在常规岛。

连接在蒸汽发生器上的主蒸汽管线穿出安全壳，经主蒸汽隔离阀管廊后进入汽轮机厂房。

主蒸汽管线上布置的阀门包括：

1）安全阀：分为两种类型。第一种是动力操作安全阀，这种安全阀装有由控制系统先导的气动执行机构，限制二回路蒸汽压力在蒸汽发生器的设计压力之下；第二种是常规的弹簧加载安全阀，用于应急及事故工况下将二回路压力限制在蒸汽发生器设计压力的 110% 以内。

2）主蒸汽隔离阀：在收到主蒸汽管线隔离信号后快速关闭，保护系统与设备。

3）大气释放阀：主要用于主蒸汽管道的卸压，划分到汽轮机旁路系统。

除了这几类重要阀门之外，在主蒸汽管线上还包括了一些与其他相关系统的连接接头，如疏水系统、氮气供应系统等。

根据不同的反应堆堆型，蒸汽动力转换系统也有一定的区别，主要反映在主蒸汽参数的不同，从而导致系统与设备产生差异。不同反应堆堆型与相关二回路系统主要参数见表 1-1-2。

表 1-1-2 核动力反应堆主要堆型与相关二回路系统主要参数

参 数	PWR（压水堆）	BWR（沸水堆）	PHWR（重水堆）	HTGR（高温气冷堆）	LMFBR（液态金属堆）
型号	Sequoyah	BWR/6	CANDU-6	Fulton	Superphenix
热功率/MW	3 411	3 579	2 180	3 000	3 000
电功率/MW	1 148	1 178	638	1 160	1 200
热效率	33.5%	32.9%	29.3%	38.7%	40%
一回路压力/MPa	15.5	7.17	10.0	4.9	约 0.1
一回路入口温度/℃	286	278	267	318	395
一回路出口温度/℃	324	288	310	741	545
二回路压力/MPa	5.7	—	4.7	17.2	约 0.1 或 17.7
二回路入口温度/℃	224	—	187	188	345 或 235
二回路出口温度/℃	273	—	260	513	525 或 487

从表 1-1-2 中可见，在核动力反应堆主要堆型中，只有高温气冷堆和钠冷快中子反应堆的二回路蒸汽温度达到了对应压力下的过热水平，其余均为饱和蒸汽。这就决定了在设置二回路系统时，必然有所不同。

采用过热蒸汽作为汽轮机系统的工作介质，由于过热蒸汽做功能力要大于相同压力下饱和蒸汽，过热度越大，做功能力越大，可以在很大程度上提高核电厂蒸汽动力转换系统循环热效率。

利用饱和蒸汽工作的蒸汽动力转换系统必须要考虑的就是除湿问题，因此除了汽轮机本身结构不同之外，还在系统中设置了汽水分离再热器系统，以保证汽轮机末级蒸汽湿度满足 12%～15%的要求，保护汽轮机及热力设备和管道不受湿汽的侵蚀。

关于饱和汽轮机机组的特点详见 2.4 节。

本书以国内目前采用比较普遍的压水堆核电厂为例，介绍蒸汽动力转换系统相关知识。

1.2 核电厂总体能量转换过程介绍

核电厂是将核燃料含有的核能最终转化为电能。核电厂与火电厂的最主要差别是能量的来源不同，火电厂是利用燃烧煤等化石燃料来直接加热给水，产生的蒸汽直接进入到汽轮机中做功；而核电厂是在核燃料进行裂变反应时产生大量的热，一回路冷却剂将这部分热量带出，加热二回路给水，产生的蒸汽进入到汽轮机中做功。所以核电厂中的核燃料就相当于火电厂中的煤。但是，核燃料的能量密度很高，也就是说质量很少的核燃料可以放出很多能量，1 kg 铀-235 经裂变反应后放出的能量相当于燃烧 2 700 t 煤所释放的能量，所以一个核电厂一年所消耗的核燃料的质量远小于火电站消耗的煤的质量。以一座发电量为 100 万 kW 的电站为例，如果烧煤，每天需耗煤 7 000～8 000 t，一年要消耗 200 多万吨。若改用核电厂，每年只消耗 1.5 t 裂变铀或钚，一次换料可以满功率连续运行一年，因此，利用核能发电可以大大减少电厂燃料的运输和储存问题，以及环境污染问题。

核电厂中能量转换和传输的具体流程见图 1-2-1。

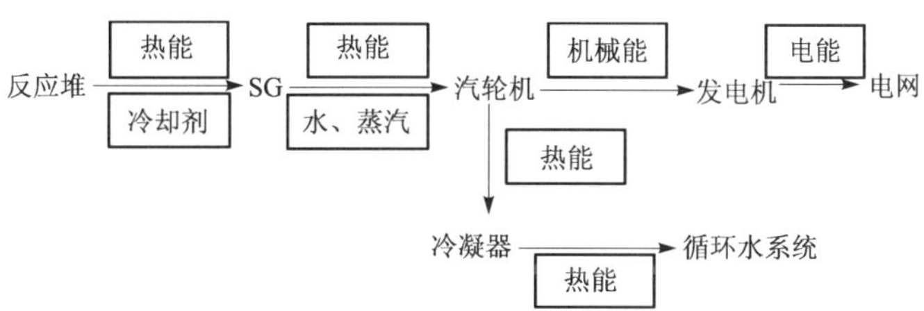

图 1-2-1 核电厂中能量转换和传输流程简图

在反应堆堆芯内，利用核燃料发生核裂变将核能转变为热能，这部分热能由反应堆冷却剂系统传递给蒸汽发生器二次侧的给水，使之受热变为饱和蒸汽，饱和蒸汽进入到汽轮机中，驱动汽轮机转子旋转做功，将热能转变为机械能，同时汽轮机转子带动发电机转子一起旋转，将机械能转变为电能，完成核电厂中由核能向电能的最后一步转换，并由发配电系统将产生的电能送入到相关的电网中去。

在汽轮机中做过功的乏汽排到凝汽器中，利用循环水将乏汽的热量带走，把乏汽冷凝为冷凝水状态。这部分凝结水继续增压、净化、加热，循环使用。被循环水带走的热量将直接排放到外界空间，因乏汽能量的不可用，且这部分热量大概占新蒸汽所具有的总热量的 60%以上，所以现在的凝汽式电厂中，循环热效率只能达到 30%～40%的水平。

1.3 核电厂蒸汽动力转换系统总体介绍

核电厂蒸汽动力转换系统主要包括蒸汽和给水加热系统、汽轮机辅助系统、发电机及其辅助系统和循环水系统。这些系统协调配合工作，完成了核电厂中能量的转换过程，并且保证了在这样的转换过程中的安全性和经济性。

1.3.1 蒸汽和给水加热系统

蒸汽和给水加热系统流程如图 1-3-1 所示。

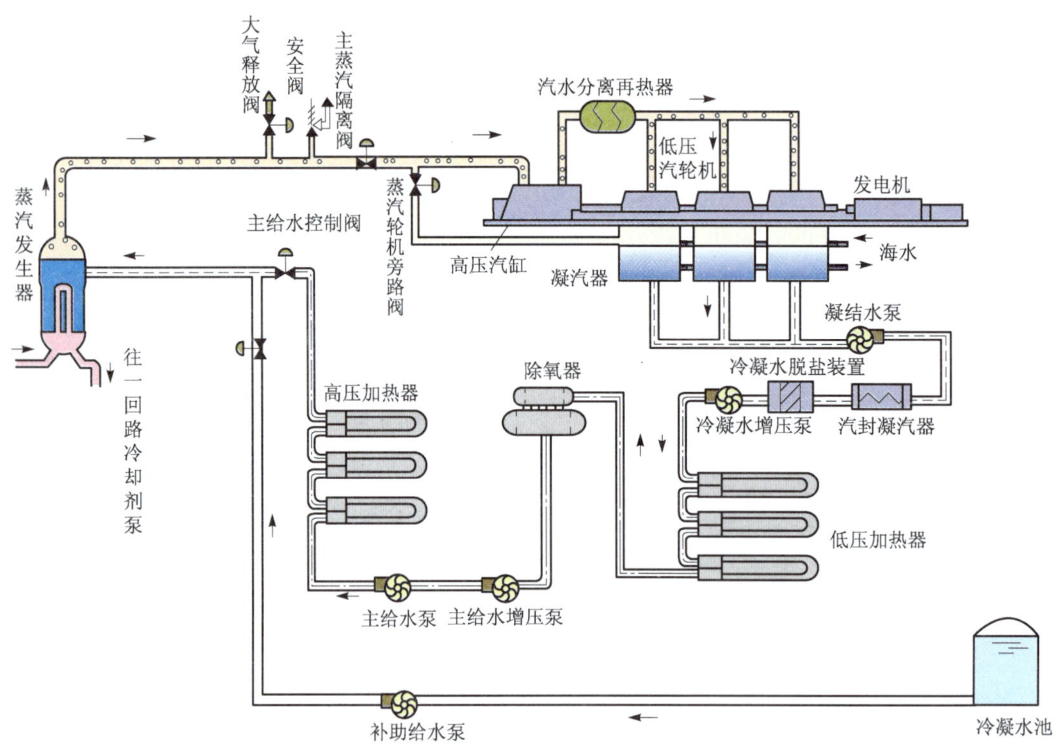

图 1-3-1 蒸汽和给水加热系统流程简图

布置于核岛安全壳内的蒸汽发生器和布置于常规岛的汽轮机、凝汽器、凝结水泵、低压加热器、除氧器、主给水泵和高压加热器等设备组成了核电厂蒸汽和给水加热系统封闭的汽水循环回路，完成核电厂中相应的能量转换。具体流程原理与火电厂中的流程原理基本相同，差别之处在于热源由火电厂的锅炉改变为核电厂中的蒸汽发生器。在蒸汽发生器内，由反应堆的冷却剂将二回路的给水加热，使之成为饱和蒸汽，并送往汽轮机组做功。

在满功率运行状态下，蒸汽发生器产生的饱和蒸汽经由主蒸汽管道进入汽轮机的高压缸，推动转子旋转做功，汽轮机转子带动发电机转子一起高速旋转发电。由于饱和蒸汽参数低，在高压缸中做过功的蒸汽一般湿度可达 14%左右，如果不加以控制，继续进入低压缸做功，低压缸排汽口的蒸汽湿度会达到 24%的水平，这远远大于对汽轮机末级蒸汽湿度不大于 12%～15%的要求，它将严重威胁低压汽缸内转子叶片的安全性，甚至会造成叶片受冲蚀而发生断裂的事故。因此将高压缸中做过功的蒸汽全部引出，排放到布置于低压缸两侧的汽水分离再热器中，进行汽水的分离，及利用汽轮机高压缸抽汽和新蒸汽对分离后的蒸汽进行再热。从汽水分离再热器中经加热后的过热蒸汽进入到三台低压缸中，继续推动汽轮机转子旋转做功。

在低压缸中做过功的乏汽排入到凝汽器中，利用大量的循环水将其冷凝成凝结水的状态。凝结水经过凝结水泵抽出升压之后，送到低压加热器中进行加热，低压加热器的热源是利用汽轮机低压缸抽汽，将做过一定功的蒸汽抽出，来加热凝结水，以提高汽轮发电机组的循环热效率。加热后的凝结水送入到除氧器中，进行加热除氧，之后主给水泵从除氧水箱中将水抽出并加压，再经高压加热器，利用高压缸的抽汽进行最后的加热后，通过流量调节装置送入到蒸汽发生器，产生饱和蒸汽，完成一个完整的热力循环，并如此往复循环。

1.3.2 汽轮机辅助系统

作为核电厂中能量转换的关键机械设备，汽轮机的安全、经济运行关系到整个核电厂的生产效率和经济效益。因此在核电厂中配备了一系列的汽轮机辅助系统，来保证汽轮机及其热力系统处于安全和经济的运行状态。

这些辅助系统包括：

① 汽轮机轴封系统；

② 汽轮机疏水系统；

③ 汽轮机调节油系统；

④ 汽轮机润滑油、顶轴油及盘车系统；

⑤ 汽轮机调节保护系统；

⑥ 汽轮机排汽口喷淋系统；

⑦ 凝汽器真空系统。

(1) 汽轮机轴封系统

为了保证转子在工作状态能够自由旋转，因此在主轴穿出汽缸部分，要与汽缸之间留有一定的间隙。但是在汽轮机启动、停运过程和带负荷运行状态下，低压汽缸处于真空状态，为了防止外界大气漏入到汽缸内部，影响凝汽器真空，必须采取有效的密封措施；同时为了防止高压缸内蒸汽沿着汽缸与主轴之间的间隙，漏到外界厂房空间或者前轴承箱内，造成能量损失及其他影响，也需要采取相应的密封措施。为此，在核电厂中，设置了汽轮机轴封系统，为汽轮机以及相关阀门提供密封蒸汽。

同时，汽轮机轴封系统也为汽轮机截止阀和调节阀的阀杆提供密封供汽，防止蒸汽在这些位置外漏。

(2) 汽轮机疏水系统

在机组启动之前，由于主蒸汽管道和设备、各个阀门及法兰等均处于相对较冷状态，因此要先进行暖管，使管路缓慢受热，膨胀均匀，不至于受过大的热应力。在暖管过程中，蒸汽遇冷马上凝结成水，这些凝结下来的水需要及时地排出，否则高速的蒸汽流会把水夹带到汽缸内，加剧对叶片的侵蚀作用，因此设置了疏水系统，在开机前进行疏水。

同时，疏水系统还保证将在运行过程中沿蒸汽方向分离出来的水及瞬态过程中饱和蒸汽形成的水及时疏走，以免引起管路振动和金属部件的腐蚀。

(3) 汽轮机调节油系统

汽轮机主汽门和调节汽门的开关及开度调节均采用液压操作装置，采用的调节油压远远大于润滑油油压，为了消防安全，采用了闪点更高的抗燃油，抗燃油由汽轮机调节油系统来提供。

汽轮机调节油系统在供油的同时，要保证油的流量、压力、温度等参数满足要求，以及合理处置在调节保护系统中排出来的油。

(4) 汽轮机润滑油、顶轴油及盘车系统

汽轮机润滑油系统主要是为了保证汽轮机在高速旋转过程中，不会发生机械摩擦，将机械摩擦转变为液压摩擦，并带出运行时产生的热量。机组运行时，必须保证润滑油的不间断供给，任何短时间的断油所引发的后果都是严重的。

顶轴油系统是在机组启动前，投入盘车装置之前，利用高压油将轴托起 0.03～0.05 mm，强行建立起油膜，防止盘车过程中发生摩擦。

盘车装置主要是利用外力使汽轮机转子以低转速运行，在汽轮机停机时，启动盘车装置，保证转子均匀受热和冷却，避免转子热弯曲；另外在冲转前进行盘车，一方面可以使轴封或汽轮机进汽时，转子受热均匀；另一方面可以检查摩擦，如果转子发生弹性变形，冲转前的盘车可以使其恢复，而且在启动期间，盘车齿轮的运行消除了用蒸汽使汽轮发电机转子“摆脱”静止的必要性。

(5) 汽轮机调节保护系统

汽轮机调节系统的任务就是根据需要改变调节阀开度，通过调节进汽量改变汽轮发电机的功率或转速。为了确保汽轮机的运行安全，防止设备损坏事故的发生，除了要求调节系统动作可靠以外，还应该具备必要的保护系统。保护系统的作用是对主要运行参数、转速、轴向位移、真空、油压、振动等进行监视，当这些参数值超过允许的范围时，保护系统动作，使汽轮机减少负荷或者停止运行。

保护系统对某些被监视量还有指示作用，对维护汽轮机的正常运行有着重要意义。大功率汽轮机的保护不但要求齐全、可靠，而且还具备逻辑判断及自动巡测、自动记录等手段。

随着汽轮机控制自动化水平的不断提高，保护已不再是一个独立的系统，而是和调节系统紧密结合在一起，成了保障汽轮机经济、安全运行的一个整体。

(6) 汽轮机排汽口喷淋系统

在汽轮机启动、停运和低负荷运行时，蒸汽流量降低，在汽轮机末端由于摩擦损失和鼓风损失，使得低压汽缸排汽口温度可能超出限值，导致汽轮机叶片损坏。为了防止这一现象，设置了汽轮机排汽口喷淋系统，利用冷凝水的喷淋，将排汽口温度降下来。

(7) 凝汽器真空系统

在热力循环及蒸汽参数确定的情况下，循环热效率与排汽参数的关系，近似于线性关系。背压每降低 2 kPa，循环热效率大约提高 3%。对于较低的蒸汽参数更为敏感。因此降低排汽压力是提高发电厂热经济性指标的主要方法之一。

系统设置了凝汽器真空系统，在机组启动时建立真空，并在正常运行时维持凝汽器内部真空，从而降低汽轮机背压，提高机组循环热效率。

1.3.3 发电机及其辅助系统

发电机及其辅助系统的主要设备包括发电机、励磁机、主变压器、厂用变压器及高压开关等组成。在运行状态中，发电机转子被汽轮机转子拖动，一起做高速旋转运动，在运转过程中，发电机的定子、转子和铁芯会产生大量的热，因此必须对发电机本身采取有效的冷却措施，冷却效果的好坏对发电机的发电容量有很重要的意义。

通常对发电机的冷却方式有两种，即内冷和外冷。内冷是指冷却介质在设备内部流动，使之与发热的铜导线直接接触进行冷却。现代大型核电机组基本都是采用除盐水内冷和氢外冷的水-氢-氢结合的办法对发电机进行冷却，即发电机的定子铜导线采用除盐水内冷，而转子铜导线和铁芯采用氢外冷的方式进行冷却。这种冷却方式经过实践证明是非常好的一种冷却方式。

正常运行时，由发电机发电，出线电压为26 kV，一路送往主变压器，经升压之后送入外电网，由外电网进行分配，为各个用户提供用电；另外一路送到降压变压器，降压后供厂用辅机用电。在机组调试初期，会利用电网倒送电至降压变压器，向调试期间所需要的设备供电，保证调试工作的正常运行。

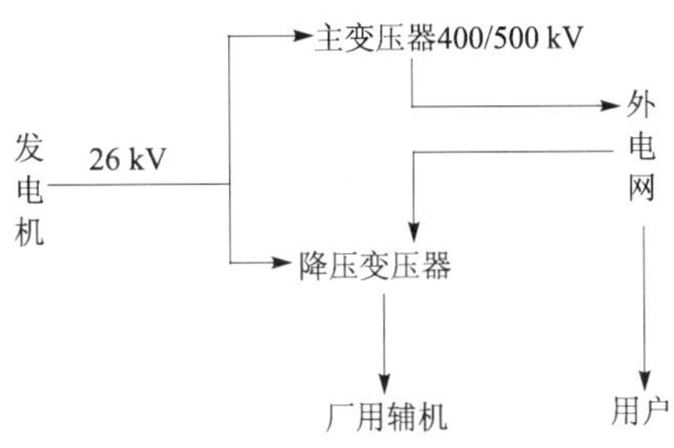

图 1-3-2 输变电系统流程简图

输变电系统流程简图见图 1-3-2。

1.3.4 循环水系统

循环水系统的主要功能是向凝汽器提供冷却水，确保汽轮机排到凝汽器的乏汽得到充分冷却，并凝结成冷凝水的状态，带出循环过程中的乏热。此外该系统还向辅助冷却水系统提供冷却水。

循环水系统要以一种有效的方式将热量排放到环境中去，其性能对电厂的效率是很重要的，因为凝汽器运行在可能的最低温度下，可以得到最大的汽轮机功率和循环效率以及最小的热量损失。

循环水系统粗略的可以分为两大类，即直流式循环水系统和闭式循环水系统。

(1) 直流式循环水系统

冷却水是来自自然界中的江河湖海中的水，这种方式是排放乏热的最有效方式，这种方式在电厂中可以得到最低温度的热阱，但是这种形式受水源是否允足的限制。

直流式循环水系统原理流程图见图 1-3-3。

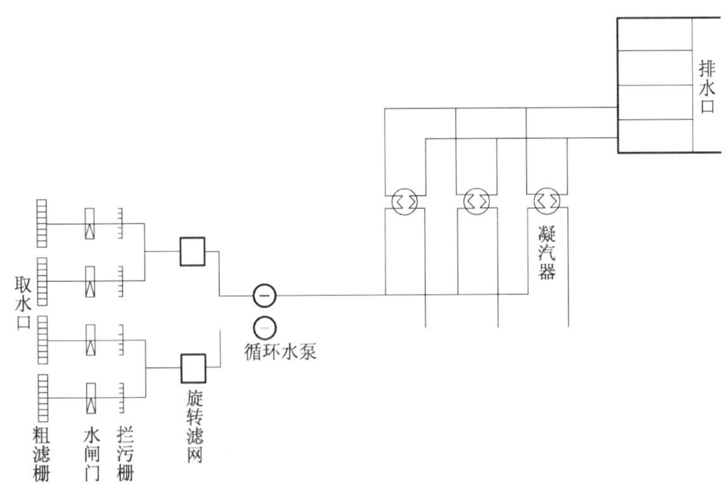

图 1-3-3 直流式循环水系统原理流程图

目前核电厂中采用的循环水方式就是这种直流式的，冷却水基本都是海水。循环水经过取水口的引水渠道进口的过滤装置，被引到循环水泵入口，升压后送到凝汽器内与乏汽进行热量的交换，排出乏热。

(2) 闭式循环水系统

在这种回路系统中，水从凝汽器出来通过一种冷却装置冷却后，再回到凝汽器内。常用的冷却装置为冷却塔。通常在冷却塔和凝汽器之间设置一个储水池，用来储存凝汽器用冷却水。

闭式循环水系统在一定程度上解决了水源不足的问题，但是其水量有限，使得其冷却能力受到局限。闭式循环水系统原理流程图见图 1-3-4。

闭式循环水在冷却塔内通过自然循环或风机强迫循环，被冷却后通过循环水泵将其抽出，送入到凝汽器内部，完成相应的冷却过程。

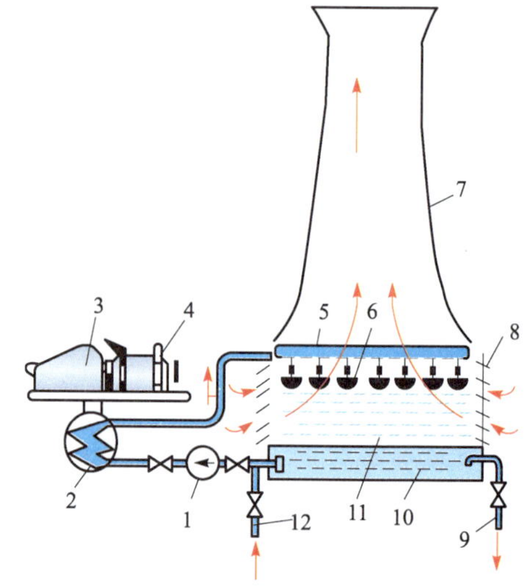

图 1-3-4　闭式循环水系统原理流程图

1—循环水泵；2—凝汽器；3—汽轮机；4—发电机；5—配水槽；6—溅水盘；7—通风塔；8—供空气进入的百叶窗；9—排污管；10—贮水池；11—木栅格；12—补充水进水管

复习思考题

1. 简述反应堆厂房与汽轮机厂房的相对位置的形式及各自特点。

2. 核电厂蒸汽动力转换系统的布置跨越核岛和常规岛，概述划界规定以及各部分所包含的系统与设备。

3. 概述不同堆型与蒸汽动力转换系统之间的关系。

4. 简述汽轮机辅助系统的组成与功能。

5. 简述蒸汽和给水加热系统的功能以及所包含的系统和设备。

6. 核电厂发电机的冷却方式有哪两种？各自特点如何？现代机组常采用的为何种形式？

7. 分析压水堆核电厂二回路系统设置的特点。

8. 简述循环水系统的功能。

9. 画出核电厂二回路原则性系统流程图。

10. 画出核电厂能量转移、转换的过程简图，并标出关键的设备与工作介质。

第二章　汽轮机原理与结构

汽轮机旧名为“蒸汽透平”，是以水蒸气为工作介质，将其热能转变为机械功的高速旋转式原动机，与其他类型原动机相比较，汽轮机具有单机功率大、热经济性高、运行平稳、安全可靠、单位功率造价低等一系列优点，所以汽轮机成为现代火力发电厂和核电厂中普遍采用的一种原动机，其发电量占总发电量的80%左右。此外，汽轮机还应用于其他工业部门，例如：直接驱动各种泵、风机、压缩机和船舶螺旋桨等。

2.1　汽轮机概述

2.1.1　汽轮机发展概述

工业汽轮机发展至今有100多年的历史，其间，发展了多种用途、多种形式、多种参数、不同容量的汽轮机，应用于工业的各个领域，并一直是全世界电力生产的主力，虽然汽轮机有较长的发展史，技术已经相当成熟，但随着现代技术的发展，汽轮机的设计、材料和制造工艺仍在继续发展。

汽轮机的基本工作原理及其很不完善的原始结构在很早就产生了，如民间熟知的风车、水车、水磨等，都是利用自然界中存在的流动工质，冲动叶轮旋转做功的冲动式汽轮机原型。

西方工业革命后，资本主义国家出现了许多大的工厂和作坊，迫切需要强大的动力源，而工业技术的发展也为新型发动机的制造提供了技术条件。在整个汽轮机发展史上，出现过一些具有里程碑意义的事件，具体见表2-1-1。

表2-1-1　汽轮机发展大事记

年　份	国　家	制 造 人	汽轮机类型
1883	瑞典	拉伐尔	第一台轴流单级冲动式汽轮机
1884—1894	英国	帕森斯	轴流式多级反动式、辐流式、背压式
1900前后	美国	寇蒂斯	复速级单级汽轮机
	法国	拉托	多级冲动式汽轮机
	瑞士	崔利	
1903—1907	—	—	背压式、调节抽汽式
1920	—	—	回热循环式汽轮机
1925	—	—	第一台中间再热式汽轮机
1912	瑞典	容斯特罗姆兄弟	具有两个反向转子的辐流式汽轮机
1930	德国	西门子公司	辐流式高压级加轴流式低压级型式

我国在解放前没有汽轮机制造业，建国后，从20世纪50年代开始，才建立了我国自己的汽轮机制造业，其中有：哈尔滨汽轮机厂、上海汽轮机厂、东方汽轮机制造厂，以及北京重型机械厂等，这样在单机容量、机组技术性能和可靠性水平等方面，我国与国外先进水平都有很大差距，从80年代开始，通过引进先进技术等措施，这种差距正在逐渐缩小。

2.1.2 汽轮机类型

汽轮机被广泛应用于国民经济各部门中，由于用户需求不同，汽轮机厂家生产的汽轮机类型有很多，为了便于区分，常将汽轮机按照工作原理、热力特性、蒸汽流动方向、用途以及进汽参数等进行分类。

(1) 按照工作原理分类

1) 冲动式汽轮机：按照冲动式原理进行工作的汽轮机称为冲动式汽轮机，在结构上一般采用盘式转子，近代的冲动式汽轮机，蒸汽在各级的动叶中都有一定程度的膨胀，但是只要反动度不大于某个定值，就仍认为是冲动式汽轮机，这类汽轮机蒸汽的膨胀主要发生在喷管位置，在动叶栅通道内膨胀程度很小；

2) 反动式汽轮机：除了第一级外，其余各级按反动式原理工作的汽轮机称为反动式汽轮机，在结构一般采用鼓形转子，这种类型汽轮机蒸汽在喷管和动叶栅中的膨胀程度近似相等。

(2) 按照热力特性分类

1) 凝汽式汽轮机：工作蒸汽全部排入凝汽器的汽轮机，称为纯凝汽式汽轮机，为了提高功率，近代汽轮机均采用回热抽汽，这种除了回热抽汽外，其余蒸汽全部进入凝汽器的汽轮机称为凝汽式汽轮机；

2) 调整抽汽式汽轮机：具有可调节抽汽(将做过功的部分蒸汽在一种或者两种压力下抽出作为工业或者采暖用汽，该压力在一定范围内可以调节)的凝汽式汽轮机称为调整抽汽式汽轮机。调整抽汽式汽轮机和背压式汽轮机统称为供热式汽轮机；

3) 背压式汽轮机：汽轮机中做过功的蒸汽在高于大气压下排出，排汽可用于供其他热用户或采暖用，这种称为背压式汽轮机，由于这种形式汽轮机的进汽量受到热用户的需求的限制，对发电量有很大影响，因此限制了其推广应用；

4) 中间再热式汽轮机：将在汽轮机高压缸做过功的蒸汽全部引至锅炉，在一定压力下再次加热到一定温度，然后再引回到汽轮机低压缸，继续膨胀做功，这种汽轮机称为中间再热式汽轮机。

(3) 按照蒸汽流动方向分类

1) 轴流式汽轮机：蒸汽流动的总体方向大致与轴平行；

2) 辐流式汽轮机：蒸汽流动的总体方向大致与轴垂直。

(4) 按照用途进行分类

1) 电站式汽轮机：发电厂中用以驱动发电机的汽轮机；

2) 工业汽轮机：应用于工业，企业中的固定式汽轮机的总称，包括：自备动力站发电用汽轮机(一般是等转速的)，驱动水泵和风机等的汽轮机(一般是变转速的)；

3) 船用汽轮机：用以驱动螺旋桨作为推进船舶的动力装置。

(5) 按照进汽参数分类

1) 低压汽轮机:新蒸汽压力为1.2 ~2 MPa;

2) 中压汽轮机:新蒸汽压力为2.1 ~8 MPa;

3) 高压汽轮机:新蒸汽压力为8.1 ~12.5 MPa;

4) 超高压汽轮机:新蒸汽压力为12.6 ~15.1 MPa;

5) 亚临界汽轮机:新蒸汽压力为15.1 ~22 MPa;

6) 超临界汽轮机:新蒸汽压力为22.12 MPa以上;

7) 超超临界汽轮机:新蒸汽压力在25.4 MPa以上。

除了以上分类方法,汽轮机还可按汽缸数目(单缸、双缸、多缸)和排列方式(单轴、双轴)等进行分类。

2.1.3 汽轮机型号

汽轮机种类很多,为了便于使用,通常用一些特定的符号来表示汽轮机的基本特性或用途,包括类型、功率和蒸汽参数等,这些符号组合到一起,形成汽轮机的型号。我国目前生产的汽轮机所采用的型号表达方式已经统一化,如图2-1-1所示。

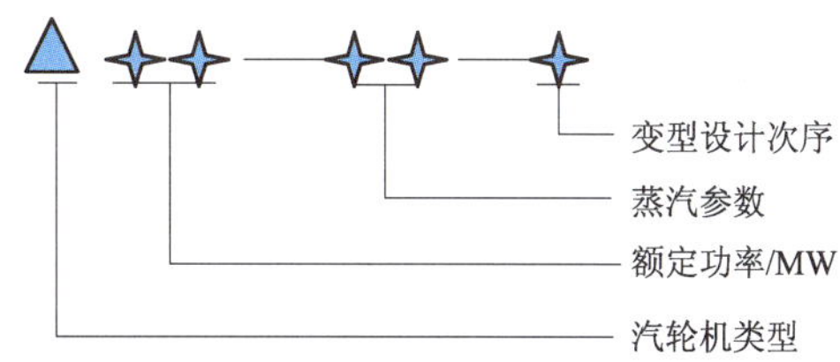

图2-1-1 汽轮机型号表达方式简图

(1) 汽轮机型号的组成

(2) 汽轮机型号的汉语拼音代号

我国目前制造的汽轮机类型采用汉语拼音来表示,如表2-1-2所示。蒸汽参数用数字来表示,如表2-1-3所示。

表2-1-2 国产汽轮机类型的代号

代 号	类 型	代 号	类 型
N	凝汽式	CB	抽汽背压式
B	背压式	H	船 用
C	一次调节抽汽式	Y	移动式
CC	两次调节抽汽式		

表2-1-3 汽轮机型号中参数的表示方法

汽轮机类型	蒸汽参数表示方法	示 例
凝汽式	主蒸汽压力/主蒸汽温度	N50-8.82/535
中间再热式	主蒸汽压力/主蒸汽温度/中间再热温度	N300-16.7/537/537
一次调节抽汽式	主蒸汽压力/调节抽汽压力	C50-8.82/0.118
两次调节抽汽式	主蒸汽压力/高压抽汽压力/低压抽汽压力	CC25-8.82/0.98/0.118
背压式	主蒸汽压力/背压	B50-8.82/0.98
抽汽背压式	主蒸汽压力/抽汽压力/背压	CB25-8.82/0.98/0.118

注:功率单位为MW;压力单位为MPa;温度单位为℃。

例如：N300-16.7/535/535 表示：凝汽式 300 MW，蒸汽初压 16.7 MPa，初温 535 ℃，中间再热蒸汽温度 535 ℃，按照原设计制造的汽轮机。

CC25-8.82/0.98/0.118-1 表示：两次调节抽汽式 25 MW，蒸汽初压为 8.82 MPa，高压抽汽压力 0.98 MPa，低压抽汽压力 0.118 MPa，按照第一次变型设计制造的汽轮机。

2.2 汽轮机工作原理

本门课程所涉及的基础知识主要包括两个方面：一是工程热力学相关内容；二是气体动力学基础知识。在本节中作以简单介绍。

2.2.1 工程热力学基础

2.2.1.1 基础概念

(1) 焓(H)

焓是一个复合状态参数，它的数学表示式为：

$$H = U + PV \tag{2-1}$$

单位质量的工质所具有的焓值称为比焓，表达式为：

$$h = u + pv \tag{2-2}$$

式中：u—— 1 kg 气体内能；

pv——1 kg 气体推动功，即工质移动时传输的能量。

在稳定的绝热流动过程中，焓与动能之和保持定值——总焓守恒。若对外做功，则焓值降低。

(2) 熵(s)

熵是描述热力过程可逆性的物理量，或者说是一个表示流体做功品质的热力学特征参数。是导出状态参数，不能直接测量，单位质量的工质所具有的熵值称为比熵，它的数学表达式：

$$\mathrm{d}s = \mathrm{d}q/T \tag{2-3}$$

绝热过程：$\mathrm{d}q=0$ 的过程。

在汽轮机做功过程中，因速度很快，近似认为是绝热过程，经公式简化，得到理想气体绝热过程方程式：$pv^k=$定值。

(3) 水-蒸汽状态

在某一温度、压力下，液体的汽化(沸腾和蒸发)速度(取决于液体温度)与液化速度(取决于蒸汽压力)相同，液体和蒸汽处于动态平衡，此时状态称为饱和状态，液面上的蒸汽称为饱和蒸汽，液体称为饱和液体。其饱和温度与饱和压力一一对应，低于饱和温度的水称为过冷水或未饱和水。水和蒸汽的主要状态有过冷水、饱和水、湿饱和蒸汽、干饱和蒸汽和过热蒸汽，如图 2-2-1 所示。

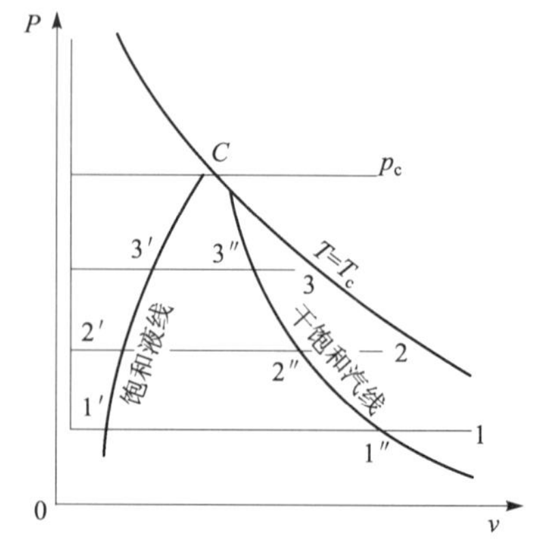

图 2-2-1 汽水状态图

温度超过饱和温度之数值称为过热度。

(4) 湿度的概念

湿度有两种定义形式,即绝对湿度和相对湿度。所谓绝对湿度是指每一立方米湿空气中所含水蒸气的质量(kg)称为湿空气的绝对湿度。所谓相对湿度是指湿空气中实际所包含的水蒸气量和同温度下最大可能包含的水蒸气量的比值。相对湿度反映了湿空气中水蒸气含量接近饱和的程度,又称饱和度。对于饱和蒸汽,其相对湿度为1。

2.2.1.2　蒸汽在汽轮机中的流动过程

汽轮机稳定工况下,蒸汽在汽轮机叶片间流动,因速度较快,可以近似认为是绝热过程。在对外做功过程中,蒸汽的温度逐渐降低,蒸汽从饱和状态达到过饱和状态,液滴逐渐凝结出来。液滴的出现减缓了蒸汽整体流动速度,降低了其做功能力,同时液滴在蒸汽的带动下撞击汽轮机叶片,会导致叶片损坏,严重影响汽轮机的寿命及安全运行,因此要求汽轮机出口蒸汽的湿度不超过规定值。

2.2.1.3　蒸汽动力循环

(1) 卡诺循环

卡诺循环就是在恒定的高温热源和低温热源之间,由两个可逆定温过程和两个定熵过程所组成的可逆循环,如图2-2-2所示。

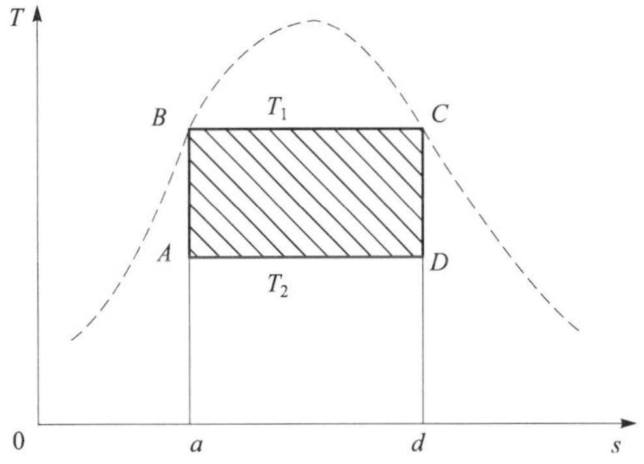

图2-2-2中,$ABCD$表示卡诺循环,它由四个热力学过程组成:BC——等温吸热过程;CD——绝热膨胀过程;DA——等温放热过程;AB——绝热压缩过程。卡诺循环热力效率公式为:

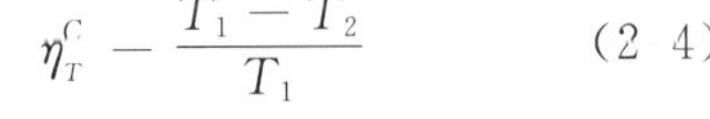

$$\eta_T^C = \frac{T_1 - T_2}{T_1} \qquad (2\text{-}4)$$

图2-2-2　卡诺循环图

在相同温度界限内的任何热力循环,其热效率都不可能高于卡诺循环的热效率。但是迄今为止,卡诺循环只应用于热力学的理论分析中,在工程上还没有生产出按照卡诺循环工作的热力发动机。这主要是因为对于理想气体的热力循环,定温加热和定温放热的过程都很难实现。

(2) 朗肯循环

图2-2-3是最简单的蒸汽动力装置的示意图。工质在锅炉中吸收热量而产生蒸汽,在过热器中过热后,经由主蒸汽管道送到汽轮机内去膨胀做功,带动发电机发电。做过功的乏汽排到凝汽器,被循环水冷却,凝结成水,经过给水泵送回到锅炉加热,再产生蒸汽,这样就构成一个封闭的循环。我们把这种简单的蒸汽动力循环叫做朗肯循环。其温熵图如图2-2-4所示。

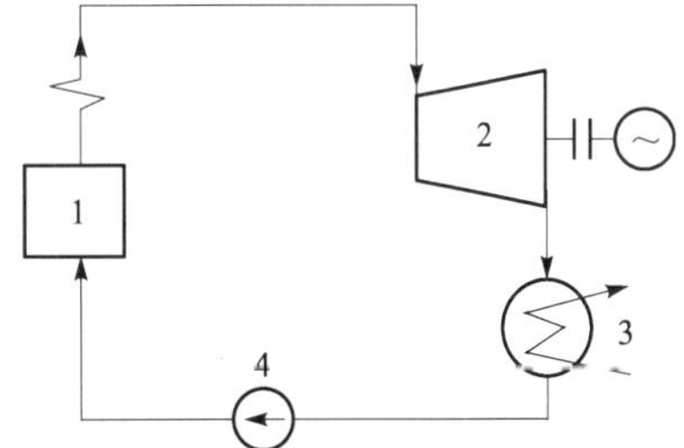

图2-2-3　最简单的蒸汽动力装置示意图

1—蒸汽发生器;2—汽轮机;3—凝汽器;4—给水泵

图 2-2-4 中:1-2 为蒸汽在汽轮机中膨胀做功的过程,其焓降为 $w_t = h_1 - h_2$;2-2′ 为在凝汽器中等压放热过程,其放热量为 $h_2 - h'_2$;2′-3 为水在给水泵的定熵压缩过程,所消耗的功 $w_p = h_3 - h'_2$;3-1 为工质在锅炉中的吸热过程,其吸热量为 $q = h_1 - h_3$。

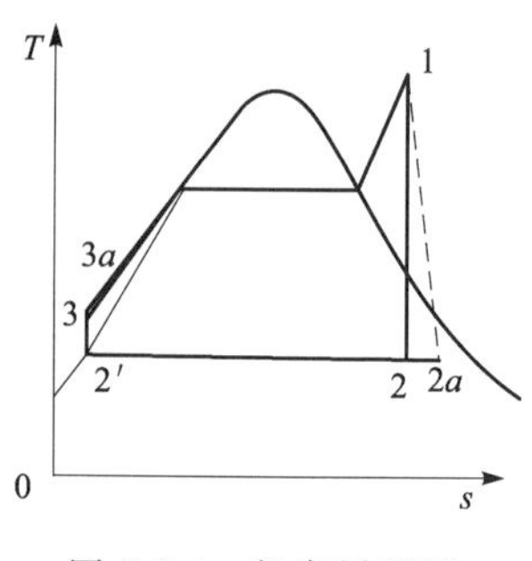

图 2-2-4 朗肯循环图

因此,朗肯循环的热效率应为:

$$\eta_t = \frac{w_t - w_p}{q_1} = \frac{(h_1 - h_2) - (h_3 - h'_2)}{h_1 - h_3} \tag{2-5}$$

给水泵所消耗的功与汽轮机输出相比是微不足道的,而且在实际电厂计算效率时,把给水泵及其他辅助设备消耗的电能,统一作为厂用电考虑,故在计算循环热效率时,可以忽略。这样热效率可简化成:

$$\eta_t = \frac{w_t}{q_1} = \frac{h_1 - h_2}{h_1 - h'_2} \tag{2-6}$$

上式是一种理想状况的热效率,它把循环中各个过程都按可逆过程处理,故称为理论热效率。实际上在汽轮机和给水泵内工质流动都有阻力,其过程为不可逆过程,实际热效率比理论热效率要低。

朗肯循环是很简单的蒸汽动力循环,所以它的热效率较低。为了提高朗肯循环的热效率,可以通过改善蒸汽参数的办法实现。下面简要分析蒸汽参数对循环热效率的影响。

1) 提高蒸汽初温:如图 2-2-5 所示,提高蒸汽初温使做功面积增大,能够提高朗肯循环热效率,并且使乏汽湿度减小,有利于汽轮机的工作。但是,提高蒸汽初温,使汽轮机叶片温度提高,如果蒸汽初温增加到一定程度,会由于汽轮机叶片热负荷的增加,汽轮机叶片需要特殊材料,造价昂贵。

2) 降低蒸汽背压:汽轮机背压对电厂热经济性的影响非常显著,如图 2-2-6 所示,在蒸汽初温和初压不变的情况下,降低蒸汽背压,相应排汽温度也下降,此时,工质放热过程的平均温度也下降,而吸热过程的平均温度虽略有下降,但是下降得较少,因而可使做功面积增加,从而提高循环热效率,但是随着排汽压力降低后,汽轮机末级湿度也会增加,会影响汽轮机寿命。

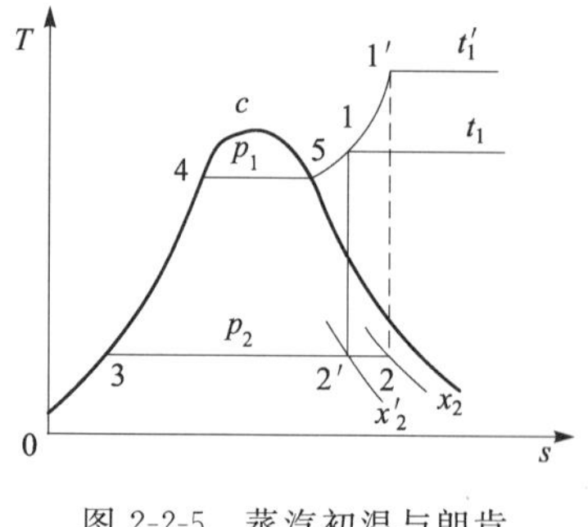

图 2-2-5 蒸汽初温与朗肯循环热效率的关系

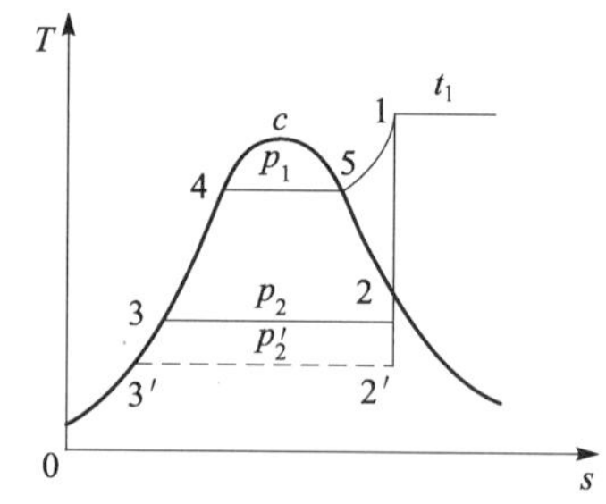

图 2-2-6 蒸汽背压与朗肯循环热效率的关系

3) 提高蒸汽初压:在蒸汽初温和终压保持不变的情况下,提高蒸汽初压在一定范围内也可以提高循环热效率,如图 2-2-7 所示。但是超出此范围后,随着蒸汽初压的增加,循环热效率不再增加,而是下降,这主要是由于随着蒸汽初压力的逐步提高,水的汽化过程和蒸汽过热过程的吸热量占总吸热量的份额逐步减少,而把水加热到饱和状态的吸热量所占份额逐步增加,与汽化过程相比,水的加热过程温度低得多,所以初压提高到某一数值后,进一步提高初压,总的平均吸热温度就不再是升高而是降低,循环热效率也就降低。不过这个变化的转折点对应的压力值很高,超出了现代汽轮机相应初温度实用的配合压力,因此,在工程实用范围内,朗肯循环热效率还是随着初压力的提高而提高的,但提高的速度逐渐降低。另外,这种提高循环热效率的方法还会使得汽轮机末级湿度增加,影响汽轮机寿命。

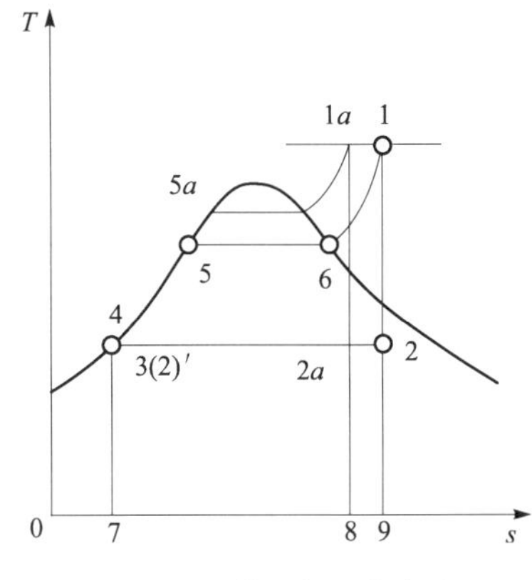

图 2-2-7　蒸汽初压与朗肯循环热效率的关系

除了以上办法,目前在电厂中广泛使用的是采用回热循环和再热循环,可以极有效地提高电厂循环热效率。

给水回热循环是利用在汽轮机中做过功的蒸汽加热给水,以减少低温给水在锅炉中的吸热,提高循环的平均吸热温度,从而提高循环热效率。其原理如图 2-2-8 所示。

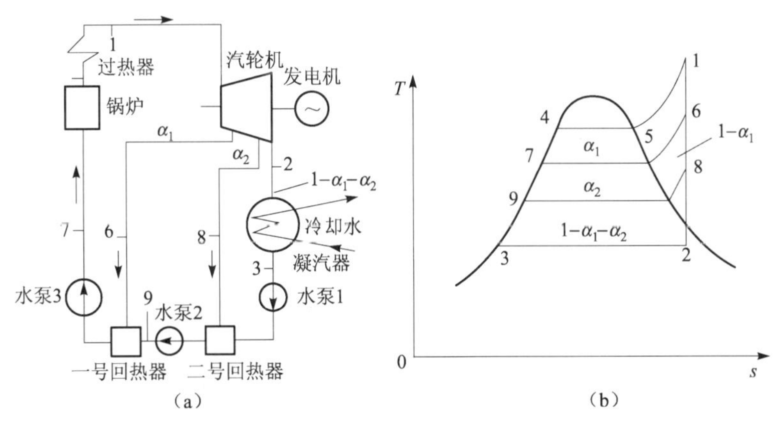

图 2-2-8　给水回热循环图

(a) 给水回热循环原理图;(b) 给水回热循环 T-s 图

再热循环就是将蒸汽从汽轮机某级引出来,再加热,温度提高后再送回到汽轮机中继续做功的循环方式。图 2-2-9 为典型火电厂再热循环示意图,核电厂再热原理与此类似。

2.2.2　气体动力学基础知识

2.2.2.1　声速的概念

当液体和气体低速流动时,流体的密度可认为是不变的,作为不可压缩流体处理。可压缩流体一般指高速流动的气体,汽轮机中高速流动的蒸汽就属于可压缩流体,就涉及了一个“声速”的概念。

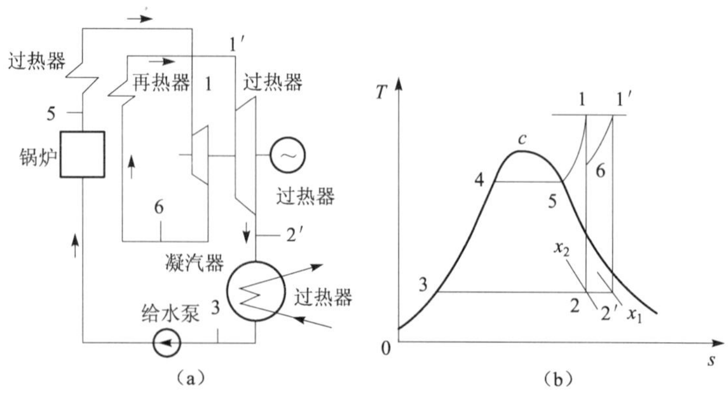

图 2-2-9　典型火电厂再热循环示意图

(a) 再热循环原理图;(b) 再热循环 T-s 图

气体在低速流动时,压缩性的影响很小,往往可以忽略不计,作为不可压缩流体处理;但气体在高速流动时,譬如蒸汽在汽轮机内的流动,汽流压缩性的影响十分明显,必须计及。在衡量运动流体压缩性时,声速是一个十分重要的参考速度。

所谓声速,乃是微弱扰动在弹性介质中的传播速度。

流体是一种弹性介质,发生在一点处的微弱扰动(压力的微小变化)在流体中是以球面波的形式向四周传播出去。微弱扰动的传播之所以成为可能,有两个必要的条件:一是流体具有质量,因而能产生惯性阻力,造成微弱的压缩过程;二是流体具有弹性。在被压缩之后,压力趋于平衡,进行能量传递,流层在平衡位置上摆动。声速方程为:

$$a^2 = \frac{dp}{d\rho} \tag{2-7}$$

或

$$a = \sqrt{\frac{dp}{d\rho}}$$

声速大小是衡量流体压缩性大小的一个尺度。声速越大,微弱扰动传播的越快,一般液体就是这样的。声速越小,微弱扰动传播的越慢。所以气体的声速一般较小。

经过推导,可得完全气体等熵传播的声速公式为:

$$a = \sqrt{k\frac{p}{\rho}} = \sqrt{kRT} \tag{2-8}$$

式中:k——理想气体等熵指数;

R——气体常数;

T——工质热力学温度。

这表明,流体中的声速的大小只与流体的物理性质和温度有关,在同一流体中,温度越高,则声速越大。因为小扰动的传播实际上取决于分子运动速度,而流体的温度又是分子运动能的统计标度。

2.2.2.2　特征参数

常用的特征参数有滞止参数、临界参数和最大速度等。

(1) 滞止参数

汽流从某一流动状态绝能等熵的滞止到速度为零时所达到的状态,称为滞止状态。滞止状态下的汽流参数称为滞止参数。在进行热力气动计算的时候，往往给出滞止压力，滞止温度或滞止焓，这样便于分析和计算，也便于测量。

滞止参数的表示，用"*"加在参数符号的右上角。在滞止状态下的声速称为滞止声速。在滞止状态下，汽流的一切有规则运动的能量——动能，都变成无规则的热运动的能量——热能。因此，其能量大小仅决定于滞止温度或滞止焓。

(2) 最大速度 v_{max}

当汽流速度增加时，其温度将相应地降低，即热能相应地减少。如果想象汽流温度处于绝对零度($T=0$)的状态下，这时气体的热能全部转化为动能，汽流的速度达到最大值。以v_{max}表示这个速度，称为最大速度。

2.2.2.3 气体、蒸汽的稳定流动问题

在动力机械和各种工程装置中，经常会涉及气体或者蒸汽在管道中的稳定流动问题。例如：燃气轮机、蒸汽轮机中的喷管、动叶，风机出口处的扩压环，抽气器中的工作段等都是气体、蒸汽在截面变化的管道中流动问题。

流体流动状况是以流速变化为主要特征的，喷管的流动必须满足遵循热力学第一定律，满足能量守恒，同时满足质量守恒。工程装置中为了改变流体流动，获得高速气流，或者使气体速度降低，通常采用改变其流动截面积的手段来实现。

(1) 气体、蒸汽稳定流动的基本概念

1) 喷管和扩压管：能使气流获得高速动能的、截面变化的管道称为喷管。使气流速度降低、压力升高、截面变化的管道称为扩压管。

喷管和扩压管是从其功能上定义的，欲使气流增速的场合，可以采用喷管；欲使气流速度降低，可采用扩压管。所以，喷管、扩压管在工程上是一种实现改变气流速度的功能元件。至于喷管、扩压管的截面变化规律则遵循流动特性，不能从外形上简单地给截面变化的管道下定义。

2) 稳定流动的基本方程：喷管的流动问题涉及流动的力学条件、几何条件和热力学条件。流动问题必须同时遵循稳定流动的连续性方程、能量方程以及过程方程。

① 连续性方程：

$$q_m = \frac{Ac_f}{v} = \text{const} \tag{2-9}$$

微分形式：

$$\frac{\mathrm{d}A}{A} + \frac{\mathrm{d}c_f}{c_f} - \frac{\mathrm{d}v}{v} = 0 \tag{2-10}$$

② 能量方程：由于流体在喷管中的流动速度非常快，而且喷管的长度较短，因此可以认为流体在喷管中的流动是 $\mathrm{d}q=0$ 的绝热过程，根据开口系稳定流动能量方程推导可得气流在喷管中的能量方程如下所示：

$$h_1 - h_2 = \frac{c_{f2}^2 - c_{f1}^2}{2} \tag{2-11}$$

微分形式：

$$-\mathrm{d}h = c_f \mathrm{d}c_f \tag{2-12}$$

由公式可以看出，气流在喷管中获得的高速动能是由其焓降转换来的。

③ 运动方程:运动方程是反映作用于汽流上的力与汽流速度变化之间的关系式,一元无损失流动的运动方程式为:

$$c_f \cdot \mathrm{d}c_f = -v \cdot \mathrm{d}p \tag{2-13}$$

④ 过程方程:理想气体绝热过程方程为

$$pv^\kappa = \mathrm{const} \tag{2-14}$$

微分形式:

$$\frac{\mathrm{d}p}{p} + \kappa \frac{\mathrm{d}v}{v} = 0 \tag{2-15}$$

式中,定熵指数 κ 为理想气体的比定压热容和比定容热容之比。但在一般分析气体流动时,常规定 κ 为定值。为借用理想气体分析问题的方法和形式,对于水蒸气一般取 κ 为经验系数,对于过热蒸汽,$\kappa=1.3$,干饱和蒸汽 $\kappa=1.135$,对于湿蒸汽,κ 是一个关于干度的函数。

(2) 气体的流动特性

根据以上三个稳定流动的基本方程和等熵过程方程以及声速方程可推导得到气体流动特性,即促使气体流速变化的力学条件和几何条件。

(1) 力学条件

气体速度变化和压力变化间的关系:

$$\kappa M^2 \frac{\mathrm{d}c_f}{c_f} = -\frac{\mathrm{d}p}{p} \tag{2-16}$$

上式即为促使流速变化的力学条件,从上式可知,$\mathrm{d}c_f$ 和 $\mathrm{d}p$ 的符号始终是相反的。这说明,气体在流动中如流速增加,则压力必然降低;如压力升高,则流速必然降低。反过来说,如要使气流的速度增加,必须使气流有机会在适当条件下膨胀以减低其压力。反之,如要获得高压气流,则必须使高速气流在适当条件下降低其流速。

(2) 几何条件

气体速度变化与截面变化的关系:

$$\frac{\mathrm{d}A}{A} = (M^2 - 1)\frac{\mathrm{d}c_f}{c_f} \tag{2-17}$$

上式表示流道中汽流速度的变化与横截面积变化之比对应关系,由此可知,速度变化所要求的横截面积变化不仅取决于速度本身的变化,而且取决于马赫数,当马赫数小于1时,即汽流为亚声速流时,因为 $M^2-1<0$,所以流道横截面积的变化同流速的变化具有相反的符号,具体而言要使亚声速汽流在流道中膨胀,即速度增加,压力下降,流道的横截面积必须是逐渐收缩的。具有这样截面的流道称为渐缩形喷管。

当马赫数大于1时,即汽流为超声速流时,因为 $M^2-1>0$,所以流道横截面积的变化同流速的变化具有相同的符号。也就是说,要使超声速汽流继续加速,流道的横截面积沿汽流方向应逐渐增大,这与亚声速的情况相反,具有横截面积逐渐增大的喷管称为渐扩形喷管。如图 2-2-10 所示。

总结以上两种情况可得结论,若使汽流在流道中不断地膨胀加速,在亚声速流动时,流道地横截面积应是渐缩的,而在超声速流动时,流道地横截面积应是渐扩的。当汽流的速度等于声速时($M=1$),流道的横截面积变化等于0($\mathrm{d}A=0$),这说明,临界速度发生在流道最小截面处。此时的最小截面就是临界截面。如果流道沿汽流方向先是渐缩,后是渐扩,则这种流道为缩放形。具有这种缩放形流道的喷管叫做拉伐尔喷管或缩放形喷管。

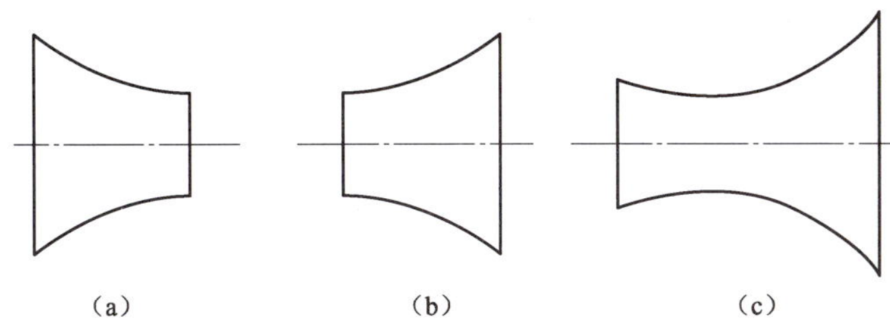

图 2-2-10 不同喷管类型示意图

(a) 渐缩形喷管;(b) 渐扩形喷管;(c) 缩放形喷管

流道横截面积在亚声速和超声速区的不同变化规律,是由于汽流速度和密度的变化速度不同而引起来的。在亚声速区,随着压力的下降,密度和速度的乘积 ρc 将增大,即速度的增加比密度的下降来得快。由式 $G=\rho cA=\text{const}$ 可知,随着乘积 ρc 的增大,面积 A 应逐渐减小。而在超声速区,乘积 ρc 随着压力的下降而减小,即速度的增加比密度的下降来得慢,因而面积 A 应逐渐增大。在流道最小截面处乘积 ρc 达到最大值。

2.2.3 汽轮机冲动作用原理

汽轮机是由喷管、动叶片、叶轮和转轴等组成的旋转式原动机,如图 2-2-11 所示。动叶片安装在叶轮的轮缘上,组成动叶栅;叶轮和转轴组成一体,构成汽轮机的转动部分。动叶栅前侧有喷管,它安装在汽缸上,它们组成汽轮机的静止部分。一列喷管和相邻的动叶栅构成汽轮机能量转换的基本工作单元,称为汽轮机的一个"级"。

高压蒸汽从进汽管进入汽轮机,通过喷管时发生膨胀,压力降低,流速增加,使蒸汽的热能转变为蒸汽本身的动能。离开喷管的高速汽流冲动动叶栅,使转子旋转做功,汽流的动能进一步转换成机械功。这就是汽轮机的基本工作原理。蒸汽流对叶片作用的原理有两种,即冲动原埋和反动原埋。

如图 2-2-12 所示,一束高速汽流以速度 c_1 流向一半圆叶片。由于叶片的约束,汽流在圆环内改变流向。叶片给予汽流以向心力,汽流给予叶片以离心力。根据力的分解原理,沿

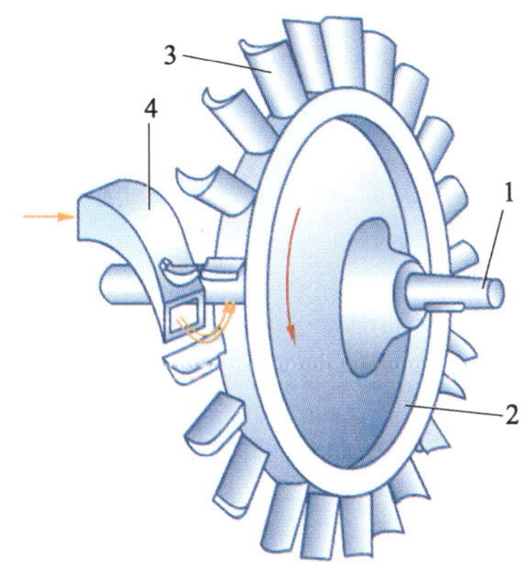

图 2-2-11 汽轮机转子与喷管示意图

1—轴;2—叶轮;3—动叶片;4—喷嘴

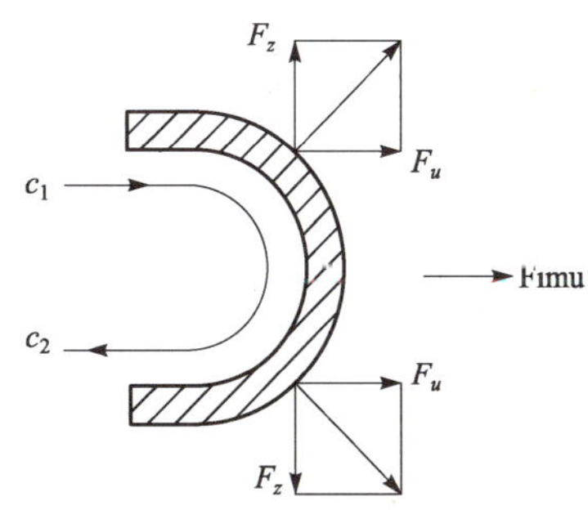

图 2-2-12 蒸汽对动叶片的冲动作用示意图

z 方向的力被抵消，而沿 u 方向的力 Fimu 被保留下来。在 Fimu 的作用下，叶片沿 u 方向运动，此力对叶片做了功。力 Fimu 称为冲动力，这便是冲动作用原理。

在实际的汽轮机中，动叶片并不是简单的圆弧形，从喷管中出来的汽流方向也不与动叶片的运动方向平行，而是有一定的夹角，但蒸汽的做功原理并不变。高速流动的汽流是在喷管里获得的。汽轮机中，蒸汽的冲动作用特点是蒸汽只在喷管中膨胀，压力降低，速度增加，热能转变为动能。高速汽流流经动叶片时，汽流方向改变，产生了对叶片的冲动力，推动叶轮旋转做功，将蒸汽动能变成转子旋转的机械能。在动叶通道中，汽流只改变方向，压力和温度都不变，该过程如图 2-2-13 所示。

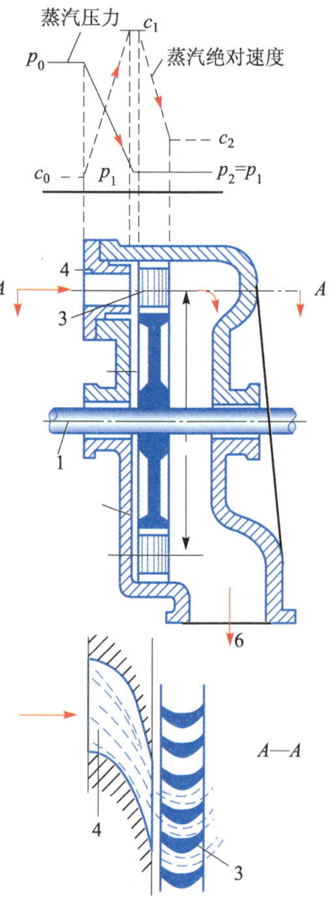

图 2-2-13 汽轮机冲动作用过程示意图

1—轴；2—叶轮；3—动叶栅；4—喷嘴；5—汽缸；6—排汽管

2.2.4 汽轮机反动作用原理

从容积中高速流出的气体会给容器一个与气体流动方向相反的力称为反动力。反动作用力的例子在生活中非常多见，比如发生火箭的过程，就是非常典型的反动作用力产生作用的结果。

蒸汽在汽轮机中流动，从喷管出来后的汽流在动叶片中膨胀，降温降压向出汽边流动，由于蒸汽的流动，使其在流出动叶通道时，对动叶产生反作用力，推动叶片运动，向外输出机械功，这就是反动作用原理。

蒸汽在汽轮机中的能量转换分为两个过程，首先在喷管中蒸汽的热能转换为动能，然后在动叶中蒸汽动能转换为机械能。在这个能量转换的过程中，反动作用原理的特点是蒸汽不但在喷管中膨胀，高速汽流对动叶产生一个冲动力；而且在动叶栅中也膨胀，动叶出口相对速度增加对动叶产生反动力，使转子在冲动力和反动力共同作用下旋转做功。该过程如图 2-2-14 所示，进入到汽轮机中的蒸汽先在喷管中膨胀加速，压力、温度下降，蒸汽流动速度上升，进入到动叶栅中，给动叶栅一个冲动力，随后在动叶栅中，蒸汽继续膨胀，压力继续降低，因此蒸汽从动叶栅中流出时，给动叶栅一个反动力的作用。

从上面的分析可知，级的动叶栅可以是仅受蒸汽冲动力的作用，也可以是既受冲动力的作用，又受反动力的作用。判断有无反动力的作用及其大小，是根据蒸汽在动叶栅中的膨胀程度来确定的，而蒸汽在动叶栅中的膨胀程度是用级的反动度 Ω_m 来衡量。

反动度 Ω_m 定义为：蒸汽在动叶通道内膨胀时的理想焓降 Δh_b 与蒸汽在整个级的滞止理想焓降 Δh_t^* 之比。即：$\Omega_m = \Delta h_b / \Delta h_t^*$。$\Omega_m$ 越大，Δh_b 越大，则蒸汽对动叶栅的反动力也越大。级的反动度沿动叶高度是不同的，以 m 为注脚的反动度是表示平均直径处的反动度，称为平均反动度。在实际结构中，沿着动叶高度的不同位置由于与平均尺寸的偏离，反动度的值会与平均反动度数值有所偏差。

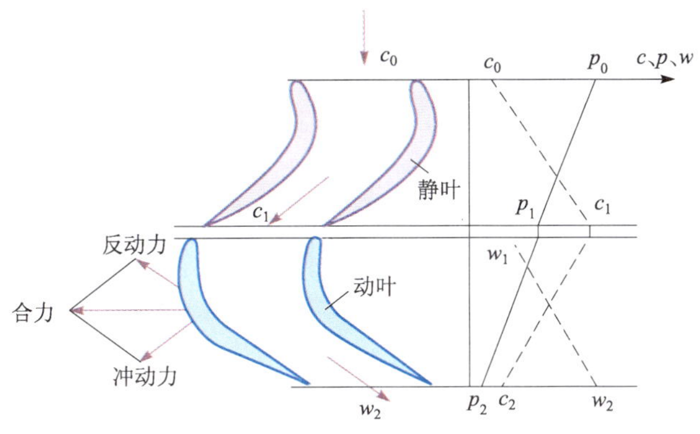

图 2-2-14　汽轮机反动作用过程示意图

2.2.5　汽轮机级的分类

（1）汽轮机级的分类

根据蒸汽在汽轮机级的通流部分中的流动方向，汽轮机级可分为轴流式和辐流式两种。在电厂中通常都采用轴流式汽轮机。对于轴流式汽轮机的各个级，按蒸汽在动叶内的膨胀程度，即反动度的大小，可以分为冲动级和反动级。冲动级又包括纯冲动级、带反动度的冲动级和复速级。

1）纯冲动级：反动度 $\Omega_m=0$ 的级称为纯冲动级，其能量转换过程如图 2-2-15 所示。级内能量转换的特点是，蒸汽只在喷管叶栅中进行膨胀，将蒸汽的热能转变为动能；在动叶中不再膨胀，动叶仅受蒸汽的冲动力作用，并使动能转换为机械功。因此，动叶进、出口的蒸汽压力相等，即 $p_1=p_2$，且 $\Delta h_b=0$，所以 $\Delta h_n^*=\Delta h_t^*$。纯冲动级的结构特点是，动叶的叶型基本对称。纯冲动级的做功能力大，但效率较低。

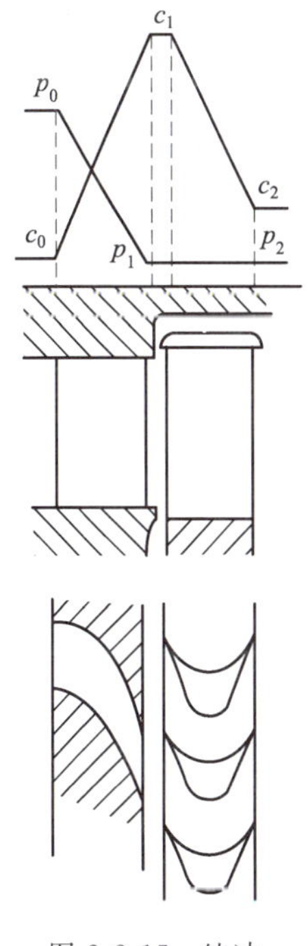

图 2-2-15　纯冲动级能量转换过程示意图

2）带反动度的冲动级：为了提高级的效率，通常在冲动级中采用一定的反动度，即将动叶通道做成呈一定收缩的形状，让蒸汽在动叶栅中继续膨胀做功。从而使动叶栅既受喷管出口高速汽流的冲动力作用，又受蒸汽在动叶通道中膨胀的反动力作用，但以冲动力作用为主，所以称为带反动度的冲动级。一般这种类型的汽轮机级内，$\Omega_m=0.2\sim0.3$。其能量转换过程如图 2-2-16 所示。

级内能量转换的特点是，蒸汽的膨胀大部分在喷管叶栅中进行，只有一小部分在动叶栅中进行。即 $p_1>p_2$，且 $\Delta h_n>\Delta h_b$。它的做功能力比反动级大，而效率又比纯冲动级高，所以在汽轮机中得到了广泛应用。

3）复速级：复速级是在单列冲动级基础上的一种改进型式，即在单列动叶后增加一列导向叶片和一列动叶。通常在级的焓降很大，喷管出口速度很高时采用复速级。汽轮机采用复速级以后，从喷管出来的高速汽流的动能，不是集中在一列叶片中全部转换成机械能，而是依次分散在几列叶片中逐步转换成机械能，使得余速得到充分利用。

蒸汽首先在喷管中进行膨胀加速后，高速汽流进入到第一列动叶栅中，推动转子旋转做功，之后蒸汽进入到导向叶片中，改变方向，以更好的进汽角进入到第二列动叶栅中，继续做功。

由于汽轮机采用了复速级，使蒸汽焓降比单列级在理论上增加了很多，复速级的做功能力比单列冲动级大，而且列数越多，焓降增加也越多，做功能力越强；但是，汽流在导向叶片中的转向次数增加，摩擦等损失和制造成本也相应增加。因此，一般只用二列，最多是三列复速级。各列动叶片均安装在同一叶轮上，并称为复速轮。如图 2-2-17 所示。为了提高复速级的效率，也可将其动叶设计成带有一定的反动度。

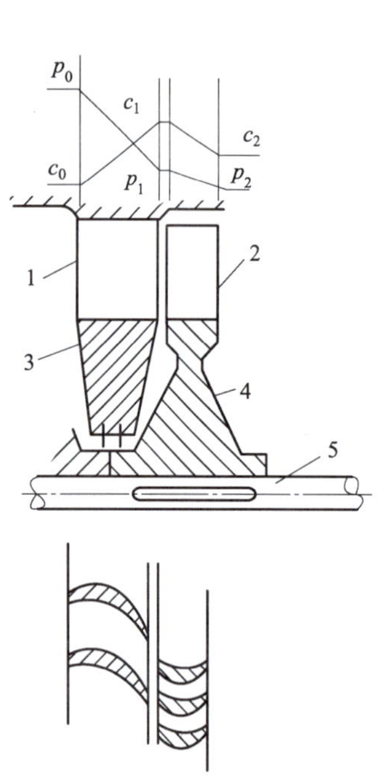

图 2-2-16 带反动度的冲动级能量转换过程示意图

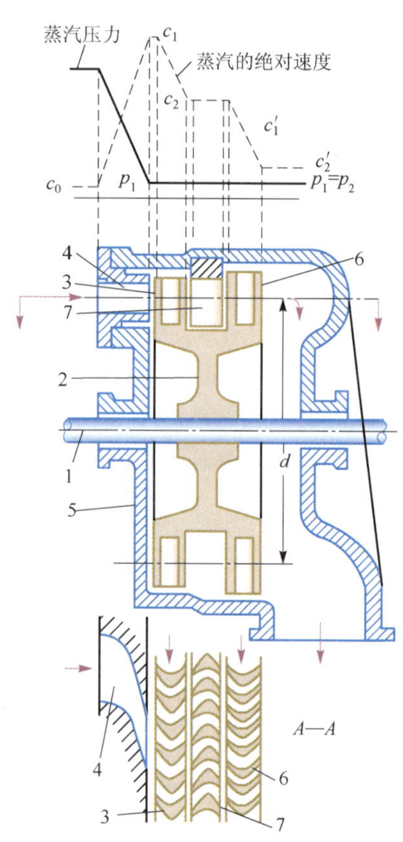

图 2-2-17 复速级剖面图

1—轴；2—叶轮；3—第一列动叶栅；4—喷嘴；5—汽缸；6—第二列动叶栅；7—导向叶栅

4）反动级：汽轮机中反动度 $\Omega_m=0.5$ 左右的级称为反动级。

反动级中，蒸汽压力和速度变化情况如图 2-2-18 所示。蒸汽流过动叶栅时，除了使动叶栅受到冲动力外，由于在动叶栅中继续膨胀、加速，还使动叶栅受到一个较大的反动力。由于 $\Omega_m=0.5$，即：蒸汽在动叶栅中的理想焓降占级内总理想焓降的一半，这意味着动叶栅内的理想焓降与静叶栅内的焓降相等。因此，蒸汽在动、静叶栅中的工作条件和流动情况基本相同，静叶片和动叶片的叶型应近似相同，而且对称。反动级的效率比冲动级高，但做功能力较小。

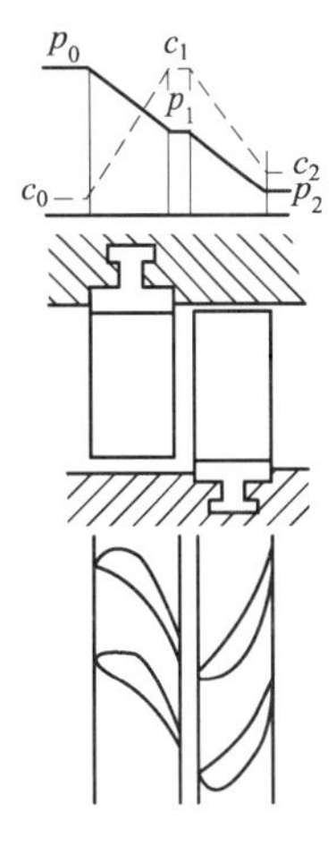

图 2-2-18 反动级中能量转换过程示意图

（2）汽轮机的轮周功率和轮周效率

1）汽轮机的轮周功率：因为动叶只能随叶轮沿圆周方向运动，所以只有圆周力能对转子做功。圆周力和动叶圆周速度的乘积，即为单位时间内汽流对动叶作出的有效功，称为轮周功率。

2）汽轮机的轮周效率：级的轮周功虽然是由蒸汽对动叶栅的冲动力和反动力做功而得到的，但动叶栅进口的高速汽流是通过喷管（或静叶栅）中蒸汽的热能转换得到的，蒸汽在汽轮机级内所具有的理想能量是不可能百分之百的转变为级的轮周功的，为了衡量这种能量转换的程度，引入轮周效率这一概念，用于衡量级的做功能力完善程度。减少轮周损失，提高轮周效率，是提高级和整个汽轮机热效率的基础。

汽轮机级的轮周效率是指蒸汽在轮周上所做的功与整个级所消耗的蒸汽理想能量（级的理想能量）之比。

（3）纯冲动式汽轮机和反动式汽轮机的比较

在蒸汽总的可用焓降及轮周速度相同的条件下，反动式汽轮机的级数比冲动式汽轮机大致上要多一倍。但是，反动式汽轮机级的喷管损失和动叶栅损失均较小，轮周效率 η_u 在最佳速度比附近较为平坦，因而在工况变动时，反动式汽轮机将能保持较高的效率。所以，现代冲动式汽轮机动叶也都带有一定的反动度，而且逐级增大。例如，高压缸各级的反动度为 $\Omega_m=0.05\sim0.20$，低压缸最后几级的反动度达到 $\Omega_m=0.30\sim0.50$。由于反动级的动叶内蒸汽有膨胀，动叶损失较小，另外，反动级的级间距离小，余速能够被下一级所利用，使反动式汽轮机级的轮周效率高于纯冲动式汽轮机。

2.3 汽轮机典型结构

汽轮机本体由静止部分和转动部分组成，所有静止部件统称为静子，包括汽轮机的汽缸、隔板、轴承和汽封等；所有转动部件统称为转子，包括汽轮机动叶片、主轴、叶轮（反动式汽轮机中的转鼓）和联轴器等。另外还设置有一些附属设备，包括主汽阀、调节阀、调节系统、主油泵、辅助油泵及润滑装置等。

2.3.1 汽轮机静子部件

（1）汽缸

汽缸是汽轮机的外壳，其作用是安置转子，并把汽轮机的通流部分与外界隔开，保证蒸汽在汽缸内按一定顺序膨胀流动。为了安装转子，主汽轮机的汽缸都具有水平中分面，将汽缸分为上、下两部分，中间法兰处用螺栓紧固。汽轮机水平法兰因为受力很大而做得很厚。

汽缸内部要加工出很多具有同轴线的凹槽，用来安放喷管叶片，或安放隔板、隔板套（反动式汽轮机中分被称为静叶环和静叶持环）和汽封等部件。在汽缸上布置有进汽口、配汽结构、喷管箱、排汽口、抽汽口等。整个汽缸呈圆柱形或圆锥形，形状非常复杂而且厚度也不均匀。工作时温度场分布非常复杂,受力也非常复杂,因此在汽轮机启动和停机过程中,将产生过大的热变形和热应力,易造成转子和静子的擦碰事故,或因应力过大而产生汽缸破裂。

汽缸体前后端有固定汽轮机的机脚,考虑到缸体受热膨胀,把一端固定在机座上,该固定点称为死点,死点定义为:汽轮机受热膨胀时,汽缸相对于机座必须有一个不动点,汽缸从此点出发,向四面各方膨胀,这个不动点称为死点。汽缸另一端为活动机脚,可沿光滑基础而滑动。汽缸这种死点布置既能保证汽轮机缸体自由膨胀,又能确保汽轮机的中心线在一条直线上。高压缸、低压缸死点的布置如图 2-3-1 所示。

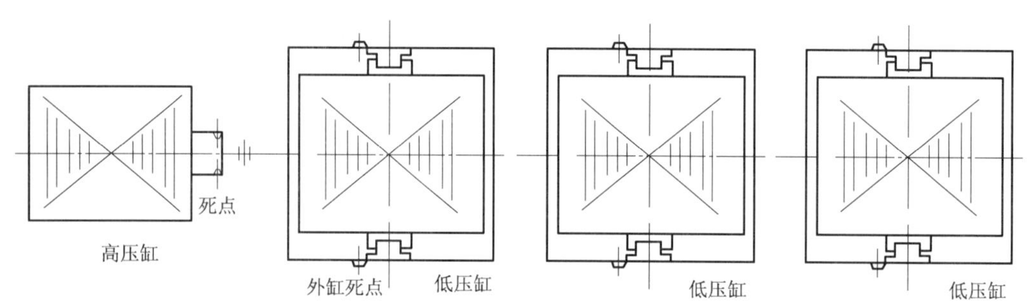

图 2-3-1 高压缸、低压缸死点布置示意图

汽缸按照工作压力来划分,可以分为高压缸、中压缸和低压缸。但是在压水堆核电厂中,由于蒸汽参数低,可用有效焓降少,为了减少在设备和管道的能量损失,就省略了中压缸,而只有高、低压缸。并且为了提高蒸汽流量,高低压缸多采用对称分流式结构,中间进汽,两侧排汽,同时,这样的方式可以很有效地减小汽轮机转子轴向推力。汽缸数量一般是一个高压缸带多个低压缸的形式,低压缸的数量可以根据机组容量进行选择。

汽缸的工作特点是汽缸内所承受的压力和温度都很高,汽缸强度必须满足要求,因此汽缸壁要比较厚,但是随着汽缸壁厚度的增加其内部应力也会变大。为了解决这个矛盾,在近代高参数大型机组上,汽缸多采用双层汽缸的结构。

图 2-3-2 给出了以高压缸为例的内外汽缸结构示意图。在内外缸的夹层中通以一定压力和温度的蒸汽,这样每层汽缸承受的压差和温差减小,内外层缸壁的厚度都比单层缸薄。汽缸壁和法兰厚度减薄,从而在机组启动、停机以及工况变化时,缸壁内外表面之间的温差较小,汽缸壁内部产生的热应力也较小,有利于缩短启动时间和提高汽轮机对负荷变化的适应性。同时由于外缸受到外界空气的冷却,工作温度较低,可以采用较低等级的材料,一般采用 ZG20CrMo 钢,节约了优质耐热的合金钢。在内缸的外表面上铸有挡汽板,与外缸上对应的凸缘形成一个挡板,将内外缸之间的夹层分隔成两个空间,即高温区Ⅰ和低温区Ⅱ。这两个区的温度与通流部分中相应位置的汽流温度较接近,所以内缸的内外壁温差不大。又因外缸温度相应提高,对减少外缸与转子的膨胀差也是有利的。

另外,高压缸的内缸中包括有喷管室。喷管室的进汽短管是按辐射方向布置的,从而使内缸的受热具有良好的轴对称性,有利于高压进汽管的工作。

低压缸进口过热蒸汽温度为 250 ℃左右,而在排汽口处温度只有 35 ℃左右,这样低压汽缸要承受比高压缸更大的温度梯度,为了使低压缸巨大的外壳温度分布比较均匀,不至于

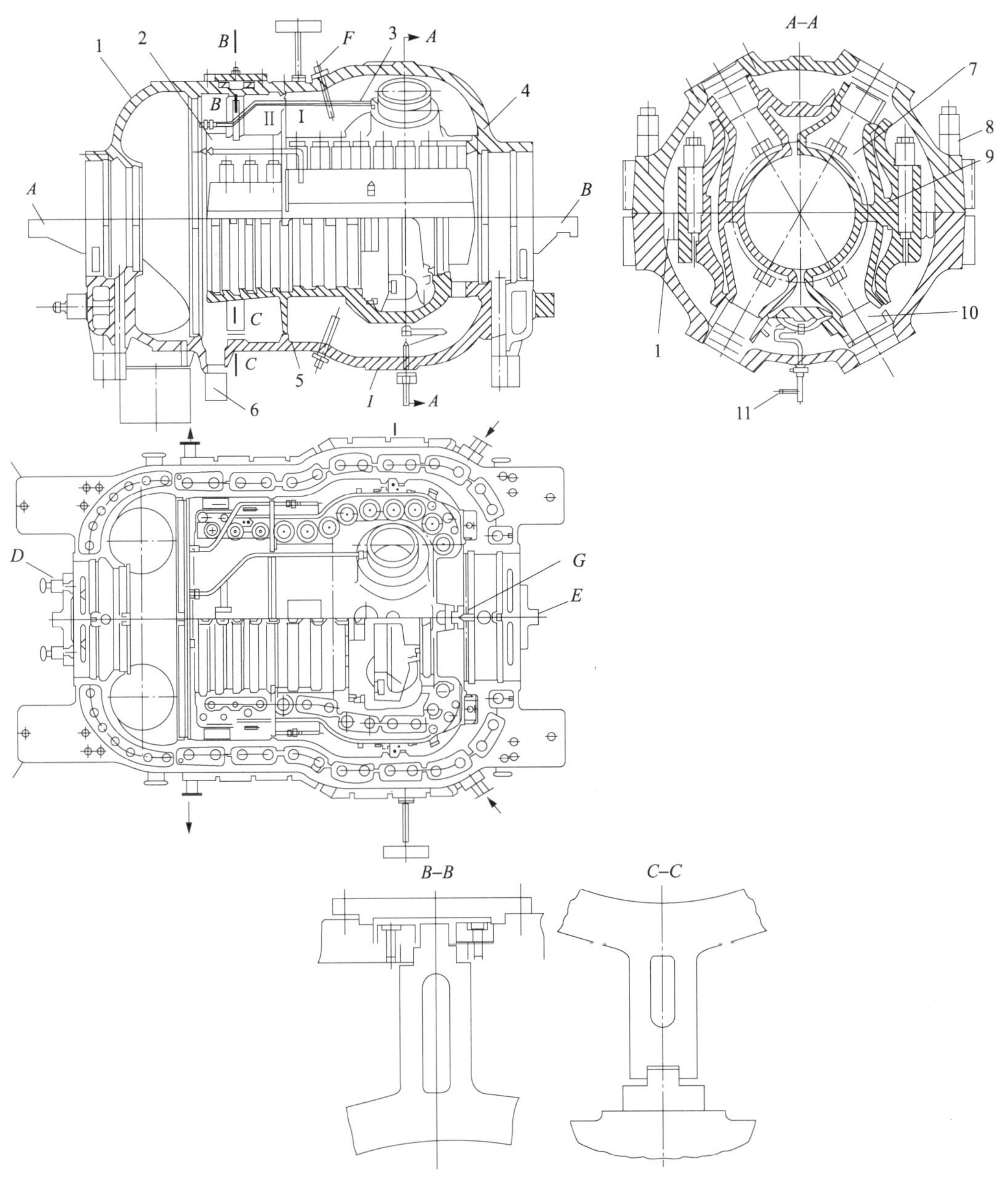

图 2-3-2　高压缸内外汽缸的结构示意图

1—高压外缸；2—高压内缸；3—进汽管漏汽接管；4—上下滑键；5—挡汽板；6—段轴汽口；7—喷管室；8—球面高垫圈；9—导向滑键；10—喷管室进汽短管；11—调节级后压力测点

产生变形而影响转子与静子之间的间隙，低压汽缸更应该采取双层缸的结构，甚至做成多层汽缸的结构，如秦山核电厂的汽轮机低压汽缸就采用了双层内缸加一层外汽缸的多层缸结构。

低压缸包括低压通流部分和排汽缸两部分。低压缸通流部分一般压力和温度都比较低，因此强度等正常情况下不会有问题。只要保证其结构有足够的刚度和良好的流动特性，并尽量减小排汽损失。排汽缸的任务是将末级动叶排出的蒸汽导入凝汽器。为了使蒸汽在这段流动过程中能量损失减小，排汽缸要有足够大的通道截面积。由于排汽压力很低，只有0.005 MPa左右，相应的蒸汽比容很大，因此排汽缸的尺寸必然很大。另外，为了减小汽轮机的余速损失，在紧接末级动叶的出口处，设置了一种上下不对称的扩压管，使末级动叶排出的蒸汽的动能尽可能转变成压力能，排入到下端的凝汽器内。

(2) 隔板

在冲动式汽轮机的两级动叶之间设有隔板，是汽轮机各级的间隙，其功用是把汽缸所围成的空间沿轴线方向分成若干相互串联的、不同压力的汽室。并用以固定静叶和阻止级间漏汽，为了保证隔板运行的安全性与经济性，在结构上要求它必须具有足够的强度和刚度、较好的密封、合理的支承和定位，以保证隔板在静止和运行状态下均能与转子同心。其结构简图如图2-3-3所示。

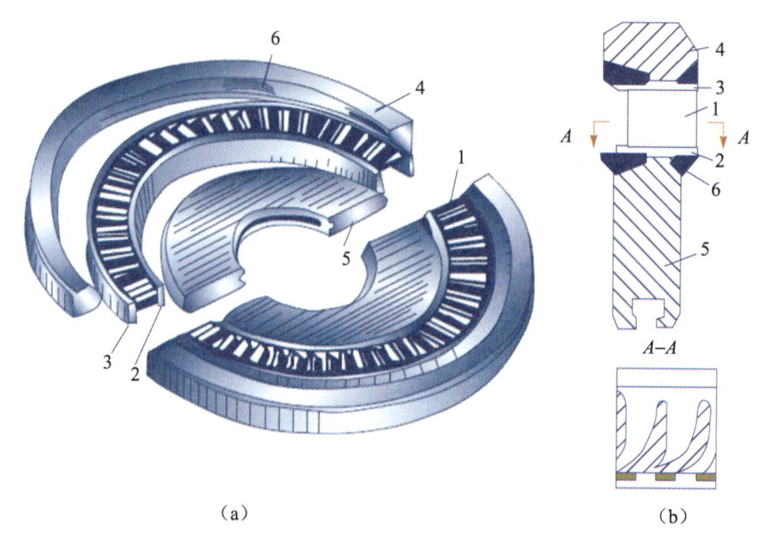

图2-3-3 汽轮机隔板结构简图

(a) 隔板组成；(b) 隔板断面图

1—喷嘴叶片；2、3—喷嘴叶片的内、外围带；4—隔板外缘；5—隔板体；6—焊接处

蒸汽经过装在隔板上的喷管槽道膨胀流动时，流速上升，压力下降，隔板两侧存在压力差，隔板受力面积很大，所以承受的压力也很大，因此隔板均做成较厚的承力件。

为了简化汽缸的结构，将几块隔板固定在隔板套中，再将隔板套安置在汽缸中。隔板套以给水加热器的抽汽点来分段，并与汽缸壁共同形成抽汽室。

(3) 喷管

使蒸汽的热能转变为动能的静止部件称为喷管。按照蒸汽流通的通道形状，汽轮机采用的喷管可以分为收缩喷管和缩放喷管两种，如图2-3-4所示。

喷管可以在全周布置，亦可以布置在某一弧段，此时称为部分进汽，进汽弧段与整个圆周之比称为部分进汽度。小功率汽轮机多做成部分进汽，而大功率汽轮机因为功率调节的需要，亦把第一级喷管分成几个喷管组布置在整个圆周上。在部分负荷工作时，只有部分喷管组投入工作，因此把改变喷管组工作数目来实现功率调节的第一级，称为汽轮机的调节级，而调节级都要做成冲动级。

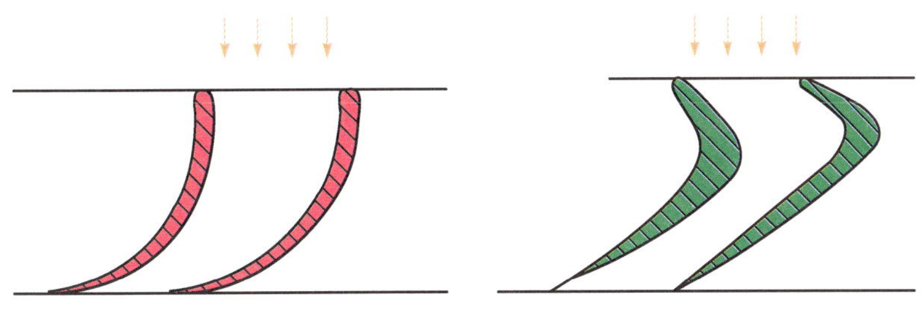

图 2-3-4　收缩喷管和缩放喷管结构简图

调节级的喷管安装在汽缸汽室或喷管箱的汽室中，一般情况下，第一级喷管可以是铸造的、铣制的或组合式的，而冲动式汽轮机其他级喷管都是冲压或拉制的叶片，焊接在隔板上；反动式汽轮机中间级喷管则直接安装在汽缸内壁上，组成喷管环，反动式级不采用部分进汽。

(4) 轴承和轴承箱

汽轮机上所设置的轴承按照作用不同可以分为两类，一类是径向轴承，起到支撑转子的重量及其他作用力的作用，保证转子中心与汽缸中心线一致。径向轴承由椭圆形的、带球面座的、水平分开的轴承壳体组成，由于球面的作用，轴承体可以随轴径倾斜度的改变，自动调整轴径与轴瓦间的间隙轴承的下部可以移动和替换而不用将轴的支架抬起来；另一类是推力轴承，用于平衡转子的轴向推力，确定转子的轴向位置，保持转子与汽缸之间的轴向间隙，推力轴承为密切尔斜瓦块型式，该轴承在运行中能够承受高的轴向推力，而损失较小。轴承结构简单，没有移动部件因此可靠性较高。轴承的布置情况如图 2-3-5 所示。

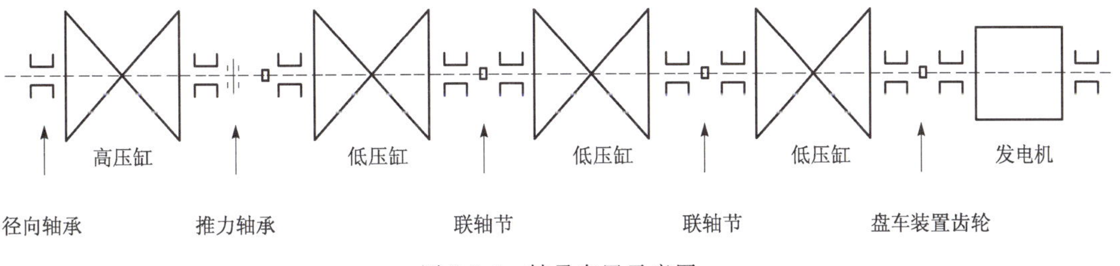

图 2-3-5　轴承布置示意图

为了保证轴承连续可靠的工作，必须不断地向轴承供油，不仅保证轴承的润滑，还起到冷却轴承的作用，不断把轴承工作产生的热量带走，在主轴穿入、穿出轴承壳体的地方，必须采取特殊的措施来防止润滑油的漏出。

汽缸下部两端设置有轴承箱，用来安装径向轴承或推力轴承。

前轴承箱内装有汽轮机的控制和保护装置，主油泵和 1 号轴颈轴承、转速探测器、危机调速器及脱扣阀、高压缸体/转子差胀探测器、高压缸胀探测器、转子偏心度探测器、1 号轴颈轴承振动探测器、机械脱扣电磁阀、主脱扣电磁阀、闭锁阀、注油试验电磁阀、机械脱扣阀、复位电磁阀、继动排放阀、抽汽继动排放阀、主油泵驱动齿轮、主油泵和主轴接地装置等。在前轴承箱端面上装有油泵吸入口油压表、润滑油油压表和手动脱扣手柄等。

(5) 汽封

在汽轮机本体内发生漏汽(或气)的情况主要有两种,一种是轴端部与汽缸之间的间隙处所发生的泄漏;一种是汽缸内部级间的泄漏。首先,根据汽轮机结构特点,转子需要穿出汽缸,支承在轴承上,此处也必然要留有间隙,对于高压缸的两端,汽缸内蒸汽压力大于外界大气压力,蒸汽将会向外漏出,降低了效率,并可能进入到前轴承箱,破坏润滑油油质。在低压缸的两端排汽口处,由于汽缸内的蒸汽压力低于外界大气压力,在主轴穿出汽缸处的间隙中,将会有空气漏入汽缸内,空气在凝汽器中不能凝结,使汽轮机背压升高,降低了蒸汽的做功能力。其次,汽轮机运行时,转子高速旋转,而静子固定不动,因此,转子与静子之间必须保持一定的间隙,才能避免它们之间的相互碰撞和摩擦,但是,蒸汽流过汽轮机各级工作时,压力、温度逐级下降,在隔板两侧存在着压差,当动叶有反动度时,动叶片前后也存在压差,蒸汽除了绝大部分从导叶、动叶的通道中流过做功外,一小部分将会从各处间隙中流过而不做功,成为一种损失,降低了汽轮机的效率。

为了减少上述两种漏汽(或气),又要保证汽轮机正常安全运行,特设置了各种汽封。根据汽封位置可分为端部汽封和内部汽封。端部汽封又称为轴封,主要用于防止高压端蒸汽从汽缸和转子之间的间隙漏出,或者低压端大气漏入汽缸。一般都在机组中设置一套完整的轴封系统,其工作原理如图 2-3-6 所示。内部汽封的是为了防止做功的蒸汽不从正常的蒸汽通流部分流动,而从转子与静子之间的间隙流过,造成损失而设置的。

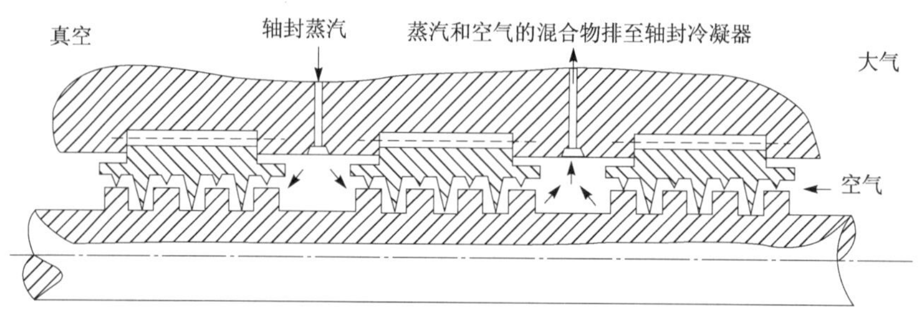

图 2-3-6 轴封系统工作原理示意图

所有位置的汽封工作原理都是一样的,目前广泛使用的汽封为金属曲径密封,其工作原理是通过蒸汽流过一系列的环形窄缝的节流作用,使压力下降流速上升,蒸汽流过窄缝后有小汽室,因涡流作用而消耗汽体动能,使容积增大,这样蒸汽逐次节流膨胀,使汽体压力降到环境压力,容积则相应增大很多倍。当密封间隙相同时,就减小了蒸汽的泄漏量。汽封齿的结构有各种形式,如图 2-3-7 所示。

2.3.2 汽轮机转子部件

(1) 转子

汽轮机转子主要由主轴、叶轮、动叶片、联轴器等构成。转子工作时,除转换能量、传送扭矩外,还要承受动叶片、叶轮和主轴上各零件质量所产生离心力、各部分的温差所引起的热应力,但更主要的是还要承受动应力,因此转子要有高强度和高韧性的金属材料制造。在高温区工作的转子还要采用耐热的高强度材料。

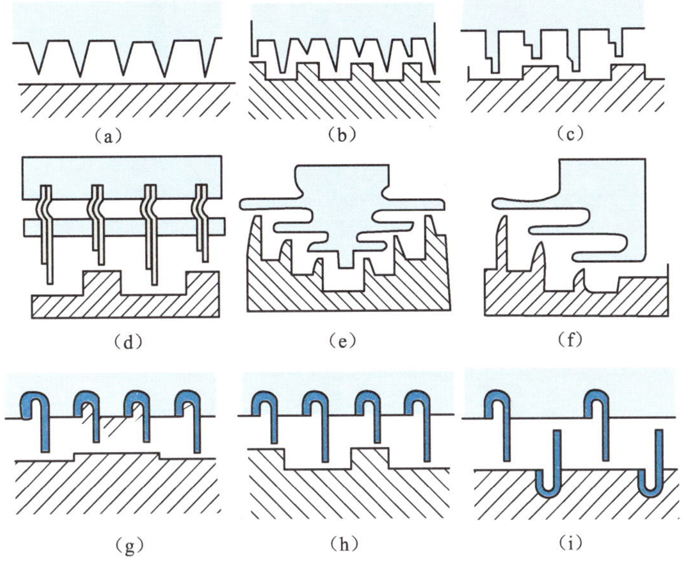

图 2-3-7 不同类型的汽封齿结构示意图

(a)—整体平齿;(b)、(c)—整体高低齿;(e)、(f)—整体枞树形;(d)、(g)、(h)、(i)—镶片式

按照制造方法转子可分为以下三类:

1)整锻型转子:转子由整个锻件经车削加工制成。整锻型转子轴向尺寸缩短,装配零件少,节省工时,并且没有需要套装的零件,对启动和变负荷的适应性较强,与套装转子相比,可以在较小的内孔应力下获得较好的刚性。但是,整锻型转子锻件尺寸大,工艺要求高,转子各部分只能用同一种材料制造,材料的潜能得不到充分利用,并且,转子只能集中在少数机床上加工,制造周期较长,任何部位的缺陷都会影响到整个转子的质量。但是由于其良好的变工况特性,在核电厂中得到了广泛应用,其结构如图 2-3-8 所示。

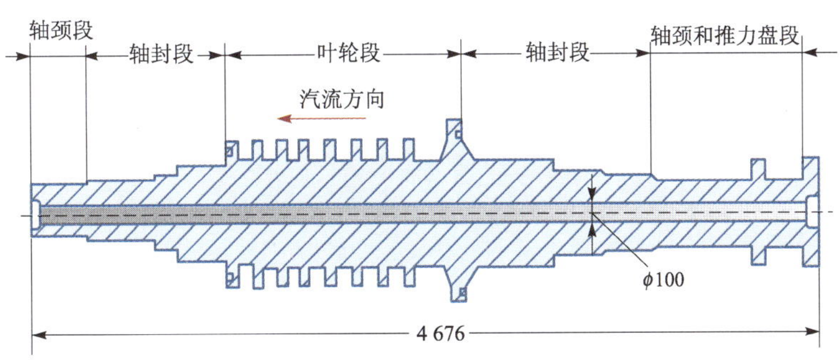

图 2-3-8 整锻型转子结构示意图

2)焊接转子:转子由几个锻件焊接制而成。焊接转子具有启动热应力低,锻件尺寸小便于冶炼、锻造和热处理等有利条件,但是由于汽轮机转子为高速旋转机械,动平衡要求极高,不仅对焊缝质量要求极为严格,同时还要求严格控制焊接变形和焊接残余应力,而高难度的焊接技术和复杂的焊接工艺限制了这种形式转子的发展和应用。其结构如图 2-3-9 所示。

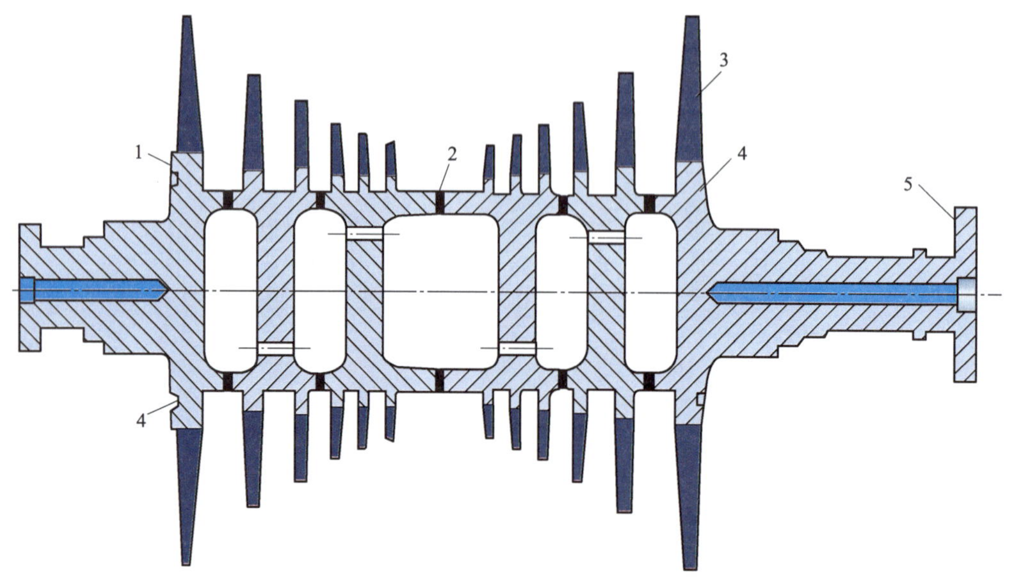

图 2-3-9　焊接转子结构示意图

1—叶轮；2—焊缝；3—动叶栅；4—平衡槽；5—联轴器的连接轮

另外，还有一种转子将整锻型转子和焊接转子组合而成，称为组合型转子。

3）套装式转子：是把锻造加工后的轮盘套装在轴上，组合成大型转盘式转子。套装转子锻件尺寸小，质量容易保证，各零件可以同时加工，制造周期比较短，另外，不同部位的零件可用不同的材料制造，材料能充分利用。但是，套装转子装配零件多，装配工作量大，而且，套装叶轮内孔应力较大，套装结构要考虑因叶轮径向温差引起的松动。因此，一般只在中低参数的汽轮机或高参数汽轮机的中低压部分才采用。其结构如图 2-3-10 所示。

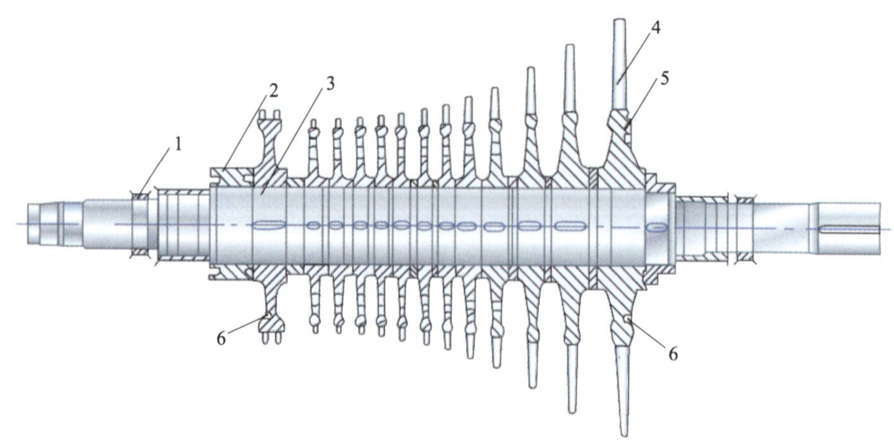

图 2-3-10　套装式转子结构示意图

1—油封环；2—轴封套；3—轴；4—动叶栅；5—叶轮；6—平衡槽

转子按照工作转速与临界转速的关系还可以分为刚性转子和柔性转子：

① 刚性转子：转子的工作转速低于其临界转速，一般最高转速也比临界转速低 20％～30％。

② 柔性转子：转子的工作转速高于其临界转速。一般汽轮机的工作转速为其临界转速的 1.5～2 倍。

临界转速的概念：指外界干扰的频率等于转子固有振动频率或为其整数倍时的转速，此时出现共振现象，转子发生强烈振动，噪声增大，振幅不断增加，破坏轴承正常工作，会使汽轮机发生严重损害事故。

临界转速的大小与转子的直径、质量、两端轴承的跨距、支承刚度等有关。通常，转子直径越大，质量越轻，跨距越小，支承刚度越大，则转子的临界转速越高；反之，则越低。在运行中，汽轮机各转子与发电机转子是连接在一起的，成为一个轴系。连成轴系后，各转子间会相互影响，互相制约，轴系中各转子的临界转速与单独转动时的临界转速是不相同的。

在运行中，汽轮机的临界转速是一个非常重要的问题，在机组启动时，一般要求快速通过临界转速区，不得在临界转速区附近停留，并且严密监视各种相关参数，尤其是振动参数。

按照转子的形状可以分为轮盘型转子和轮鼓型转子。轮盘型转子应用于冲动式汽轮机，转子部件由主轴、轮盘和动叶栅组成，主轴与叶轮之间可以做成一体结构，也可以单独加工，最后再将轮盘套装在主轴上。轮鼓型转子应用在反动式汽轮机中。目前大型电站用的轮鼓型转子，多是由单独锻造并经初加工过的盘、轴颈和平衡活塞等部件焊接而成，这种焊接而成的鼓筒式转子重量较轻、强度好、刚性也好。在鼓筒外缘车出安装工作叶片的叶根槽。轮鼓型转子的第一级为调节级轮盘。

(2) 叶轮

电厂用大功率机组的轮盘式转子往往采用组合式结构，主轴和叶轮是单独加工制造的，装配时对轮盘内孔进行高频加热，膨胀后套装在轴上，进行过盈配合。叶轮的外缘安装工作叶片，称为轮缘；与轴相连接部分称为轮壳，连接轮缘和轮壳部分称为轮体。为减少作用在叶轮上的轴向作用力，特别是带反动度冲动级的情况下，每个叶轮轮辐上都开有 5～7 个平衡孔。

叶轮按照其轮体断面型线的不同可以分为等厚度叶轮、锥形叶轮和双曲叶轮等类型，如图 2-3-11 所示。

1) 等厚度叶轮：等厚度叶轮的轮体断面沿径向相同[见图 2-3-11(a)、(b)、(c)]，其应力分配不均匀，承载能力较差，一般用于圆周速度较低的级。但是这种叶轮制造方便，轴向尺寸小，较多用于整锻转子上的高压部分。

2) 锥形叶轮：锥形叶轮的轮体断面沿着直径方向做成锥形[见图 2-3-11(d)、(e)]，其应力分布比较均匀，强度较好，可用于圆周速度较高一些的级中，加工比较方便，可根据叶轮的载荷选择叶轮的锥度。

3) 双曲叶轮：双曲叶轮的轮体断面沿着径向按照双曲线规律变化[见图 2-3-11(f)]，它的应力分布比锥形叶轮更均匀，但是由于加工困难，一般应用较少。

(3) 动叶片

动叶片是汽轮机中数量和种类最多的零部件，安装在汽轮机转子叶轮外缘或轮鼓外缘的沟槽内，两者之间的安装配合见图 2-3-12。工作叶片在气动力和离心力的作用下，是承受很大载荷的重要零件之一。工作叶片气动性能的好坏，直接影响到汽轮机的经济性和工作可靠性，

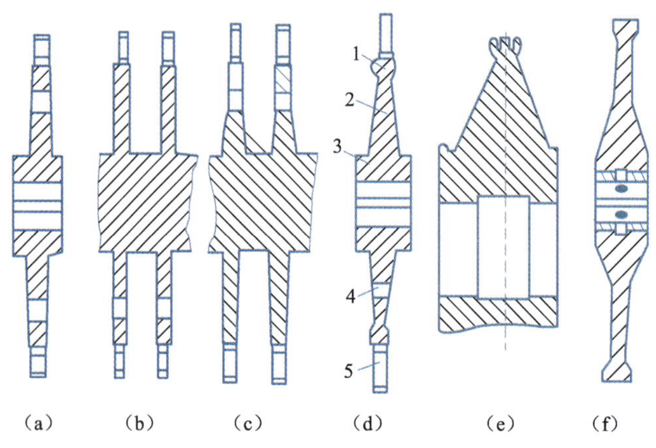

图 2-3-11 不同叶轮形状简图

(a)、(b)、(c)等厚度叶轮;(d)、(e)锥形叶轮;(f)双曲叶轮

1—轮缘;2—轮体;3—轮壳;4—平衡孔;5—动叶栅

在汽轮机发生的各种事故中,和叶片相关的事故占 60%～70%,因此为了提高机组运行可靠性,要求叶片应该具有良好的流动特性、足够的强度、合理的结构以及良好的工艺性能。

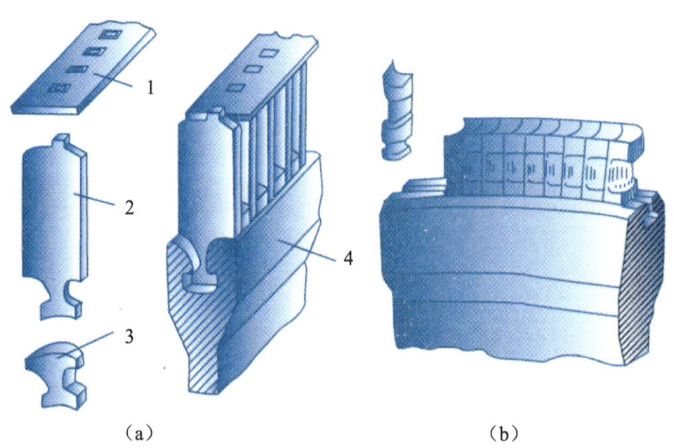

图 2-3-12 动叶片与叶轮的安装配合示意图

1—围带;2—叶片;3—隔金(隔叶件);4—叶轮

叶片的类型很多,按照工作原理可以分为冲动式和反动式两大类;按照制造工艺可以分为铣制叶片、轧制叶片、模锻叶片及精密铸造叶片等类型;按照叶片的截面形状还可以分为等截面叶片和扭曲叶片。

每个工作叶片都是由叶根、叶身和叶顶三部分组成。叶根是用来固定叶片,传递弯矩的。其形状、种类很多,按固定方式分为两大类:嵌装式固定和跨装式固定,如图 2-3-13 所示。叶身与蒸汽接触,是用来完成能量转换的工作部分。叶顶即叶片的顶部。叶顶的形状很多,有的铣成铆钉头,用来安装围带,有的把围带部分与叶片做成一体,还有的把叶片顶部削尖铣薄。

叶片在设计时要确保其固有频率与转动状态下的共振频率避开,一般选择在最后几级叶片顶部安装围带和拉金的办法来改善叶片的振动特性。安装围带的目的是为了防止蒸汽

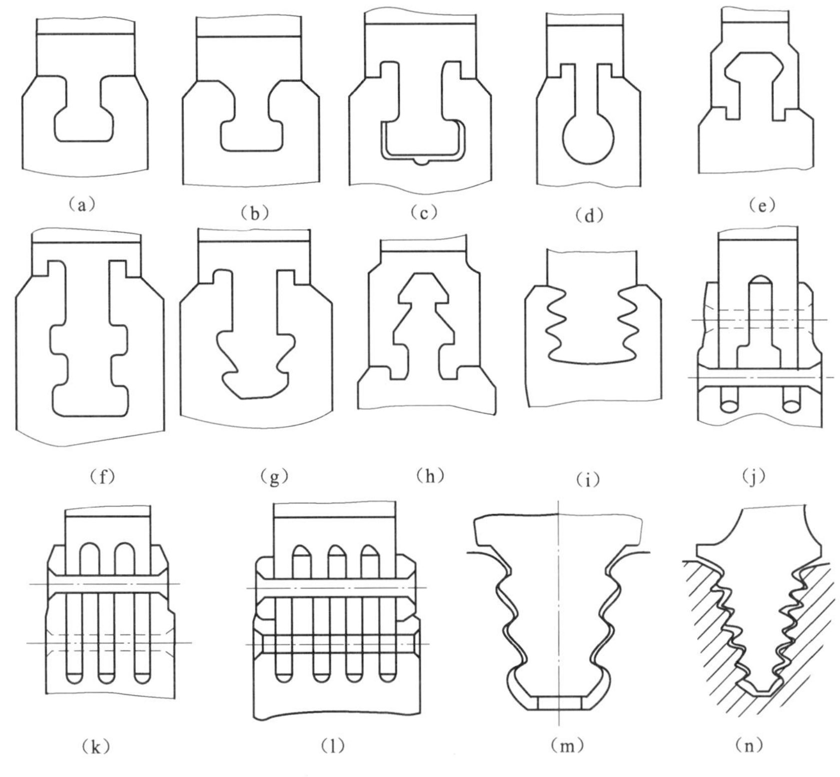

图 2-3-13　不同叶根型式示意图

从动叶片的叶尖漏到叶片周边，从而改善性能，提高效率，此外还可以增加成组叶片的刚性。末级和倒数第二、三级叶片较长，其固有频率较低，这样容易出现共振，振动应力较大，加了拉金以后可以改变振动特性和改善衰减特性。

(4) 联轴节

汽轮机各转子之间以及汽轮机转子与发电机转子之间均用联轴器连接，用以传递扭矩和轴向力。高、低压转子之间是用刚性联轴器进行连接，即在高、低压转子的轴端，各套装上联轴器半部，并在联轴器与主轴之间装有两组平键。由于两个轴承之间的距离较大，所以在两个联轴器半部之间又用了一个对接的长轴。其结构如图 2-3-14 所示。

以刚性连接的两转子，在联轴器处径向和轴向上都不能有相对位移，这种连接方式刚性高，传递扭矩大，结构简单，尺寸小，减少了轴承个数，缩短了机组长度。但其缺点是对安装要求高，一根轴的振动会传到另一根轴上去，有时对振动原因不易查明。

低压转子与发电机转子之间常采用半挠性联轴器，其结构见图 2-3-15。该联轴器上有一段“波形”结构，该结构具有一定弹性，可吸收部分振动，并允许相连的两轴中心线有一些微小偏差。

2.3.3　汽轮机附属部件

(1) 汽阀的设置

汽轮机的启动、停机和功率的变化，是通过汽阀的开大或关小，改变进入汽轮机的蒸汽

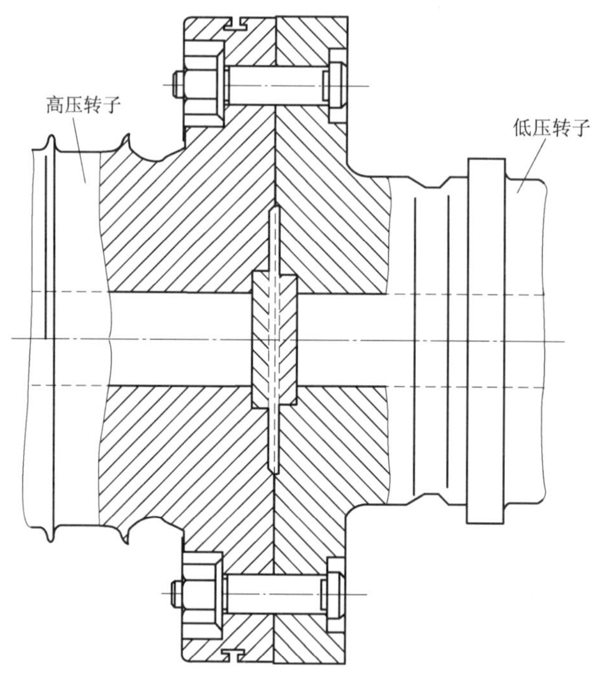

图 2-3-14 刚性联轴节结构示意图

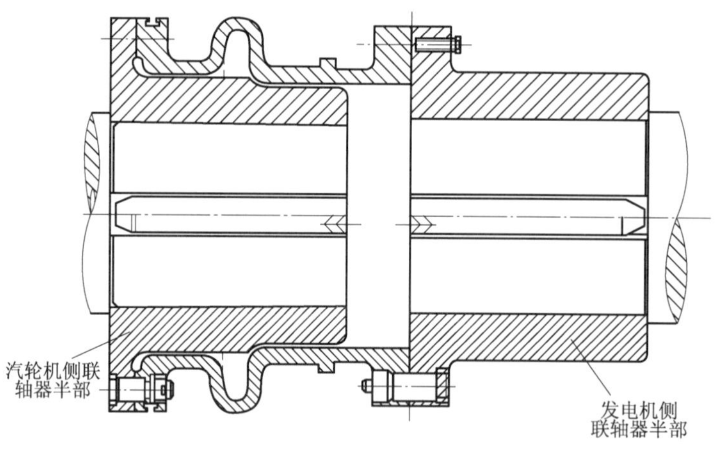

图 2-3-15 半挠性联轴器结构示意图

流量或蒸汽参数来实现的，也可同时改变蒸汽流量和蒸汽参数来达到，这种汽阀称为调节汽阀，简称调节阀。机组在运行中如出现异常现象，需要紧急停机时，除了关闭调节阀外，另外还设置了可以快速切断新蒸汽的汽源、保护设备安全的汽阀，即自动主汽阀。

压水堆核电厂汽轮机设置有中间再热装置。蒸汽在高压缸中做过功后全部排出，进入到汽水分离再热器除湿、再热后进入低压缸继续做功。从高压缸出口到低压缸进口之间是一段容积较大的汽水分离再热器和再热管道，如果仅有高压自动主汽阀，在紧急停机时，即使将主汽阀关闭，再热器和再热管道中储存的蒸汽仍会继续流入低压缸做功，这将造成汽轮机超速。为了防止由此而造成的超速，还必须装有低压自动主汽阀，以便紧急停机时，能同时切断高、低压缸的进汽。

在关闭主汽阀的同时，通往各加热器和除氧器的抽汽逆止阀立即自动关闭，即切断进入汽轮机的一切汽源。因为在这些抽汽管路中尚存有大量的蒸汽，而且加热器中的凝结水也可能汽化，如果蒸汽从这些管路中反冲入汽轮机内，也会引起汽轮机超速。

当汽轮机甩负荷时，要求高压调节阀能迅速关小，保证转子飞升的最大转速不超过危急遮断器的动作转速，能维持汽轮机的空载运行。但是，此时汽水分离再热器和中间再热管道中的蒸汽仍然会使转子超速，所以必须在低压缸进口处装设低压调节阀和截止阀，在机组甩负荷时，与高压调节阀同时迅速关小，维持机组的空载运行。

对调节阀的要求是严密可靠，动作灵活。此外，汽阀的提升力不能太大，否则将使操纵机构的尺寸过大。对调节阀，由于它要在不同的开度下工作，所以还要求它在各种工况下都具有良好的稳定性和较小的流动损失。

(2) 主汽门操纵机构

主汽门操纵机构是靠压力油来控制的，此压力油称为安全油，安全油压建立后，自动主汽门开启才具备条件，安全油压消失，自动主汽门关闭。主汽门操纵机构的结构如图 2-3-16 所示，停机时油动机活塞 8 依靠一对大小弹簧 1 的力被推向右侧，将主汽门紧紧关闭。错油门活塞 2 的左端 a 路通以高压油。当高压油泵开启后，a 路高压油便将错油门活塞推向右边，油动机活塞的左右侧通过错油门互相连通。此时主汽门还不能开启。当操作启动阀，建立安全油压 p_a 后，b 路的安全油通入错油路活塞的右端面。虽然安全油压和高压油压力大

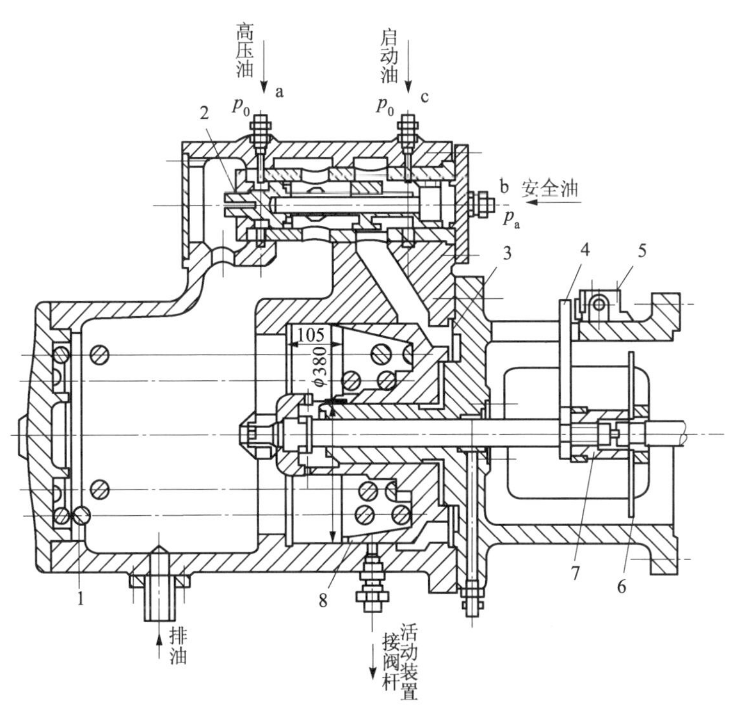

图 2-3-16　主汽门操纵机构的结构示意图

1—油动机弹簧；2—错油门活塞；3—缓冲器；4—开度指示器；5—行程开关；6—挡热板；7—阀杆结合器；8—油动机活塞

小差不多，但是安全油的作用面积大，所以有足够的力量克服高压油的推力将活塞推向左侧。

此时，油动机活塞的右侧只和启动阀来的高压启动油 pa(c 路)相通，与活塞的左侧已经隔绝。安全油压的建立，使自动主汽门具备了开启的条件，这时只要继续操作启动阀，使启动油压升高，当油压的作用力大于弹簧的作用力时，油动机活塞便向左运动，打开自动主汽门。一旦安全油压跌落，则 a 路的高压油压力就会迅速将错油门活塞推向右边，将通向油动机活塞右侧的启动油 c 路隔绝，同时油动机的右侧与左侧相通，使右侧的油量迅速排出，依靠弹簧的力量将自动主汽门立即关闭。

2.4 饱和汽轮机特点

压水堆核电厂所采用的汽轮机都是利用饱和蒸汽进行工作的，该种类型的汽轮机称为饱和汽轮机；而火电厂汽轮机则是利用过热蒸汽进行工作的，称为过热汽轮机，这是压水堆核电厂常规岛与火电厂的主要区别。

压水堆核电厂汽轮机必须采用饱和蒸汽，主要是受反应堆一回路的影响。压水堆核电厂一回路采用轻水作为冷却剂和慢化剂，为了保证堆芯冷却，增大传热系数，堆芯对冷却剂的汽化要加以限制，不允许产生大规模汽化现象，汽化现象只允许出现在局部位置，这样要提高冷却剂温度，带出更多热量，就必须加大堆内压力，即冷却剂必须在高压下保持高温，活性区出口工质平均温度低于一回路压力下的饱和温度，且留有 20～30 ℃的冗余，由于技术和堆内材料的限制，一回路压力只能到 15.0 MPa 左右，对应饱和温度为 346 ℃，故一回路温度只能达到 315 ℃左右，同时由于通过蒸汽发生器进行热量交换，必然存在温差，蒸汽发生器才能工作，故只能在蒸发器二次侧得到 6.0 MPa 左右的饱和蒸汽，而且由于对饱和蒸汽进行过热在压水堆核动力装置中实现很困难，所以在压水堆核电厂，汽轮机只能采用饱和蒸汽工作。类似情况的还有沸水堆。

2.4.1 饱和汽轮机工作过程分析

2.4.1.1 湿蒸汽在通流部分的流动

压水堆核电厂中，蒸汽发生器产生的饱和蒸汽在其出口处已经含有 0.4%左右的湿度，饱和蒸汽的凝结现象是随蒸汽在通流部分膨胀过程不断发生的。这部分蒸汽随主流膨胀进行高速流动，同时在蒸汽容积内进行布朗热运动。当两个或者多个汽态分子按照统计力学的规律偶然碰在一起，就可以形成一个能在周围环境下获得热力学平衡，达到一定半径的凝结核。这些被称为分子聚合体的水珠是不稳定的，又有一部分很快再蒸发为汽体，然后又凝结在较大的凝结核心上形成更大些直径的水珠，这就是蒸汽中水珠增长的动态过程。这种自发形式的水珠达到足够多时，蒸汽中其他汽态分子才能很快以其为核心大量的凝结，放出的汽化热，之后湿蒸汽继续凝结。称这些凝结生成长大的水珠为一次凝结的水滴。高压汽轮机出口湿度大于 10%时，这类小水滴的质量占整个湿度质量的 90%，这表明汽轮机通流部分内的水分绝大部分是以微小直径水滴状态存在的。这部分小水滴质量小，其滑移速度也小，一般可达 75%～80%。也就是说这类小水滴基本能按汽体流线运动，可以顺利地进入工作叶栅通道而不被捕捉，因速度差的存在使高速汽流对低速水滴造成的摩擦损失所消耗的蒸汽动能也小。这部分小水滴质量很小，也不会对工作叶片的进汽边上部造成严重的侵蚀作用。但这部分小水滴在流动过程中可能因扰动碰撞而凝聚，也可能有部分被叶片或汽边壁捕获形成水膜。

第二类水滴是喷管叶片表面上的水膜在高速汽流携带作用下，从出口边上撕裂而成的水滴，这些被汽流撕裂形成的水滴沿着汽道截面和叶片高度分布非常不均匀，主要集中于叶片尾迹内。水滴直径的变化范围很大，主要与汽流的压力和速度有关，蒸汽的压力和温度越低，速度越高，水滴的直径越大。一般大水滴的直径在 5～500 μm 范围内。这类水滴数量很少，所占含水质量的份额也不大，只占 10%左右，但单个水滴的质量大，惯性大，与蒸汽的速度滑移也大。这部分水滴由喷管叶片出口边水膜脱离形成大水滴被汽流加速运动到工作叶栅入口，对于这些大尺寸二次水滴，对汽轮机结构和运行效率的影响有以下几个方面：

首先，湿蒸汽在喷管中膨胀加速时，蒸汽不断凝结成水滴，使做功的蒸汽量减少而造成损失。同时由于水滴质量比较大，与蒸汽之间的滑移速度大，导致蒸汽必须带动着这部分水滴运动，从而消耗掉蒸汽一部分动能。

其次，虽然水珠由于汽流的带动而得到加速，但其运动速度一般只能达到蒸汽速度的 10%～13%，在同样的圆周速度下，这些大水滴将以很大的相对汽流角进入到工作叶栅后，不会进入到蒸汽通道，而是撞击在工作叶片进口边背弧处，从而对工作叶片产生制动作用。这种制动作用阻碍转子旋转，消耗机械功，造成损失。

最后，因喷管叶栅出口汽流的旋转，汽流中的大水滴在离心力的作用下集中在通流部分的外缘区域，由于水滴进入到动叶栅通道之后，撞击动叶栅进口边背弧处，对工作叶片顶部进口边背弧的金属材料造成侵蚀作用而影响汽轮机的工作安全，经汽轮机的实际运行所证实，在工作叶片进口边上部 1/3 的背弧受到水滴侵蚀破坏作用最严重，运行一定时间后的机组，在大修检查时，可以看到在动叶片进汽边背弧上端 1/3 处会出现很多蜂窝状点坑。这种腐蚀最严重时甚至会造成叶片断裂等事故。从原理上来看，这些凝结下来的水滴对工作叶片的侵蚀包括物理作用和化学作用两个方面，但以物理作用为主。虽然水滴的体积很小，但密度较大，大水滴的质量就更大些，低压级叶片顶部的圆周速度 u 更大，水滴以很高的相对速度撞击到工作叶片表面上，质量虽然小，但动量很大，由此产生的作用力可看作是水锤力，这个力可高达 1 000 N/mm^2 的数量级，在叶片的表面上产生局部瞬时的高压作用，超过了一般材料的屈服点应力，当压力消失后，在很小的局部范围内又有汽蚀现象发生。叶片的金属表面在大量的、反复的、长期的超高压力和低压交变作用下，产生疲劳性的破坏。

随着湿蒸汽在汽轮机内膨胀做功，压力逐渐降低，这种大水滴生成的数量增多，直径加大，对级效率造成的影响也加大，最主要是对低压级工作叶片的侵蚀作用加大造成安全问题而引起人们更大的注意。

2.4.1.2 饱和汽轮机除湿原理及方法

压水堆核电厂的汽轮机除了低压缸蒸汽进口部分，其余各级均工作在湿蒸汽环境中，而且湿度是逐级增加的，这些腐蚀作用对汽轮机工作可靠性造成严重的危害。因此，为了减少级的湿度损失，提高效率，保证汽轮机的工作安全，要尽量减少工作蒸汽的湿度。不仅要求蒸汽发生器出口的蒸汽湿度不超过 0.5%；而且在汽轮机通流部分内还要采用各种去湿措施。通常饱和汽轮机采用的除湿方法有两种：一种是内部除湿；一种是外部除湿。

(1) 内部除湿方法

工作在湿蒸汽区域内的级,虽然蒸汽中的水分主要是一次凝结的小水滴,在喷管叶片的表面上仍有水膜形成,并在汽流的携带下离开叶片出口边时破裂成许多较大尺寸的水滴。这些数量不多、尺寸较大的小水滴对工作叶片的侵蚀作用起着决定性的影响,在影响级效率方面也起着主要的作用。因此把喷管叶片上的水膜在离开出口边前抽走,这对减少汽流中大尺寸水滴,提高汽轮机级的可靠性和经济性有很重大意义。

在汽轮机通流部分所采取的去湿措施,称为内部去湿装置,或叫级内除湿装置。这种在饱和汽轮机通流部分所采取的有效的内部去湿技术,可以保证在蒸汽逐级膨胀、湿度不断增加的情况下,级内的湿度不致增加很快,使汽轮机级仍能有较好的效率,并保证汽轮机运行具有足够的安全可靠性。

饱和汽轮机内部去湿方法主要是根据通流部分的结构特点,在不同位置设置的结构形式不同,可分为喷管叶片上的缝隙式去湿装置与汽缸和隔板外环上的沟槽式去湿装置两类。

1) 缝隙式去湿装置:根据相关资料介绍,以水膜形式运动的全部水分的 2/3 集中在喷管叶栅的上半部分。根据这一特点,去湿缝隙应该选择在喷管叶片表面水膜较厚的上部1/3长度内,去湿效果与所选择的缝隙尺寸关系密切,缝隙尺寸过小容易在工作时被水膜堵塞,但尺寸太大了易损失蒸汽而影响级的效率,综合考虑除湿效果与经济效应,一般缝隙宽约为 2.0～2.5 mm。

在不同的汽流速度下叶片的压力分布变化,水膜分布也发生变化,在喷管叶片上开出的排水缝隙的位置也应是不同的。缝隙式去湿装置排出水分应该是强制地把水抽走,可先把水分引到一个腔室,再与抽汽室或凝汽器相通,保证有效地把水膜抽走。当然也不可避免地抽走些蒸汽而影响到汽轮机级的效率。

喷管叶栅内部水膜分布见图 2-4-1;缝隙式内部去湿结构见图 2-4-2。

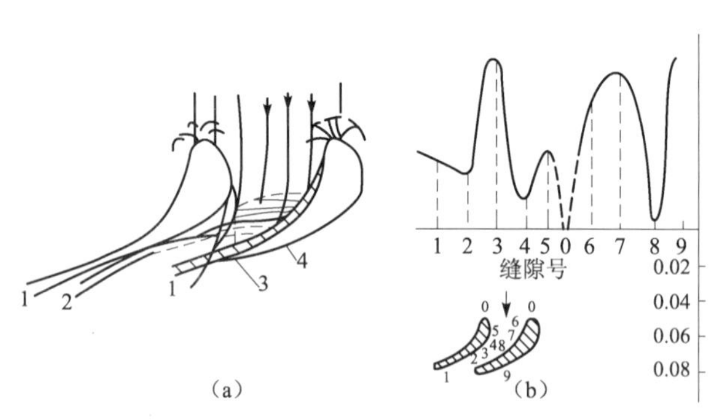

图 2-4-1 喷管叶栅内部水膜分布图

(a) 喷嘴叶栅内水膜流动;(b) 喷嘴叶栅内水膜分布

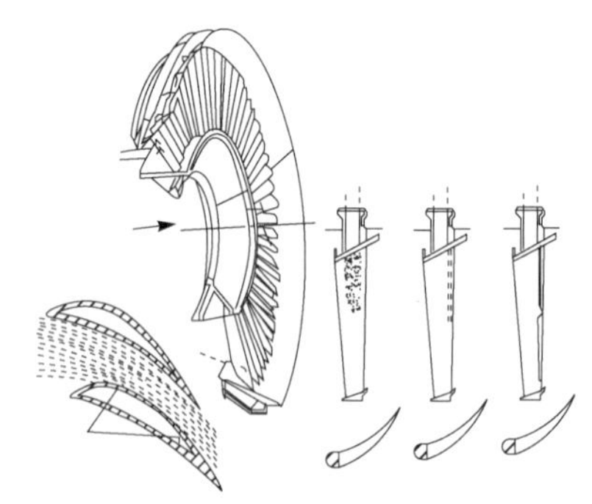

图 2-4-2 缝隙式内部去湿结构简图

2) 沟槽式去湿装置:沟槽式去湿装置属于级内去湿装置的一种形式,在级的通流部分结构上采取措施,达到去湿的目的。其主要工作原理是:在饱和汽轮机通流部分内流动的两相流,水滴质量比较大,在随着蒸汽高速旋转时,受到的离心力相对蒸汽而言也比较大,在此离心力的作用下,水滴发生径向运动。在隔板的外环加装疏水环或在汽缸的内壁车出疏水沟槽,使由喷管叶片出口撕裂下来的大水滴受到离心力作用发生径向运动而被捕捉,如图

2-4-3所示，显然轴向间隙适当增大用疏水环对水滴的捕捉是有利的。旋转的工作叶片把水滴捕捉到后形成水膜，工作叶片上的水膜受到高速旋转的离心力作用，良好的疏水能力使水膜的厚度很薄，且能把水分及时疏出。

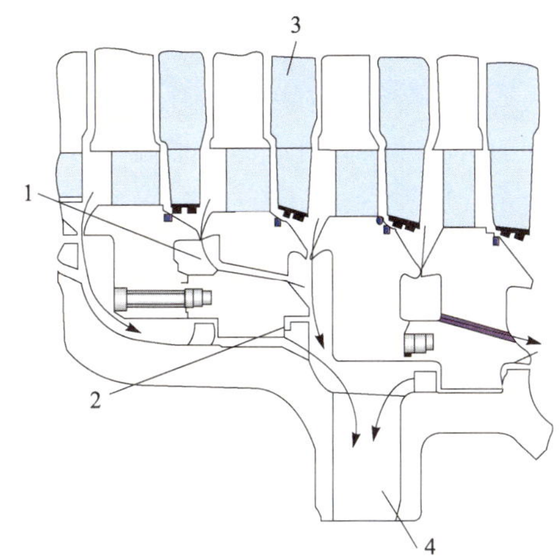

图2-4-3　沟槽式去湿结构简图
1—疏水腔室；2—密封表面；
3—转子；4—蒸汽和水滴抽出管道

各式各样的去湿沟槽的结构虽然不同，但其工作原理是相同的。在喷管叶栅出口处形成旋转的两相流，大直径的水滴受的离心力作用大，尤其在蒸汽压力低的低压缸内，水滴更容易被甩到外缘处被设置在汽缸内壁的沟槽所捕集，由集水槽的疏水口被抽除。显然轴向间隙增大，被捕集的水滴越多，去湿效果越好。在疏水口不可避免要有部分蒸汽被抽除，为了不致影响级效率，最好把去湿腔的疏水口与抽汽口相通，用抽出的蒸汽加热给水，在经济上也是有利的。

(2) 外部除湿方法

蒸汽湿度过大对汽轮机工作是不利的，一般情况下限制级内的蒸汽湿度要小于12%，最大不得超过14%。在这样的要求下仅仅依靠汽轮机内部除湿方法是不够的。汽轮机内除湿装置种类虽然很多，但去湿效率都不高，只能控制湿度增加的速度，保证湿蒸汽在通流部分膨胀做功过程中湿度的增加不至于过快，但不能保证低压缸内的湿度在允许的范围内，有时可能达到很高的值。因此，对核动力汽轮机必须采用有效的外置式除湿装置或除湿再热装置，才能非常有效地降低低压缸蒸汽湿度，提高汽轮机效率和低压缸汽轮机工作叶片抗侵蚀能力，进而提高了工作可靠性。

对于外置式除湿再热装置的要求是：

1) 分离效率要高，不同结构的分离器效率可能差别很大，应该根据热态试验来确定出准确的分离效率。

2) 设备的总流动阻力要小，阻力过大必然对装置的效率造成大的影响。

3) 分离再热器的结构紧凑、能尽量减小重量尺寸，对布置方便、减少设备投资都是有利的。同时也是为了减小饱和汽轮机相关管道尺寸，降低机组超速的可能。

4) 提高工作可靠性，作为核动力汽轮机的辅助设备工作可靠性具有重要意义，根据资料显示，二回路约有30%的事故是因除湿再热装置故障而造成的。

压水堆核电厂饱和汽轮机的除湿再热装置均采用外置式汽水分离再热器，一般都布置在一个壳体内，便于布置，每台汽轮机可以有2个或4个分离再热器，分别布置在汽轮机组的两侧。

饱和汽轮机运行的经济性和可靠性在很大程度上取决于蒸汽通流部分的去湿效果。通流部分水分的减少，能减轻动叶片和静子部件的侵蚀损坏，并降低了甩负荷时因汽轮机负荷变化导致的水膜闪蒸而超速的可能性；减少水膜形成的数量进而减小水膜和汽水附面层之间的摩擦损失和相间摩擦损失；水分的减少还能够增大有效功流量减少水滴碰撞消耗的能量，从而提高机组运行的经济性和可靠性。

2.4.1.3 饱和汽轮机工作叶片的防护方法

预防湿蒸汽对工作叶片的侵蚀作用，是保证核动力汽轮机工作安全、提高效率所必须采取的措施。一般所采取的措施可分为积极和消极两种方式。措施虽然不同，所要达到的目的是一样的。

(1) 对工作叶片的积极防护方法

饱和汽轮机叶片的积极防护可以从以下几个方面进行：

首先，采取有效措施降低蒸汽湿度。这可以从蒸汽参数的选择和采取合理有效的除湿装置等方面选择方法。尽可能提高蒸汽初温或降低初压，使新蒸汽湿度降低；降低分缸压力，配合外置式分离再热器，确保低压缸各级降低蒸汽湿度，对大功率核电厂汽轮机用10%左右的新蒸汽进行中间再热。为了减少工作叶片前的蒸汽湿度，在汽轮机通流部分采用高效能的内除湿装置，如前所述的缝隙式和沟槽式去湿装置以及设置外置式汽水分离再热器等措施，都可以达到减小蒸汽湿度的目的；另外采用多级抽汽加热给水，可以有效地抽出湿度大的蒸汽，因而核电厂的饱和汽轮机的抽汽量可占进汽量的40%左右。对减少汽轮机排汽的数量，减小凝汽器的内冷源损失也是有利的。

其次，降低工作叶片的外缘圆周速度以减小对叶片的侵蚀作用。叶顶的圆周速度对工作叶片的抗侵蚀能力有重要的影响，如：高压缸出口蒸汽湿度有时很高，但因级的圆周速度小，所造成的侵蚀影响是不大的。减小圆周速度的途径主要有：① 减少最末级叶片的高度，采用多个排汽口来降低最末级叶片高度，对降低圆周速度是有效的；② 选择半转速汽轮机，对大功率核动力汽轮机常采用半转速即1 500 r/min，发电机增加一对电极，仍可保持50 Hz的交流电，可以使最末级工作叶片的离心力减小，也减少湿蒸汽中的水滴对工作叶片的侵蚀作用。这一减半转速的措施，对超过1 000 MW的大型核电厂汽轮机而言是非常有意义的。

最后，也可以选择添加防腐剂的措施来增强叶片的抗蚀性能。通常采用向蒸汽中注入十八胺微量添加剂。处于水膜中较小量的十八胺会沉积在金属表面上，成为氧化物和水膜分界面上的腐蚀抑制剂，来降低冲蚀腐蚀过程中的腐蚀程度；同时十八胺还可以减小水膜形成的波浪和紊流等。

(2) 对工作叶片的消极防护方法

所谓消极防护就是通过在选材、加工及特殊处理等方面采取相应措施，提高工作叶片的抗侵蚀能力，这也是减少饱和蒸汽中水滴对工作叶片侵蚀作用的另一种措施。具体而言，可以从以下几个方面来加强：

1) 工作叶片采用耐侵蚀的材料；

2) 在工组叶片进口边顶部叶背易受水滴侵蚀的部位镶嵌耐侵蚀能力非常好的司太立硬质合金块；

3) 对工作叶片易受侵蚀的部位采用局部加工工艺。

目前对动叶片出汽边进行强化处理是国内外常用的一种汽轮机叶片防侵蚀的方法。对动叶片的上半部的出汽边背弧采用电火花强化、焊接硬质合金或等离子喷涂硬质合金等方法可有效地提高叶片的抗腐蚀性能，增加叶片使用的寿命。还可以在动叶片进汽部分加工几条纵向去湿槽，这些槽中流动的水分可以缓和水滴的冲动作用。

实际运行经验表明，无论是具有中等湿度，圆周速度很高($u=530\sim580$ m/s)的级，还是汽轮机的圆周速度较小，但湿度很大的级，利用上述积极和消极的去湿和防护措施，都可使工作叶片减少发生被侵蚀破坏的危险。

2.4.2　饱和汽轮机与过热汽轮机的比较分析

2.4.2.1　饱和汽轮机与过热汽轮机的比较

压水堆核电厂采用的核电饱和汽轮机的结构和原理与火电厂所采用的过热汽轮机基本上相同，但是在设备的设计方面和热力系统组成方面存在着许多差异，饱和汽轮机在热力参数、结构特性，设计细节和材料选择、运行维护等方面具有一定的独特性，主要体现在以下几个方面：

(1) 饱和汽轮机设计参数的独特性

压水堆核电厂中，蒸汽发生器能够向汽轮机提供的饱和蒸汽压力一般只有5.0～7.0 MPa，而且新蒸汽湿度可达0.25%～0.5%，这导致蒸汽在汽轮机中的热力过程与火电机组也不同，饱和汽轮机各级多数在湿蒸汽环境下工作，而且湿度是逐级增加的，因此湿度对汽轮机的各级均有影响。一般可近似地认为的平均湿度增大1%，级的内效率要降低1%，所以蒸汽湿度的增加降低了级的效率，并使得热耗率要更高一些。当汽轮机的排汽压力接近时，饱和汽轮机的可用焓降只是高参数、再热式常规火电厂汽轮机可用焓降的一半左右，级的效率又比较低，蒸汽压力低、比容大，因此饱和汽轮机进汽的容积流量要比相同功率火电过热汽轮机增大60%～90%。

(2) 饱和汽轮机在结构和选材方面的独特性

由于饱和汽轮机蒸汽参数低，与常规火电机组相比，相同容量的饱和汽轮机需要较大的通流能力和排汽面积，这使得末级叶片较高而增加了汽轮机径向尺寸，还要采用多排汽口结构以满足排汽要求，这样汽轮机的结构更为复杂，重量、尺寸更大。为满足较大的蒸汽流量，高压缸叶片也比较高，扭叶片数量增多，增加了设备的投资额。饱和汽轮机的级数较少，汽缸一般采用1个高压缸(或者高中压合缸)加2～3个低压缸的结构，且汽缸尺寸和重量较常规火电汽轮机要大一些，当功率增大到500～800 MW时，高压缸要做成双流路的。

由于饱和汽轮机工质的湿度大，在汽缸内部要加工出一些去湿沟槽等结构，增大级间疏水孔尺寸和数量，以增强疏水和蒸汽的去湿作用。

饱和汽轮机的选材主要考虑高温高压湿蒸汽对金属部件的影响，在高压缸部分选材主要采用一些满足强度、抗腐蚀性能较好的材料，由于低压缸的进汽参数与常规火电汽轮机相似，因此饱和汽轮机低压缸的选材和常规火电过热汽轮机选材一样，均为碳钢。

(3) 饱和汽轮机热力系统构成的独特性

饱和汽轮机热力循环系统中设置了汽水分离再热器系统，这是核电机组与常规火电机组最大不同之处。这一设置主要是由饱和汽轮机进汽参数低所决定的，汽轮机通流部分湿度大，对叶片的腐蚀很严重。高压缸排汽湿度可达到12%左右的水平，若不采取任何措施，直接进入到低压缸做功，在低压缸排汽口处湿度可达20%以上，对末级叶片的冲刷腐蚀非常大，严重威胁机组安全，并降低机组效率。因此在高压缸和低压缸之间设置了汽水分离再热器，用于降低进入到低压缸的蒸汽湿度，提高蒸汽温度，使其具有一定的过热度，提高循环热效率，改善低压缸的工作条件。

同时，由于饱和汽轮机进汽的容积流量要比相同功率火电过热汽轮机大得多，因此饱和汽轮机热力循环中设置的凝汽器也因汽轮机排汽量增加而使其换热面增大，循环水量几乎增加一倍，这也是核电厂厂址选择时需要特殊考虑的问题之一。

(4) 饱和汽轮机运行特点

由于饱和汽轮机不仅结构复杂、体积庞大，二回路的工作也要影响到一回路和反应堆的工作，因此，对其可靠性提出了更高的要求。

饱和汽轮机内部工作温度较火电汽轮机低很多，因此饱和汽轮机各部件的热膨胀较小，机组在启动、升负荷或停机过程中，受胀差的影响比较小，可以大大缩短启动时间。

在机组甩负荷过程中，饱和汽轮机更容易发生超速，造成这种结果的原因有两个：

1) 饱和汽轮机的汽缸体积大，汽缸间的蒸汽管道粗大，分离再热器体积大，在汽轮机速关停汽后，汽轮机内还要继续增加转速。残存的大量汽体，流向凝汽器时仍可发出功率，不能使汽轮机转子马上停下来；

2) 大部分级都工作在湿蒸汽区域，汽缸内转子和静子的表面都存在水膜，凹坑及中间汽水分离器内都存在有水分。当主汽门速关后凝汽器真空度突然升高，使汽缸内存在的饱和水由于压力下降而沸腾蒸发，产生大量的汽体，这些汽体流向凝汽器时推动转子转动，也有可能使转子在甩负荷后转速继续增加15%～25%的范围。

为了防止饱和汽轮机甩负荷时超速，结合产生超速的原因，采取了以下措施：

1) 在分离再热器后，蒸汽进入低压缸前的蒸汽管道上加装速关阀门，这种大尺寸、动作迅速关闭的阀门，制造起来难度是很大的；

2) 减少高、低压缸之间的管道尺寸、把分离再热器设计在一个壳体内；

3) 减少汽缸内的凹坑、加强汽缸和管道内的疏水工作，并在抽汽管道上设置逆止阀和加热器的隔离阀，防止抽汽管道的蒸汽倒灌回汽轮机或者加热器内满水，疏水倒灌回汽轮机。

对于饱和汽轮机，需要设置剂量防护措施。尽管正常工作情况下，压水堆核电厂的二回路没有放射性物质产生，人员与二回路设备接触不受限制。但在蒸汽发生器换热面破损情况下，就会把一回路带放射性的工质水带到二回路工质内。因此对二回路水要进行放射性监测，及时发现换热面泄漏，以便采取严格的生物保护，把整个机组用密封外壳封住，防止蒸汽向外漏泄，还要提高设备法兰的严密性。汽轮机外部密封的封汽要用专门的热源产生的清洁蒸汽供应。这也是压水堆核电厂汽轮机所特有的特点。

2.4.2.2 半转速汽轮机在核电中的应用

(1) 核电机组中采用半转速汽轮机的原因分析

饱和汽轮机的最大功率在很大程度上取决于低压缸末级排汽面积，而排汽面积取决于末级叶片的高度和排汽口数量(低压缸数量)。由于受机组轴系长度、轴系稳定性和振动特性等因素的影响，一般情况下，最多只能采用4个低压缸。因此要增大排汽面积，主要依靠增加末级叶片的高度来实现，但是，末级叶片高度的增加要受到叶片材料应力和强度的限制，随着汽轮机高速旋转，叶片受到的离心力随着叶片高度的增加而增大。该离心力与汽轮机转速的平方成正比。对于大功率机组，如果还采用全速汽轮机，末级叶片将受到很大考验，非常容易超出材料许可应力而使叶片损坏。

采用半转速汽轮机，其转速为1 500 r/min，为全速汽轮机转速的一半，同样长度的叶片工作时承受的离心力仅为全转速汽轮机的四分之一；采用半转速汽轮机在相同的末级叶片应力和相同强度下，理论上可使汽轮机功率增加大约三倍。因此，采用半转速汽轮机在满足末级叶片高度增加的同时，叶片应力不会超过材料许用应力，可提高单机的极限功率和机组效率，有利于降低叶片的设计难度。另外，采用半转速汽轮机，在相同末级叶片的情况下，由于叶顶速度降低，叶片受湿水滴的侵蚀作用减小，同时降低了其他转动部件的应力。同时，在给定功率的前提下，由于半转速汽轮机可以采用更长的末级叶片以增加排汽面积，因此可以相应减少排汽缸的数量，降低设备及厂房的投资。

(2) 半转速汽轮机特点简介

目前世界上百万千瓦级及以上的核电机组中，半转速汽轮机占绝大多数，全速机仅占极少数。在电网频率为 60 Hz 的国家中，核电机组几乎全部采用半转速汽轮机组。综合分析，半转速汽轮机具有以下特点：

1) 半转速汽轮机热效率高：在蒸汽流量一定情况下，排汽面积越大，余速也就越低，余速损失越小。半转速汽轮机由于末级叶片可以设计得比较长，以提供较大的排汽面积，余速损失相应减小，从而减少了排汽损失，提高了汽轮机的热效率。另外转速降低，减少了湿蒸汽对叶片的侵蚀，改善了蒸汽的流动特性，从而也提高了热效率。目前百万千瓦级核电半速汽轮机热效率比全速汽轮机高，平均高出 2%，最多的高出 3.3%。

2) 半转速汽轮机抗腐蚀性能更好：一般认为在给定的排汽湿度的情况下，叶顶速度的高低是影响湿蒸汽腐蚀叶片程度的主要因素，日立汽轮机制造公司根据大量经验数据，得出影响叶片侵蚀速度的公式：

$$K = [(u-204)/304]^2 \cdot m^{0.8} \tag{2-17}$$

式中：K——表示蒸汽侵蚀叶片的速度，$K<5\sim6$；

u——表示叶顶速度，m/s；

m——表示蒸汽相对湿度，%。

从以上公式可以总结出叶顶的转速越快，叶片被侵蚀的速度越快。半转速汽轮机叶顶速度比全转速汽轮机叶顶速度低，因此，在采用相同的叶片材料和相同的防水措施的情况下，半转速汽轮机的受腐蚀状况没有全转速汽轮机那么严重。

3) 半转速汽轮机动叶片所受应力小：动叶片所受应力与转子转速平方成正比，因此采用相同的动叶片时，从理论上来讲，全速汽轮机转子与半转速汽轮机转子所受应力之比为 4∶1，实际情况下，全速汽轮机转子所受应力是半转速汽轮机转子的 1.3～2 倍。所以，对于大功率机组，半转速汽轮机的安全裕量更大一些。

4) 半转速汽轮机稳定性好：在功率等级相同的条件下，半转速汽轮机尺寸和重量比全速汽轮机大，因而承受外界对机组产生的力和力矩的能力比全速汽轮机强，具有更好的稳定性。

另外由于半转速汽轮机转速低、转子重量大、转动惯量大，因此对激振力的敏感程度比全速汽轮机低，抗振性能优于全转速汽轮机。

一般在相同功率等级的情况下，半转速汽轮机组由于体积大，单个部件的重量要比全速汽轮机重得多，因此半转速汽轮机的材料消耗量要比全转速汽轮机多，一般要超过 2 倍。对于整台机组来说半速汽轮机组的重量是全转速机组的 1.2～2.4 倍。在投资成本方面，半速汽轮机比全速汽轮机的投资成本相应要高些。但是，由于半转速汽轮机经济性好，安全可靠，机组可用率高，因此在寿命期间内总体的经济性是优越的，越来越多的大型核电机组将采用这种型式的汽轮机。

2.5 汽轮机运行中的监测

汽轮机的启动与停机是汽轮机运行中最为重要、最为复杂的操作过程,在这一过程中,汽轮机本体随着温度的变化,将产生较大的热应力,如果控制不当,将会引起事故,导致机组受损,因此,必须对一些重要指标进行监控,以防意外发生。因此,每台机组都设置了运行监测装置,保护机组安全可靠地运行。该装置应能指示机组的主要运行参数值;运行中参数越限时应能发出报警、停机信号,并能提供巡测、计算机接口信号。

2.5.1 主要监控指标

汽轮机监测装置在运行过程中,一般对下列项目进行监测并提供相应的保护信号:

1) 转速测量(包括零转速测量)和电超速保护;

2) 轴向位移测量和保护;

3) 胀差测量;

4) 主轴偏心测量;

5) 轴承座绝对振动测量保护;

6) 轴振动测量;

7) 热膨胀及阀位测量;

8) 润滑油压过低保护;

9) 凝汽器低真空保护;

10) 压差测量保护;

11) 背压保护。

由于汽轮机转子与静子之间轴向和径向的间隙都非常小,如果运行中,对各部件温度控制不当,将会引起额外膨胀,破坏动静之间的间隙。通常采用转子和汽缸之间的相对膨胀(胀差)来控制汽轮机通流部分与汽封之间的轴向间隙变化。所谓胀差是指转子以推力轴承为基点,相对汽缸进行膨胀,汽缸的膨胀量与相对应的转子膨胀量之差,称为转子的相对膨胀差,或简称胀差。转子的膨胀量大于对应汽缸的膨胀量称为正胀差;反之称为负胀差。利用上下缸温差来控制汽轮机转子与汽封之间径向间隙的变化。通过控制汽缸内外壁温差和法兰宽度方向温差来控制热应力水平。

2.5.2 汽轮机本体监测仪表及监测点的布置

汽轮机的监测仪表主要用来监测汽轮机的启动、运行、停机等不同工作状态,并能够将这些监测输出量在计算机上显示,必要时可打印出来对运行趋势进行分析。一般情况下,对汽轮机本体的监测主要通过下列仪表进行:汽轮机转速监测器、汽轮机大轴振动监测器、轴向位移监测器、相对膨胀监测器、转子偏心监测器和汽缸膨胀监测器等。

(1) 汽轮机转速监测

转速测量包括零转速测量、盘车转速测量、正常运行和机组超速时的转速测量。对汽轮机转速的监测主要有三个目的,一是在启停过程中,根据测得的转速联锁控制顶轴油泵和电动盘车装置等;二是测量转速是否超出限值,如果转速大于限值,给出报警并联锁动作超速保护装置；三是在正常运行期间，转速测量所得到的信号传给汽轮机调节系统，作为调节的基础变量与给定值之间比较后，调节汽轮机调节阀的开度。现代大型机组转速测量一般采用的传感器为磁阻式传感器或电涡流式传感器。

（2）轴向位移监测

轴向位移测量主要用于测量转子的推力盘相对于轴承座的轴向位移，在汽轮机运行过程中，由于蒸汽不断膨胀，产生压差，对转子部件产生轴向推力，推力盘向两侧推力瓦块施加轴向压力，轴向位移测量和保护装置用于监测机组转子在启停和运行中的窜动值。测量传感器一般采用电磁感应式传感器或电涡流式传感器。

（3）胀差测量

当蒸汽进入汽轮机以后，各个部件均要发生不同程度的膨胀，由于汽缸和转子与蒸汽换热条件以及向外散热程度不同，将会产生胀差，会造成动静之间间隙的变化，该值若超过限值，则会造成汽轮机动静部分的磨损，带来的后果非常严重，因此通过胀差测量装置实时监测，测量传感器采用电磁感应式传感器或电涡流式传感器。一般测点布置在轴承座内。不同汽缸要分别进行测量。

（4）振动测量

汽轮机振动测量分别测量汽轮机轴承的振动和转子相对于基座的振动。每个轴承上都装有振动测量装置。轴承座振动是因汽机轴承左右振动，引起座探头内线圈差动变化，从而输出正弦交流电压信号，将此交流电压信号的频率信号转换成电压、电流信号，即得测量的量。

（5）偏心度测量

偏心度测量分为高、低压缸测量，分别安装在相应的轴承基座上。探头采用一个电涡流测量回路，在转子转动时，转子与探头的间隙发生变化，引起探头输出电压成正弦波变化，将此变化的正弦波的振幅转换成线性的电压、电流信号，即得偏心度测量的量。

另外，有关温度的测量一般采用热电偶，如高压缸最高点和最低点处均布置有测量金属温度的热电偶，用于检测汽缸内部是否积水，若有积水会出现上下缸温差过大现象；运行过程中，要控制关键位置的热应力，高压汽室可以直接通过测量内外壁温差来计算出相对应的应力值。而对于高压转子，是通过模拟探头测出的汽缸内壁温度来代替高压转子第一级金属温度，通过测量值与蒸汽温度比较，来控制汽轮机启动、停机的速度。

2.5.3　汽轮机寿命的概念

所谓汽轮机的寿命是指从新机投入运行至其主要零部件失效时，汽轮机可以安全使用的寿命，简称汽轮机的寿命。所谓失效，即出现不可修复的状况。由于各种设备使用的条件不同，造成失效的原因也不同。

汽轮机是一种高温、高压、高转速的动力设备，转子在运行中受力状态最复杂，既承受高速旋转产生的离心应力和传递扭矩产生的切应力，又承受温度不均产生的热应力和振动产生的动应力，而且其结构出现应力集中的部位较多。因此一般失效的前期都是部件产生裂纹，一旦出现裂纹，在裂纹的尖端形成极大的应力集中，使裂纹继续扩展，以致断裂。转子并不是到断裂时才失效，因为转子出现裂纹后，其周向刚度不对称，而使机组出现异常振动。裂纹尺寸越大，振动越强烈。当转子因裂纹引起的振动超限，而又无法修复时，转子即失效报废。造成转子失效的另一原因是材料的高温蠕变。不同的材料产生蠕变的温度不同,一般钢材在 350 ℃以上,即产生蠕变。工作温度越高,承受的应力越大,材料蠕变速度越快。蠕变后会促进转子裂纹的扩展,加速失效。

若汽缸出现裂纹,可以进行补焊修复,继续使用。若转子表面出现裂纹,可以采用车削的办法,车除裂纹,防止裂纹进一步扩展。但由于转子材料的疲劳损伤,再次出现裂纹的时间间隔会越来越短。一再车削会使转子刚度降低,临界转速下降。当临界转速或其倍数与工作转速之间的差值缩小到一定程度时,机组的振动加大,也不能继续使用。因此汽轮机的寿命是以其转子的使用寿命,作为汽轮机的使用寿命。

对汽轮机而言,由于运行中应力变化随机性很强,一般不用可运行时间定义其寿命。而是将从新机投入运行,至转子出现第一条可观察到的宏观裂纹,所经历的低周交变应力循环次数,定义为汽轮机的疲劳寿命。从新机转子出现第一条可见裂纹到转子失效,所经历的低周交变应力的循环次数,定义为汽轮机的残余寿命。汽轮机的使用寿命是转子的疲劳寿命和残余寿命之和。所谓可见裂纹,是指在工程上可以检查出来的最小裂纹。在目前的技术条件下,工程上可观测到的裂纹,最小深度为 0.1～0.3 mm。

复习思考题

1. 提高朗肯循环热效率的方法有哪些?

2. 说明气体不同状态时流速与流通截面积之间的关系。

3. 说明纯冲动级和反动级的工作原理和级内能量转换特点,并比较两者之间的区别。

4. 什么是汽轮机级的反动度?其物理意义是什么?为什么反动级多采用反动度为 0.5?

5. 按照工作原理分类,汽轮机的级分为哪些类别?并简述各种级的工作特点和结构特点。

6. 什么是汽轮机的相对内效率?什么是汽轮机级的轮周效率?影响级的轮周效率的因素有哪些?

7. 什么叫复速级?为什么复速级具有两列动叶却仍被认为是一个级?

8. 按照热力特性对汽轮机进行分类可分为哪些类别?简述其各自特点。

9. 简述汽轮机的结构,并说明各自的作用。

10. 什么是汽轮机转子的临界转速?在运行中应如何对待?

11. 动叶片顶部安装围带的目的什么?围带的类型有哪些?

12. 在汽轮机最后几级动叶片上端安装拉金的目的是什么?拉金的类型有哪些?

13. 汽轮机采用多层汽缸有哪些好处?为什么低压缸比高压缸更需要设置成为多层缸结构?

14. 汽轮机的轴承按照功能可以分为哪两种类型？各自的作用有哪些？

15. 按照制造工艺，转子有哪几种型式？各有什么特点？核电厂汽轮机通常采用哪种类型？

16. 为什么压水堆核电厂汽轮机均要采用饱和蒸汽作为工作介质？

17. 为了安全起见，对现代凝汽式汽轮机末级的最高湿度要求是多少？

18. 压水堆核电厂汽轮机与常规电厂的汽轮机相比有哪些结构上和运行上的特点？

19. 汽轮机中蒸汽湿度过大有何危害？如何减小湿度？

20. 饱和汽轮机中受湿蒸汽侵蚀比较严重的部位都有哪些？

21. 饱和汽轮机的除湿方法有哪些？简述其各自特点。

22. 提高饱和汽轮机单机功率的方法有哪些？

23. 为什么核电汽轮机在甩负荷时更容易超速？为防止其超速所采取的措施有哪些？

24. 饱和汽轮机的工作叶片采取了哪些防护方法？

25. 饱和汽轮机对热力系统构成的影响有哪些？

26. 简述半转速汽轮机的特点。

27. 分析汽轮机转速对汽轮机运行的影响有哪些？

28. 汽轮机转速监测包括哪些内容？对汽轮机转速进行监测的目的有哪些？

29. 某反动级理想焓降 $\Delta h_t=62.1$ kJ/kg，初始动能 $\Delta h_{c0}=1.8$ kJ/kg，蒸汽流量 $G=4.8$ kg/s，若喷嘴损失 $\Delta h_{n\zeta}=5.6$ kJ/kg，动叶损失 $\Delta h_{b\zeta}=3.4$ kJ/kg，余速损失 $\Delta h_{c2}=3.5$ kJ/kg，余速利用系数 $\mu_1=0.5$，计算该级的轮周功率和轮周效率。

30. 在 h-s 图上画出纯冲动级的热力过程线。

31. 何谓速比？何谓最佳速比？画出纯冲动级和反动级的轮周效率与速比之间的关系曲线示意图。

第三章 蒸汽和给水加热系统

核电厂的蒸汽和给水加热系统即核电厂的二回路系统，是汽轮机系统的主要组成部分。如图 3-1 所示机组为例，该系统由三台蒸汽发生器、汽轮机、凝结水泵、三级低压加热器、除氧器、主给水泵和三级高压加热器组成，其中汽轮机包含了一个高压缸、三个低压缸，并且高低压缸均为双流、双层缸结构，高低压缸每个单向流程包含七级。这些设备和相应管道、阀门组成了产生蒸汽和蒸汽传输的主蒸汽系统、实现热能向机械能转换的汽轮机、对高压汽缸排汽进行除湿加热的汽水分离再热器系统、旁路系统、将汽轮机乏汽凝结成水并对凝结水增压的凝水抽取系统、对给水进行加热的低压和高压加热系统、对给水进行除氧加热的除氧器系统、对给水进行增压的主给水泵系统以及给水流量控制系统等。当然，对于不同机组设置的设备和系统会有细微的差别，但工作原理不变。

蒸汽和给水加热系统是汽和水的持续循环、转换的过程，如图 3-1 所示。

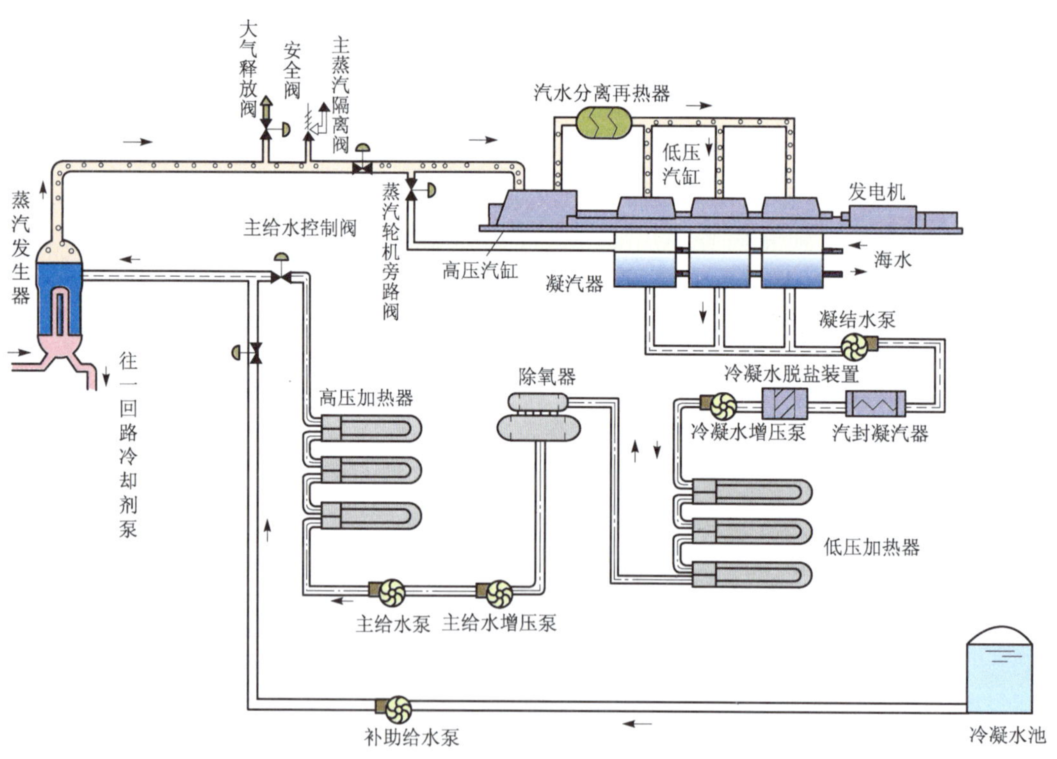

图 3-1　蒸汽和给水加热系统流程示意图

在位于安全壳内部的三台蒸汽发生器中，一回路冷却剂将二回路给水加热成饱和蒸汽，这部分蒸汽进入到高压汽轮机中做功，将热能转变为机械能，之后将高压缸中做过功的蒸汽全部引出，在汽水分离再热器中进行除湿、加热后，再全部送到三个低压缸中，继续做功。最后做过功的乏汽排到凝汽器，被循环水凝结成水的状态，储存在凝汽器热水井中。利用三台凝结水泵运行中的两台将凝结水抽出经净化脱盐后加压，途径三级低压加热器后打入除氧器，进行加热除去凝结水中的不凝结气体（主要是氧），之后，由给水泵加压后送入到三级高压加热器中进行加热，最后经流量调节系统根据工况要求调节后送入蒸汽发生器二次侧，继续带出一回路冷却剂从堆芯中带出的热量，从而构成了闭式循环的二回路系统。

为了提高整个循环的热效率，汽轮机的高压缸和低压缸均设置了一定级数的抽汽，其中高压缸的抽汽作为第一级加热蒸汽对汽水分离再热器中经过除湿的蒸汽进行加热，并对高压加热器中的给水进行加热，还可以作为除氧器中的加热汽源，对给水进行加热除氧。低压缸的抽汽作为低压加热器的加热热源，对冷凝水进行加热。

3.1　主蒸汽系统与设备

3.1.1　系统功能

主蒸汽系统的功能包括以下几个方面：

1）正常运行情况下，将蒸汽发生器产生的主蒸汽送到汽轮机高压缸中；

2）为系统内部用汽设备提供汽源，这些设备包括：汽水分离再热器、除氧器、汽轮机轴封以及辅助蒸汽转换器等。

如果给水泵是由小型汽轮机驱动的，则主蒸汽系统还要向驱动给水泵的汽轮机供汽。

同时，主蒸汽系统和主给水、辅助给水系统相配合，带出核电厂各种工况之下反应堆所产生的热量，保证反应堆的安全。主蒸汽系统的压力和流量的信号可以调节大气释放阀的开度、调节主给水泵的转速、调节给水流量以及调整蒸汽发生器的水位，并形成保护信号，作为反应堆保护系统、安注系统和蒸汽隔离系统的控制信号。

3.1.2　系统描述

本机组中配备了三台蒸汽发生器，位于核岛安全壳内。从每台蒸汽发生器顶部引出一根主蒸汽管线，穿出安全壳，通过主蒸汽隔离阀管廊进入到汽轮机厂房，三条主蒸汽管线最后汇集在主蒸汽母管，主蒸汽母管的作用是集中三台蒸汽发生器产生的蒸汽，使三台蒸汽发生器内部压力保持一致，并均衡收集到的蒸汽压力，再将其分配到各个用汽单位。

流程如图 3-1-1 所示。

主蒸汽母管上引出的管线接头有：

1）通向汽轮机高压缸的进汽管线；

2）通向汽水分离再热器的加热蒸汽管线；

3）通向除氧器的加热蒸汽管线；

4）通向汽轮机轴封系统供汽的管线；

5）通向凝汽器的旁排系统管线；

6）通向蒸汽转换器的管线；

7）通向主给水泵和辅助给水泵驱动汽轮机的蒸汽管线；

8）疏水管线。

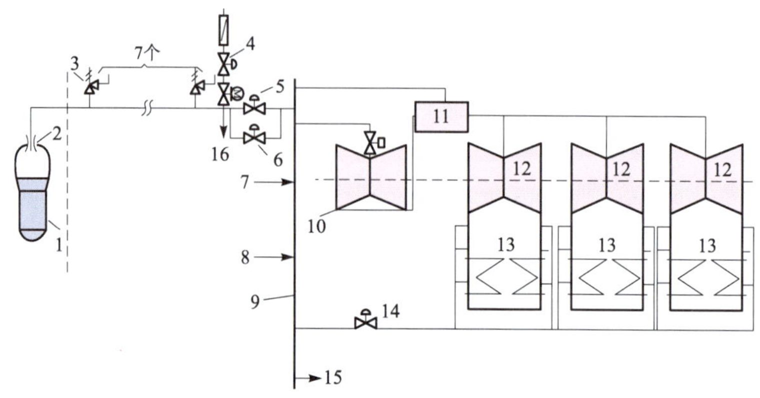

图 3-1-1 主蒸汽系统流程简图

1—蒸汽发生器；2—限流器；3—安全阀；4—大气释放阀；5—主蒸汽隔离阀；6—主蒸汽隔离旁路阀；
7、8—2、3 号蒸汽发生器主蒸汽管线；9—蒸汽母管；10—高压缸；11—汽水分离再热器；
12—低压缸；13—凝汽器；14—通向凝汽器的蒸汽排放阀；15—去汽轮机轴封供汽；16—辅助给水泵汽轮机

从核电厂的安全功能考虑，为防止主蒸汽管道破裂，每根贯穿安全壳的主蒸汽管道，在靠近安全壳的外侧，必须设置快速隔离阀，通常在 5 s 内即可自动关闭。在隔离阀下游安装了一台横向阻尼器，用来在阀门下游管道破裂时保护它们。在主蒸汽隔离阀上游管道上，每根管道安置了七台安全阀，这七台安全阀分为两组，其中一组四台是自动动作的弹簧加载式安全阀，另外一组三台安全阀是动力操作安全阀。这两组阀门保证在主蒸汽系统管道超压时向大气释放蒸汽，从而达到泄压的目的，保证主蒸汽系统管道的安全。

核电厂主蒸汽系统的组成中还设置一个蒸汽旁路排放系统，以便在汽机甩负荷时，通过该系统将蒸汽排入凝汽器，通常设计在 50%～100%范围内，以便排出反应堆一回路的余热。若凝汽器出现故障，还可以通过大气释放阀向大气排放。

主蒸汽的疏水都采用管线倾斜布置，疏水自流的方式，从主蒸汽隔离阀出来的通向汽轮机的蒸汽管线以及通向蒸汽旁路排放系统的管线均采用这种自流方式，将疏水集中到一个标高较低的公共疏水总管，疏水总管上布置有疏水储罐，保证能够接收主蒸汽管线上所有的疏水。最后包括旁路管线上的疏水全部流回到凝汽器，返回到给水循环中。

3.1.3 主要设备

本系统所涉及的设备主要包括主蒸汽管道、疏水管线及疏水罐、主蒸汽隔离阀，主蒸汽安全阀等。

(1) 主蒸汽管道

核电厂的主蒸汽管道所输送的工质流量大、参数高，因此对电厂运行的安全性和经济性影响较大。为了保证与之相连的蒸汽发生器的安全性，主蒸汽管道的压力必须小于与其相连的蒸汽发生器在所有假想的工况下的压力，因此，在设计阶段，就规定了主蒸汽管道的设计基准与蒸汽发生器的二次侧相同。

同时，在设计上也采取了相应的措施，用以减轻一旦主蒸汽管道发生破裂所造成的影响，包括以下几个方面：

1) 每台蒸汽发生器出口处装有一个流量限制器。限制其下游蒸汽管道破裂时的最大蒸汽流量，从而限制了反应堆冷却剂系统的降温速率；

2）主蒸汽管线上设置有隔离阀。接到隔离信号后，隔离阀能够在5 s中内快速关闭，将失控排放限制在一个蒸汽发生器内；

3）有相应的联锁信号，触发停堆，投入安注，保证反应堆的安全；

4）主蒸汽管道上设置有防甩限位装置。

另外，在正常运行时，核电厂二回路侧没有放射性物质产生，但是在蒸汽发生器换热面破损情况下，就会有一回路带放射性的工质水流入二回路工质内。因此对二回路要进行放射性监测，及时发现换热面泄漏。因此主蒸汽管道上装有^{16}N探测器，一旦蒸汽发生器换热管发生破裂，该探测器会给出报警。类似检查二回路放射性剂量的方法还有蒸汽发生器排污系统及凝汽器抽真空系统均有相关剂量测量点，超限时会给出报警。

（2）疏水管线和疏水罐

蒸汽在管道内流动过程中会有一部分冷凝为水的状态，尤其在启动初期暖管阶段，凝结的水量更大，如果这部分冷凝水不及时排走，会引起水锤冲击、损坏设备和管道。在主蒸汽隔离阀关闭时，疏水通过阀前疏水系统排出，即向核岛的疏水管道自流疏水。当主蒸汽隔离阀开启后，其阀前疏水系统关闭，疏水通过隔离阀后的疏水管线疏走。

主蒸汽系统管道均设置成具有一定倾斜度，疏水依靠自流的方式汇集到疏水罐中，疏水罐布置在汽轮机厂房中，接收各种工况下主蒸汽管道上全部的疏水，最后在将这些疏水送到凝汽器中，重新参与到给水循环中。

（3）主蒸汽隔离阀

核电厂主蒸汽管道上的隔离阀为安全级设备，其工作状态有以下三种：一是在正常情况或者非紧急事故时（如机组正常启、停等），慢速启闭的状态，以避免对阀门和管道造成较大冲动；二是在接到主蒸汽管道隔离信号或手动触发时的快速关闭状态，一般要求关闭时间不大于5 s；三是部分启闭状态，主要用于阀门试验过程中，检查阀门的可动性。

主蒸汽隔离阀的本体结构与一般的蒸汽截止阀相同，均是靠双端斜面下插进行蒸汽阻断，其结构如图3-1-2所示。阀头的动作靠油箱及储气器压力的平衡来控制，设置了一个驱动回路和两个泄油回路。在开启阀门时，需要由油箱、油泵等所附带的液压驱动系统提供足够的力去克服储气器的气体压力，将阀门打开。而储气器的气体压力相当于不会失效的关阀弹簧，关阀门时，两条泄油管线在排油控制分配器和流量控制阀的控制之下，将液压油排回油箱，主蒸汽隔离阀在气体压力作用下关闭，无再需外力。其工作原理图如图3-1-3所示。

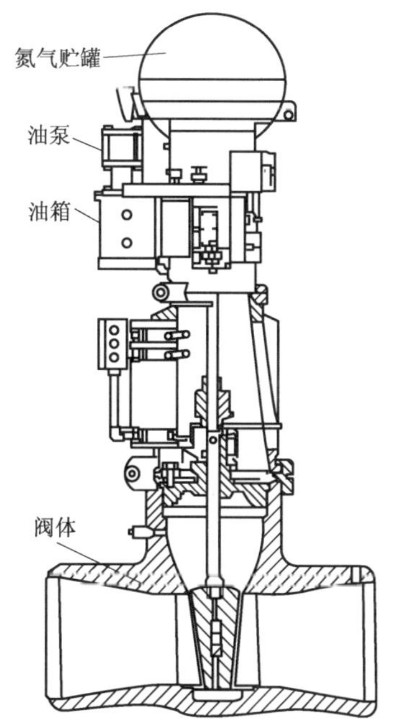

图3-1-2 主蒸汽隔离阀的本体结构图

每条主蒸汽管线上的主蒸汽隔离阀均设置了旁路阀，其作用主要是在暖管时，向主蒸汽隔离阀下游的管线提供蒸汽，以及平衡主蒸汽隔离阀两侧的压差。

（4）主蒸汽安全阀

为了防止蒸汽发生器和蒸汽管道超压破损，并在需要时适量释放热量，保持一回路压力和温度，在每条主蒸汽管线上均布置有七台安全阀，共分为两组，一组为三台动力操作安全阀，一组为四台弹簧加载安全阀。动力操作安全阀压力整定值低于蒸汽发生器设计压力，高于大气释放阀动作压力。弹簧加载安全阀压力整定值高于蒸汽发生器设计压力。根据安全阀不同的压力定值限制蒸汽过量释放，防止堆芯过冷。

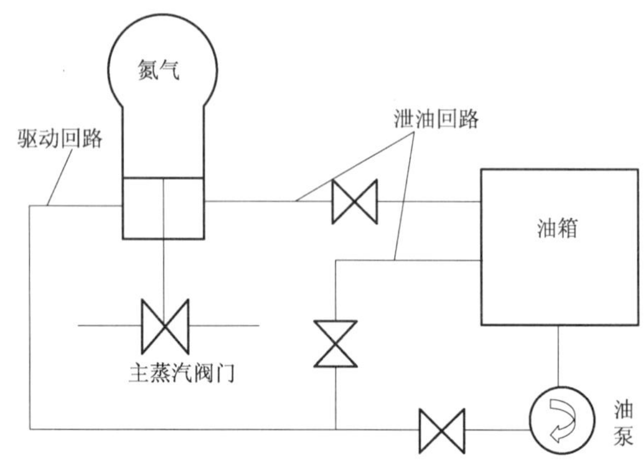

图 3-1-3 主蒸汽隔离阀工作原理图

动力操作安全阀与弹簧加载式安全阀在主体结构上是一样的，功用也相同。不同的是在动力操作安全阀上都装有先导的气动膜片执行机构，比如把辅助压缩空气送到膜片上侧，作为弹簧载荷的附加载荷；若把辅助压缩空气送到膜片下侧，则增加了蒸汽压力的附加作用力。如果没有辅助压缩空气的作用，则动力操作安全阀和弹簧加载的安全阀完全一致。

3.1.4 系统运行

(1) 正常运行

主蒸汽系统正常运行是指：汽轮发电机组已经并网，并运行在最小负荷以上(≥5%额定负荷)。此时，汽轮机和反应堆均处于自动控制，堆芯功率与汽轮机负荷相适应。旁路系统处于热备用状态，无新蒸汽向旁路排放。

在正常运行期间，主蒸汽隔离阀处于全开状态，旁路系统以及主蒸汽隔离阀上游的疏水管线全部隔离。主蒸汽压力不受控制，为给定蒸汽温度下的饱和压力。当外负荷变化时，通过调节汽轮机调节阀的开度来改变汽轮机的进汽量，从而满足外负荷的要求，蒸汽流量与汽轮机负荷之间成正比关系。同时，反应堆堆芯内通过调节控制棒的棒位改变堆功率，使之与汽轮机负荷相匹配。

(2) 特殊稳态运行

特殊的稳态运行包括：换料冷停堆、维修冷停堆、正常冷停堆、单相中间停堆、两相中间停堆、正常中间停堆、热停堆和热备用工况。

在这些工况下运行时，主要应该注意堆芯衰变热的导出途径。具体而言，在特殊稳定运行状态下，堆芯衰变热主要有两种导出方式，一种是靠余热导出系统将衰变热带出堆芯，这种方式适用于换料或维修冷停堆、正常冷停堆、单相中间停堆及两相中间停堆等工况。在这种方式下，蒸汽发生器和汽轮机旁路系统要隔离；另一种是利用汽轮机旁路系统将堆芯衰变热带出，这种方式适用于热备用、热停堆以及余热导出系统未投入时的两相中间停堆等工况，此时主蒸汽系统开启主蒸汽隔离阀，主蒸汽隔离阀旁路管线关闭，主蒸汽隔离阀上游的疏水管线隔离。

(3) 特殊瞬态运行

主蒸汽系统的特殊瞬态运行主要包括：

1）负荷急降至厂用电负荷：在这种情况下，汽轮机和反应堆的响应时间不同，汽轮机响应迅速，而反应堆由于控制能力的限制，响应时间相对汽轮机要有所滞后，这将导致反应堆功率和汽轮机负荷出现暂时的不匹配，需要投入汽轮机旁路系统将多余的蒸汽排走。

2）汽轮机脱扣，但反应堆不紧急停堆：汽轮机脱扣以后是否需要紧急停堆与当时的功率水平以及凝汽器和旁路系统是否可用均有关系。若反应堆功率小于40%额定功率，出于经济性的考虑，只要旁路系统能将堆内热量导出，就不需要反应堆紧急停堆；当反应堆功率大于40%额定功率时，若凝汽器或者旁路系统故障，必须紧急停堆。

3）紧急停堆并以正常方式排热：无论是由于汽轮机脱扣引起的反应堆紧急停堆，还是紧急停堆引起的汽轮机脱扣，都会引起蒸汽发生器压力上升，启动汽轮机旁路系统，带出反应堆热量。

3.2 汽轮机旁路系统与设备

由于反应堆的特殊工作条件，汽轮机事故对核电厂安全性的威胁和停机带来的经济损失远比其他类型电厂大得多，因此不仅在设计制造方面必须满足严格的质量要求，而且在运行方面也应该满足核电厂的最高安全要求，保证高可靠性。为了维护反应堆的运行，在外电网解列的情况下，汽轮机应该能够转入带厂用电短时运行。在堆机功率不匹配的情况下，设置了旁路系统，解决能量不平衡问题。

3.2.1 系统功能

由于反应堆的功率控制速度没有汽轮机组负荷变化速度快，因此在汽轮机突然降负荷或者在汽轮机停机的情况下，会出现瞬时的堆功率与汽轮机负荷不匹配的现象，此时旁排系统投入，排走蒸汽发生器内产生的过量蒸汽，避免蒸汽发生器安全阀动作，维持一回路和二回路的功率平衡；在核电厂热停堆和最初的冷却阶段，在余热排出系统投入之前，排出由裂变产物产生的衰变热以及一回路主泵运行等释放的显热；在反应堆启动升温，余热排出系统切除后，由旁路排放系统维持一回路正常的升温速度；在机组低负荷运行时，持续排走多余蒸汽，如在带厂负荷运行时。

在安全方面，通过蒸汽旁路排放系统导出负荷锐减后所多余的蒸汽，使反应堆冷却系统得到有效的冷却，从而防止一二回路超压；另外，由于主蒸汽管道破裂导致反应堆冷却剂系统过冷时，为避免出现阀门意外打开导致一回路过冷加重，要闭锁所有的阀门。

3.2.2 系统描述

大部分机组的汽轮机旁路排放系统主要由向凝汽器排放系统和向大气排放系统两部分组成，在部分机组上还附加设置了向除氧器给水箱的排放系统。

（1）向凝汽器排放系统

凝汽器是核电厂内排热容量最大的设备，向凝汽器排放系统是汽轮机旁路系统最主要的组成部分，承担了总排放量的三分之二以上的容量。

凝汽器排放总管连接在主蒸汽隔离阀与汽轮机入口阀门之间的主蒸汽母管上。在排放总管上引出12根管道，引向3台凝汽器，组成向凝汽器排放系统。

系统流程如图3-2-1所示。

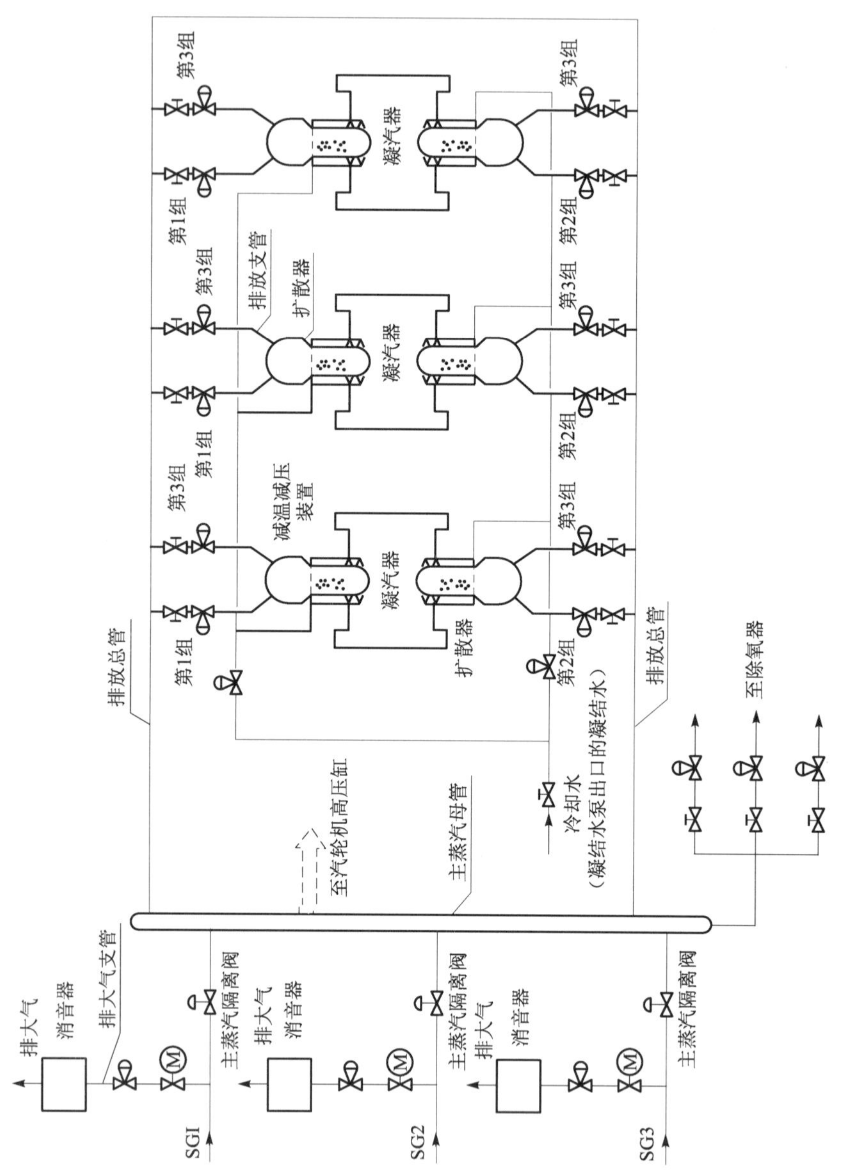

图 3-2-1 向凝汽器排放系统流程简图

三台凝汽器每台有四根进汽管,每侧各两根。蒸汽排放管进入凝汽器以后与安装在凝汽器喉部的扩压器相连,使蒸汽降温降压,防止破坏凝汽器真空并对凝汽器造成热冲击。降温所用的冷却水是来自于凝结水泵出口的冷凝水,在排放蒸汽时对凝汽器喉部的扩压器进行喷淋降温。在凝汽器喉部装有多孔的节流孔板,可以将额定流量下的蒸汽压力降低至凝汽器的压力。

在每根进汽管上装有一个手动隔离阀和一个用压缩空气操纵的旁路排放阀。在正常情况下,每根排汽管上的手动隔离阀处于常开位置,其下游的排放控制阀又称减压阀。排向凝汽器的 12 个减压阀分成为三组,第一组阀门是三台起冷却作用的阀门,称为冷却阀;第二组和第三组是分别有三台和六台减压阀。它们分别连接到三个凝汽器,保证工作时各个凝汽器的工作状况保持一致。

(2) 向大气排放系统

向大气排放系统是在凝汽器接受容量不足或者不能接收排汽时投入工作,将反应堆冷却剂系统冷却到余热排出系统能够投入的工况,并且使得蒸汽发生器的压力控制在零负荷以下,防止主蒸汽安全阀动作。

向大气排放系统能承担总排放容量的 10%~15%的排放容量。

系统流程见图 3-2-2 所示。

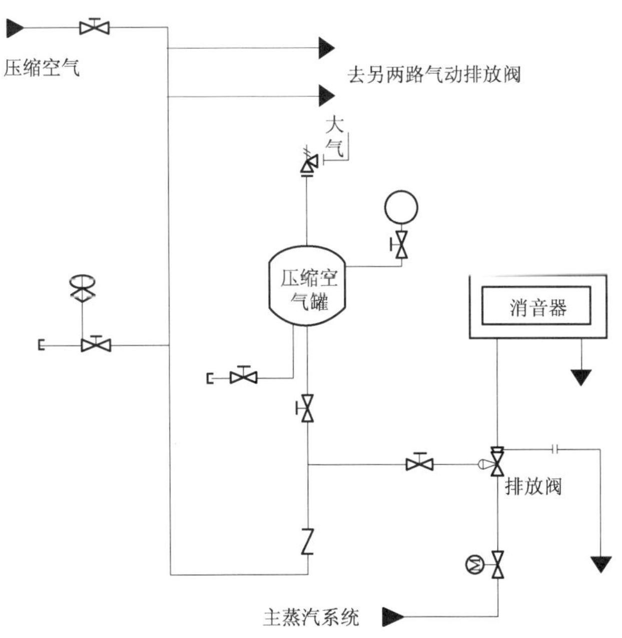

图 3-2-2 汽轮机旁路系统向大气排放系统流程简图

向大气排放系统由三根独立的管线组成,每根管线接在各自蒸汽发生器相应的主蒸汽管道上,位于安全壳外侧,主蒸汽隔离阀上游。每根管道上装有电动隔离阀和一个气动蒸汽排放控制阀。每个气动控制排放阀装有一个单独的压缩空气罐,以便在压缩空气系统失效后仍可工作一定时间。为了降低向大气排放时的噪音,在每个气动蒸汽排放控制阀后均装有一个消音器。

(3) 向除氧器给水箱排放系统

在有些机组上除了上述两种旁路排放方式之外,还设置了向除氧器水箱排放的方式,用来在汽轮机停机或甩负荷时维持除氧器内压力。这种旁路排放在排放总管上引出一根管道,然后分成三根支管引向除氧器。每根支管上布置有一个手动隔离阀和一个压缩空气控制的气动控制阀。三根支管在进入除氧器之前与除氧加热用的新蒸汽管和抽汽管相连,利用加热蒸汽鼓泡器排入除氧器给水箱下部。

设有这种排放方式的机组,一般向凝汽器排放和向除氧器水箱排放总容量占 85%的额定排放容量,并且在达到排放要求时,优先于向这两个排放装置中排汽。

3.2.3 主要设备

(1) 扩压器

每台凝汽器壳体内有 2 只排放蒸汽扩压器,对称布置在凝汽器颈部两侧。主要作用是使排放蒸汽分阶段降压和减温后进入到凝汽器。在扩压器内部长度方向上设置有两道节流孔对排汽进行减压,同时设有带冷却水喷管的冷却水接入管,向从二次节流孔出来的蒸汽喷水降温,最后将蒸汽排到凝汽器内部。

(2) 减压阀

汽轮机旁路排放系统的减压阀均为球阀,共 15 只,分为四组,其中第一组三个减压阀为冷却阀,接到全开信号后,从全关到全开需要 2.5 s。第二、三、四组减压阀分别有三、六、三只,称为旁通控制阀,接到全开信号之后,可以在 2 s 之内从全关到全部打开。前三组减压阀用于向凝汽器排放管道上(也称为排放控制阀)。如果设置有向除氧器进行蒸汽排放的系统,则向除氧器排放管路上所设置的减压阀划分为第四组减压阀。

(3) 气动蒸汽排放控制阀

在由蒸汽发生器引出的旁路排放管道中,每一根管道上都设置有一个电动隔离阀和一个气动蒸汽排放阀,要求在设计时对其运行压力、温度和流量等参数要提出规定。

为了保证蒸汽排放控制阀能够有效的工作,每一个控制阀都配有一套相应的压缩空气罐,其自持时间为 6 h。

另外,为了消除向大气排放时产生的噪音,每个气动蒸汽排放控制阀上都配有一台消音器。保证排放时噪音不超过(110±2) dB。

3.2.4 系统运行

蒸汽旁路排放系统有两种控制模式,分别为温度模式和压力模式。在高负荷时,一般利用温度自动控制模式,即蒸汽旁路排汽阀的开启信号正比于反应堆冷却剂的平均温度与代表汽轮机负荷的参考温度之差;在低负荷手动控制期间或低负荷蒸汽排放阀长时间运行时,一般采用压力模式,即用蒸汽母管的压力维持在手动预定值水平,取自蒸汽母管的压力测量值与压力预定值比较产生的偏差,控制蒸汽排放阀的开启。两种模式的控制原理见图 3-2-3。

(1) 正常运行

核电厂稳定带功率运行时,蒸汽旁路排放系统处于备用状态。

(2) 特殊的稳态运行

当反应堆处于热备用、热停堆、正常中间停堆和两相中间停堆余热导出系统未投入的状

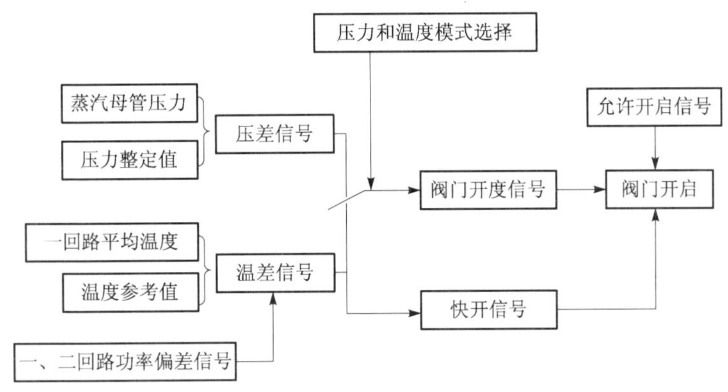

图 3-2-3　汽轮机旁排系统两种模式的控制原理图

态，由汽轮机旁路系统投入带出堆芯衰变热和冷却剂泵产生的热。

(3) 特殊的瞬态运行

在机组甩负荷时，由于控制棒的调节能力有限，堆芯功率与汽轮机负荷之间会出现暂时的不匹配现象，当甩负荷的幅度大于 10%额定负荷或者大于每分钟 5%额定负荷的线性变化，旁路排放系统就要投入运行，补偿堆芯热功率调节能力的不足，避免一回路超温和超压。

当反应堆负荷降低至 30%额定功率水平时，操纵员可以调整功率到厂用电运行，多余的蒸汽此时可利用蒸汽旁路排放系统排走。

当甩负荷幅度较大，最终反应堆功率低于调节棒自动调节系统的运行范围时，汽轮机旁路排放系统应由操纵员将温度控制模式切换到压力控制模式。

如果凝汽器不可用，则通向凝汽器和除氧器的旁路系统被闭锁，蒸汽发生器压力升高，控制回路打开大气排放阀，排出相应容量的蒸汽，避免安全阀动作。随着一回路释热的减少，对大气排放的大气释放阀逐渐关闭。

3.3　汽水分离再热器系统与设备

在压水堆核电厂中，由于反应堆冷却剂的传热特点，二回路给水在蒸汽发生器中经换热后，产生的是饱和蒸汽，从蒸汽发生器出口排出的蒸汽已经达到 0.4%的湿度，这部分蒸汽在汽轮机高压缸中膨胀做功过程中，湿度不断增加，在高压缸排汽口处湿度可达 14%，如果不采取任何措施，直接进入到低压缸继续膨胀做功，在低压缸排汽口处湿度可达 24%，这对汽轮机叶片将产生严重的冲刷腐蚀作用，甚至造成叶片折断的严重事故，另外也会增加湿气损失，降低汽轮机相对内效率。因此，对汽轮机末级湿度提出了严格的要求，即必须控制在 12%～15%的范围之内。并且需采取措施将高压缸排汽中的水分分离，然后将分离后的蒸汽再热成过热蒸汽。采用的特殊设备为汽水分离再热器(Moisture Separator Reheater, MSR)。MSR 是现代压水堆核电厂饱和蒸汽汽轮机组中的重要设备。由于 MSR 形体庞大，系统比较复杂，价格也较昂贵，并且有它自己的运行特性，在整个饱和蒸汽机组的安全、经济运行过程中显示出十分重要的作用。

3.3.1 系统功能

设置汽水分离再热器系统的目的就是改善低压缸的工作条件，同时提高汽轮机的相对内效率，该系统主要功能有：

1）去除高压缸排汽中98%的水分，防止或减少湿蒸汽对低压缸部件的腐蚀和侵蚀；

2）对进入低压缸的蒸汽进行加热，使其具有一定的过热度，提高进入到低压缸中蒸汽的做功能力。

3.3.2 系统描述

压水堆核电厂汽水分离再热器系统包括四个子系统：汽水分离再热系统、疏水系统、再热器放汽系统和再热器泄压系统。

系统流程见图3-3-1。

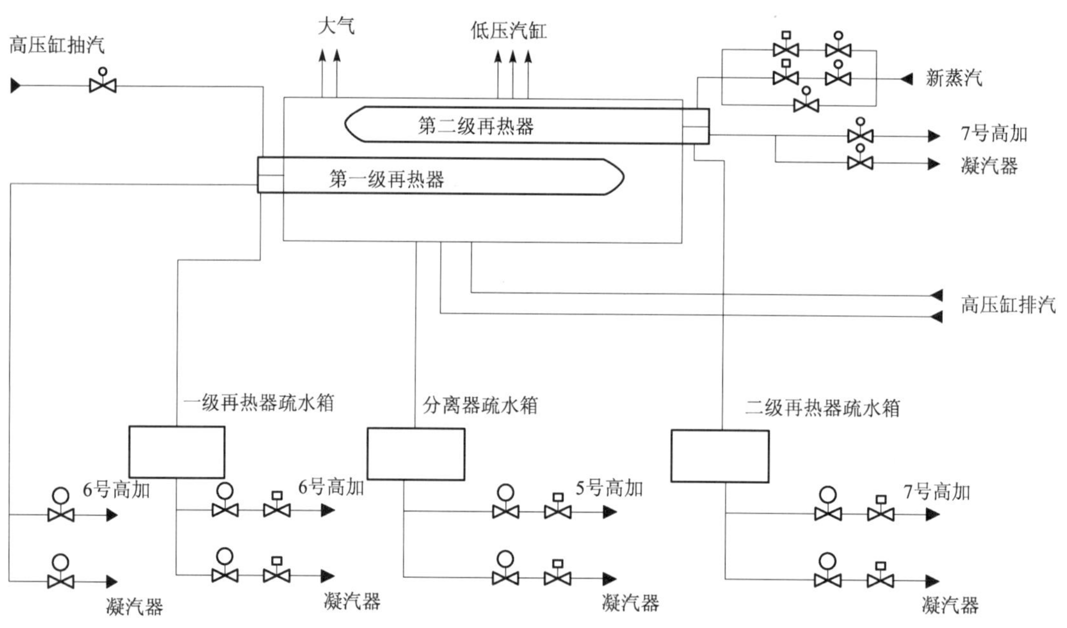

图3-3-1 汽水分离再热器系统流程图

（1）汽水分离再热系统

汽水分离再热系统首先通过所设置的一级汽水分离器进行汽水分离，然后经过两级再热器进行蒸汽的再热，以提高蒸汽干度。

汽轮机高压缸两侧各有四个排汽口，分别连接到冷段再热蒸汽管，把高压缸排汽送到布置于低压缸两侧的两台汽水分离再热器中。蒸汽首先进入到布置于下端的V字形汽水分离元件中，将湿度较大的冷再热蒸汽进行汽水分离干燥，在这个过程中，可以去掉98%的水分。经分离干燥后湿度约为1%～2%的蒸汽自下向上流动，进入第一级再热器中，利用高压缸抽汽对蒸汽进行加热，然后继续向上流动，进入第二级再热器中，继续加热，热源来自于新蒸汽，经过两级加热后，热再热蒸汽可以达到一定的过热水平。最后热再热蒸汽从汽水分离再热器顶部排汽口引出，进入三个低压缸进汽口，进入到低压缸中继续膨胀做功。

正常运行时，第一级再热器的加热蒸汽取自高压缸第一级抽汽，为了防止由于疏水骤然蒸发，蒸汽进入到汽轮机中引起机组超速，在抽汽管道上安装了隔离阀和逆止阀。另外第一级再热器还将新蒸汽作为备用汽源，当机组负荷低于35%额度功率时，且抽汽再热器管板温度高于130 ℃时，新蒸汽备用汽源投入运行，以减少对再热器部件的热冲击，以及防止换热管的过度冷却。另外在冷态启动前，也可以通过这种方式对再热器进行预热。

第二级再热器的加热蒸汽取自主蒸汽母管的新蒸汽，在引到第二级加热器的蒸汽管道上设置有隔离阀，流量控制阀和旁排阀，流量控制阀的作用是防止蒸汽温度变化过大。旁排阀是在高负荷时降低管道压损。

(2) 疏水系统

每台汽水分离再热器的疏水由分离段疏水系统、第一级再热器疏水系统和第二级再热器疏水系统组成，每个疏水系统均有自己的疏水箱。

分离段疏水在汽水分离再热器的壳体底部汇集，然后利用重力自流到分离器疏水箱，最后与冷段再热管段上捕集的水分一起排到第五级高压加热器，如果第五级高压加热器由于系统故障等原因被隔离或者加热器内水位过高时，则将这部分疏水通过紧急疏水阀疏送到凝汽器。要防止水位过高进入到冷段再热蒸汽管道。

第一级再热器疏水和第二级再热器疏水也是利用重力，自流到各自的疏水箱中，在正常情况下，分别将疏水排到第六级高压加热器和第七级高压加热器，若对应的高压加热器本身故障或者水位高，则通过相应的紧急疏水阀将水排到凝汽器。为了保证第一级和第二级再热器能够稳定连续地疏水，疏水箱的安装位置要与汽水分离再热器尽可能的接近，使疏水管要尽量短，疏水管与两台汽水分离再热器的连接路径尽可能相同。疏水管的倾斜满足要求。

(3) 再热器放汽系统

再热器放汽系统的作用是将第一级和第二级再热器中的不凝结气体排放出去，将再热器疏水管中未分离出的蒸汽引入到高压加热器或者凝汽器中，保持连续的放汽流量，使得再热器上下管束温差在可接受的水平之内，保证再热器管束的安全运行。

每台再热器放汽管线包括一条正常放汽管线和一条低负荷放汽管线。第一级再热器、第二级再热器的正常放汽管线是向第六级高压加热器和第七级高压加热器排汽。它们的低负荷排汽管线均是排向凝汽器。正常的放汽管线尺寸按照流过3%～5%的加热蒸汽流量确定，而低负荷放汽管线尺寸按照流过15%～18%的加热蒸汽流量确定。

在有些机组上还设置了备用排汽管线，最终排到凝汽器。一般备用的排汽管线均设置成可以自动投入的。

放汽管线之间的切换完全是自动控制的。当负荷高于75%额定负荷时，利用正常排汽管线将排汽排到对应的高压加热器中，以回收热量。如果加热器故障，投入备用排汽管线，将排汽排到凝汽器。当负荷低于70%额定功率时，投入低负荷排汽管，将排汽排到凝汽器。

(4) 再热器泄压系统

在汽水分离再热器壳侧，设置了超压保护装置，以防可能发生的超压事故。它可以由先导阀操纵的泄压阀及爆破盘组成，也可以设置安全阀，在需要时对蒸汽进行排放，保证在运行过程中系统内部压力不会超过所设定的限值。

爆破盘是由两层因科镍膜板组成，外侧压力通过向层间加压，视其压力下降速度来检测其状态，内膜板通过层间压力测孔进行检测。双层膜板中如果有一侧有问题，可以继续使用，只要等到下一次停役检查时再进行更换即可。爆破盘只有在汽轮机保护系统重大失灵以及若干个不相干故障叠加时才可能动作。

为了减少排汽管道及对其他设备的干扰，往往将两台汽水分离再热器的泄压系统都设在靠近汽轮机外侧墙的一台汽水分离再热器上。

3.3.3 主要设备

在压水堆核电厂中，每套机组配备两台汽水分离再热器，该设备是核电汽轮机专用的关键设备。主要由三部分组成：汽水分离器、第一级再热器和第二级再热器。但是为了减少管道布置，将三部分结构做在一个壳体里，见图 3-3-2。

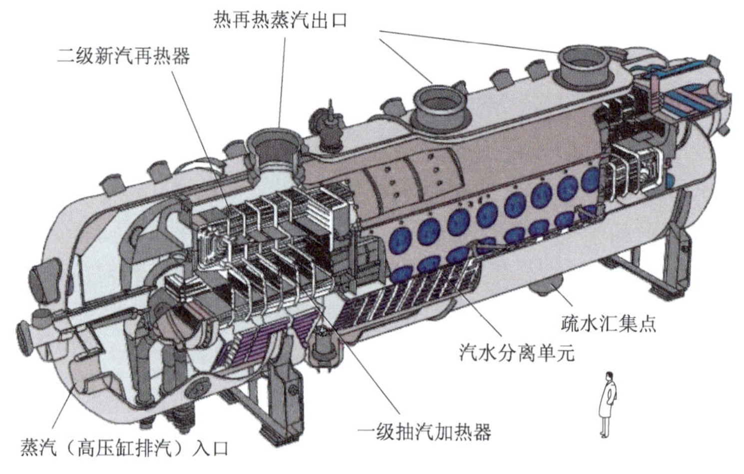

图 3-3-2 汽水分离再热器结构示意图

(1) 汽水分离器

又称为干燥器。由高压汽缸中排出的、湿度很大的湿蒸汽首先进入分离器中除去水分。分离器后蒸汽的干燥程度对再热器的工作有非常重要的影响。必须在干燥器内采用高效能的分离器结构才能达到要求。

目前所使用的汽水分离器型式主要有旋风式、波纹板式、金属丝网式三种。其工作特点不同，应用的范围也不同。

1) 旋风式分离器：旋风式汽水分离器的结构简图见图 3-3-3。

旋风式分离器出现的时间早、应用范围也广，结构形式也是多样的。在汽-液两相流体沿切向进入筒体或被螺旋叶片引导高速旋转时，由于两相流体的质量不同，所受到的离心力不同，水滴的质量大受到的离心力也大，在较大的离心力作用下水滴发生径向运动，与筒壁相碰被捕捉而从蒸汽中被分离出来形成水膜沿壁面流下被疏出。蒸汽沿着中心引出，达到了汽水分离的目的。这种类型分离器的剩余湿度较大，可达 3.5%～2.0%。对汽流中的由水膜撕裂后形成的、尺寸较大的水滴分离效果较好，而对汽流中生成的大量一次凝结的微小雾滴分离能力要差得多。一般可作为一级分离器应用，对大水滴进行分离去除。旋风式分离器的工质流动速度较高，一般在 30～40 m/s 比较合适，当然分离

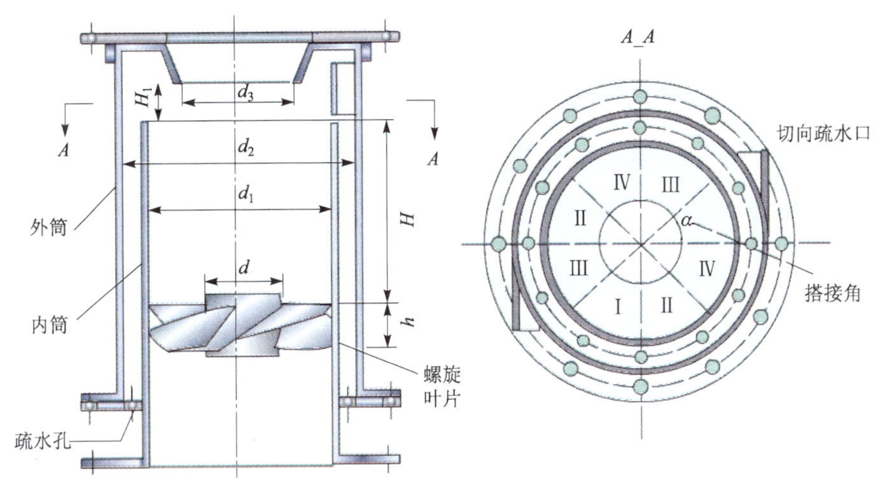

图 3-3-3　旋风式汽水分离器结构简图

器的流动阻力也较大些。

2）波纹板式汽水分离器：波纹板式分离器由许多压制成的形状相同的波纹形状的金属薄板，按一定的间距重叠起来，在两板间形成曲折的蒸汽通道，如图 3-3-4 所示。

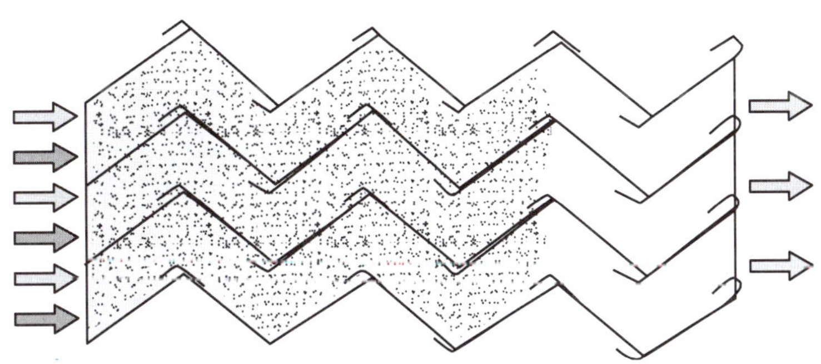

图 3-3-4　波纹板式汽水分离器简图

具有一定湿度的蒸汽按照图中方向进入到曲折的蒸汽流道中高速流动时，质量较大的水滴在转弯时惯性大而与金属板碰撞被捕捉吸附，形成水膜附着在金属壁上，从而将蒸汽中的水分分离出来。为了防止汽流速度过快将分离出来的水膜重新带入到蒸汽中，在拐角处均焊接了金属小钩，使水膜沿着金属钩形成的槽道往下流，而不会被蒸汽吹散。

波纹板式汽水分离器的尺寸比较大，但是分离效果非常明显，使得蒸汽终了湿度可以达到 0.5%的水平。良好的分离效率使得这种形式的汽水分离器得到了广泛的应用，尤其是在压水堆核电厂中，绝大多数均采用这种形式。

一般采用这种形式汽水分离器的机组，将一系列的波纹板设置成两组，形成 V 形布置，设置在汽水分离再热器的下端。当高压缸排汽通过这些分离单元时，有效去除其中的水分。

3）金属丝网式汽水分离器：这种型式的汽水分离器是由多张细金属丝编织成的网重叠

放置而形成，一般厚度在 100～150 mm，湿蒸汽垂直通过网垫时，大量的细金属丝形成巨大的表面积，与蒸汽充分接触，表面的吸附和细丝的阻挡作用，可以使蒸汽中各种尺寸的水滴碰撞到金属丝上而被细丝捕捉，这些被捕捉去除的水滴汇集到细丝交叉处，在重力作用下沿金属丝下降到丝网垫的底部被疏出，从而达到汽水分离的目的。

目前使用的金属网丝，材料有不锈钢、黄铜、镀锌钢丝，成本和寿命是不同的。扁丝比圆丝表面积大，对细小水滴的捕集作用更好些。丝网分离器被认为是较好的分离器结构形式，分离器后蒸汽中的剩余湿度可以达到 0.2%～0.3%。但是为了防止流动的蒸汽把水膜带走，再次进入到蒸汽中，对蒸汽工作速度要进行限制，一般只有 2～5 m/s，对丝网分离器的分离特性有很大影响。另外由于金属丝网分离器体积庞大，金属丝太细抗腐蚀性能差而寿命低，这些因素限制了金属丝网分离器的推广应用。

(2) 再热器

再热器的作用就是对经过汽水分离之后、干燥的蒸汽进行再热，以提高进入到低压缸中的蒸汽参数，使其具有一定的过热度。

一般再热器均做成两级的，第一级用高压缸抽汽对汽水分离后的蒸汽进行加热，第二级用新蒸汽进行加热，这两级再热器的结构相似，均包含有一个蒸汽联箱、一个管板和一系列的 U 形换热管束，加热蒸汽在管程流动，被加热蒸汽在壳程流动。这种两级加热的方案，装置结构复杂，但循环效率可比一级加热提高 0.2%～0.6%。因此在压水堆核电厂中广泛使用这种一级汽水分离、两级再热型式的汽水分离再热器。

3.3.4 系统运行

(1) 正常运行

正常运行工况是指汽轮发电机组在额定功率水平下的运行状态，此时汽水分离再热器系统均投入运行，并处于设计参数下运行。

(2) 再热器的隔离

如果再热器发生故障，可以对其实施隔离，但是要遵循一定的原则：

1) 不允许同时隔离同一台汽水分离再热器中的第一级和第二级再热器，但是可以同时隔离两条并联的同一级的再热器；

2) 若隔离第一级再热器，对汽轮机的累计运行时间没有限制，但是若隔离第二级再热器，为了防止因蒸汽加热不足，汽轮机低压缸零部件受到严重侵蚀损坏，建议每次将其隔离后，汽轮机运行时间累计为一年；

3) 所有的隔离操作必须要在汽轮机组运行期间或任何稳定负荷时进行。

3.4 凝结水抽取系统与设备

3.4.1 系统功能

凝结水抽取系统作为汽轮机热力循环的主要组成部分，承担着非常重要的功能，具体而言有以下几点：

1）接收汽轮机低压缸的排汽，并将其冷凝成水的状态；

2）通过将乏汽冷凝，获得高度真空，并与凝汽器抽真空系统配合，为汽轮机运行建立并维持较低的背压；

3）将凝结下来的水抽出升压后送到低压加热器系统；

4）在汽轮机组甩负荷和机组紧急跳闸停机时，接收旁路系统排过来的绝大多部分的蒸汽，将其冷凝，使得蒸汽发生器仍能带出反应堆的热量，保证堆的安全；

5）接收各个疏水箱的疏水；

6）为电厂贮存适当的冷凝水，并对这部分冷凝水起到除氧和净化的作用；

7）为相关系统和设备提供冷却水，包括汽轮机排汽口喷淋系统、旁路系统减温装置、蒸汽发生器排污系统等。

3.4.2　系统描述

凝结水系统包括：三台凝汽器、三台凝结水泵、疏水箱以及相应的管道和阀门等，具体流程见图 3-4-1。

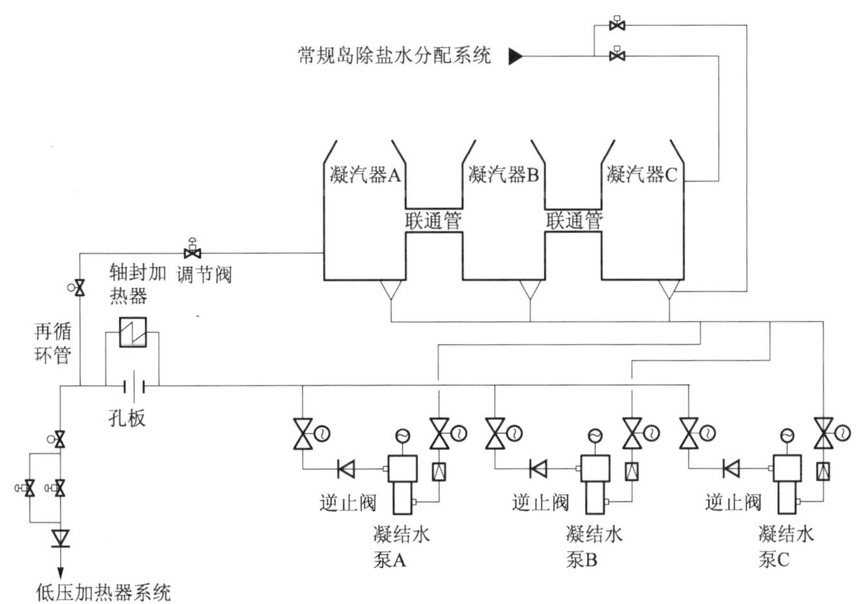

图 3-4-1　凝结水系统流程图

低压缸排汽口通过一个狗骨形伸缩节与凝汽器喉部相连，排汽在三个凝汽器中凝结成水。凝结水经凝结水泵升压之后，通过逆止阀和电动蝶阀，合并之后通过过滤器过滤之后，流向并列的孔板和轴封加热器，在轴封加热器支路，通过轴封排汽对冷凝水进行加热，在设计时，对孔板的流量精确计算选定，以保证有适当的凝结水量通过轴封加热器，以回收轴封蒸汽的热量，另外将轴封加热器设置在再循环管和通向低压加热器的主循环管上游，也是为了保证流过轴封加热器的冷凝水量不受主系统凝结水量的影响。通过孔板和轴封加热器之后，凝结水汇集后分为两路，主路送往低压加热器系统。另一路通过两个阀门送回凝汽器，该支路称为再循环管路，再循环管路保证了泵的最小流量，并且在启动初期可以通过再循环管线将水打回到凝汽器，进行过滤净化。

另外，本系统还接收一些相关系统的疏水，这些疏水都是通过凝汽器前疏水扩容箱和疏水接收箱进行汇集之后，再排到凝汽器中。如果接收到的疏水温度压力过高，还需要对其进行减温减压，之后再排到凝汽器中，比如接收主蒸汽管道的疏水和汽轮机本体的疏水等。

凝汽器的补水来自常规岛除盐水分配系统，在各种工况时维持凝汽器水位保持在整定值。

3.4.3 主要设备

本系统涉及的主要设备有凝汽器、凝结水泵和疏水箱。

3.4.3.1 凝汽器(又称冷凝器)

(1) 凝汽器工作原理

1) 工作原理：凝汽器在凝汽式电厂汽轮机组的热力循环中，起着冷源的作用，它对整个电厂的安全、经济运行具有重要作用。

当凝汽器开始工作时，先由抽气器抽去凝汽器壳体内的空气，为其建立一定的真空度；接着，在汽轮机中做过功的乏汽进入凝汽器壳侧，通过由循环水泵来的循环水使乏汽凝结成水，并将凝结放出的热量带走，在这个换热过程中由于蒸汽凝结其体积骤然缩小，形成一定真空；同时，为了维持凝汽器的真空度和减少不凝性气体对传热的影响，利用抽气器不断抽除凝汽器中积聚的空气；最后，通过凝结水泵将凝结水送回蒸汽发生器继续使用。

2) 影响凝汽器真空的因素：凝汽器壳程内的气体是从汽轮机排入的大量蒸汽和少量漏入空气的混合物，故凝汽器的压力 p_c 应该是从低压缸排来的乏汽和空气的混合物的总压力。根据气体混合物的道尔顿定律，混合物的总压力为构成混合物诸气体的分压力之和，因此凝汽器各处的压力：

$$p_c = p_s + p_{air} \tag{3-1}$$

式中：p_c——凝汽器内各处压力；

p_s、p_{air}——凝汽器内蒸汽压力和空气压力。

在运行过程中，首先要关注的就是空气在凝汽器中的分压，该分压值增大，会直接破坏凝汽器的真空，因此要通过各种有效措施防止空气漏入凝汽器，破坏凝汽器真空。在启动时，运用抽真空系统在凝汽器内部先建立真空，在运行期间，依靠抽真空系统的不断运行维持凝汽器的真空。另外，要求凝汽器的密封性好，尽管凝汽器在装配过程中，都要做水压试验，以保证凝汽器的密封性，但在运行中，由于种种原因，空气总是或多或少地漏进凝汽器内。这种漏泄要影响机组的经济性和安全性，漏泄严重时要被迫停机。

为了监视凝汽设备在运行中的严密性，要定期做真空严密性试验。其试验方法是：先记录下试验前的真空值，使机组保持 80％额定负荷，当关闭抽气门的 3～5 min 内，真空下降速度不大于 0.40 kPa/min 为合格。但总的真空下降不得超过规定值。

在运行时，查找漏气地点的方法有：在可疑地点附近用蜡烛火焰试探(此方法不适用于氢冷却发电机及其辅助系统)、涂抹肥皂泡、涂抹薄荷油(在抽气器的空气排出口看能否嗅到这种气味)采用查漏仪查漏等。在停机时，对系统整体或分部进行充水做水压试验，则是全面检查的好方法。

在凝汽器内乏汽与循环水之间的换热过程中，也存在很多影响凝汽器真空的因素，乏汽与循环水的换热过程见图 3-4-2，其中横轴 A 表示的是换热面积。

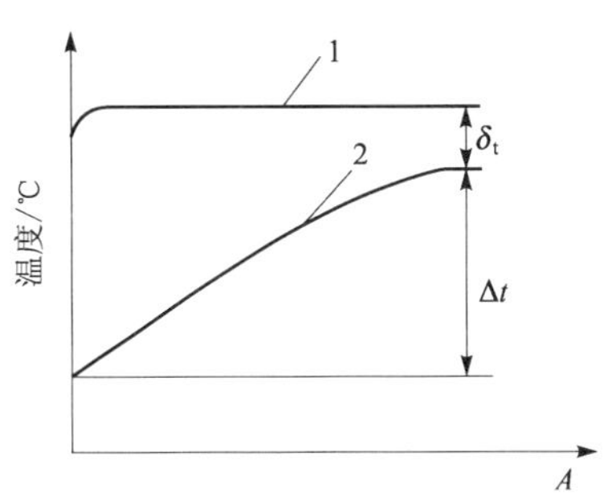

图 3-4-2 凝汽器内乏汽与循环水换热过程

曲线 1—乏汽放热过程；曲线 2—循环水升温过程

在凝汽器中，由于蒸汽凝结成水的过程是在汽、水饱和状态下进行的，因此，凝汽器内蒸汽的饱和压力与饱和温度是一一对应的，凝汽器压力的高低取决于蒸汽凝结的饱和温度 t_s。

为使凝汽器获得较高的真空度，就要使凝汽器内蒸汽的饱和温度尽可能接近循环水温度。如果循环水量和冷却面积均为无限大，蒸汽与循环水之间的温差可趋近于零，但是，实际上循环水量和冷却面积都是有限的，所以蒸汽与循环水换热时，必然存在传热温差，循环水吸热后温度要升高，但总是低于蒸汽的饱和温度。凝汽器中蒸汽的饱和温度 t_s 与循环水离开凝汽器的出口温度 t_{w2} 之差称为传热端差 δ_t。

$$\delta_t = t_s - t_{w2} \tag{3-2}$$

当冷却水出口温度一定时，传热端差越小，说明凝汽器内对应的饱和温度越低，则真空状态越好，对应的汽轮机排汽压力就越低，汽轮机的理想焓降也越大，在认为机内各种损失基本不变的情况下，机组的热效率就较高。当然，换热端差 δ_t 由于受传热面积等因素的制约，其值不宜太小，设计时一般取 3～10 ℃，对多流程的凝汽器可取偏小值，而对单流程的可取偏大值。

影响凝汽器传热端差大小的因素很多，为了得到较小的换热端差，要求凝汽器的传热效果要好。为此，冷却水管一般都用传热系数较高的材料制作，一般在过热机组中，选用铜合金，在核电厂机组的凝汽器内，还要兼顾考虑耐腐蚀性，因此较多采用金属钛；在运行时，为了防止不凝结气体积聚在换热管表面上，降低换热管的传热系数，凝汽器抽真空系统要保持不间断运行，把凝汽器中的空气不断地抽出，并定期对凝汽器做严密性试验，发现有泄漏要及时采取措施；另外，每台机组的凝汽器都设置了有效的清洗装置，比如采用机械清洗或化学清洗的方法，定期清洗凝汽器的换热管，防止冷却水中的有机物和无机物在换热管水侧结垢，现在常采用的是胶球清洗的方法。对大机组应能做到在不停机（但要减负荷）的情况下轮换清洗或检修其中一台凝汽器。同一台机组的凝汽器之间设有蒸汽连通管，用来导汽。

循环水入口温度对凝汽器真空也有影响，令 Δt 为循环水在凝汽器中的温升，t_{w1} 为循环水进入凝汽器时的进口温度，则：

$$\Delta t = t_{w2} - t_{w1}$$

$$t_s = t_1 + \Delta t + \delta_t \tag{3-3}$$

在其他条件不变的情况下，冷却水进口温度 t_{w1} 越低，凝汽器内的真空度越高。t_{w1} 的高低取决于当地的气温和供水方式。供水方式分从江河湖海中直接取水的直流供水方式和冷却水通过冷却塔（或喷水池）散热的循环供水方式两种。直流供水方式的循环水入口温度 t_{w1} 随季节变化明显，在运行中可以直接观察冬天凝汽器的真空要比夏天的高；循环供水方式的 t_{w1} 随天气变化也能有较大的差别。

降低冷却水温升 Δt，可使 t_s 降低，提高真空。Δt 与凝汽器内冷却倍率 m（循环水量/乏汽量）成反比。一般单流程 m 取 50～80，双流程 m 取 60～70，在运行时，汽轮机排汽量是由外界负荷决定的，故降低 Δt 主要依靠增加冷却水量 D_w 来实现。但是在利用增大冷却水量提高凝汽器真空时，循环水泵的功率提升将使厂用电耗增加，要进行经济性比较，即在采用增大冷却水量来提高凝汽器真空时，要比较提高真空得到的收益（汽轮机功率增加）和付出的代价（泵功增加 ΔP_p）的差值，比较曲线见图 3-4-3。

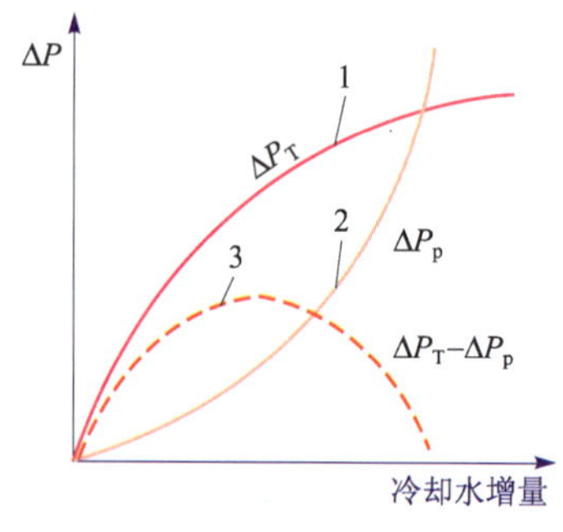

图 3-4-3　汽轮机功率的增加与循环水泵耗功之间的经济比较

随着冷却水量的增加，真空提高，汽轮机功率增加了 ΔP_T，如图中曲线 1 所示；同时循环水泵耗功增加了 ΔP_p，如右图曲线 2 所示，曲线 3 表示的是（$\Delta P_T-\Delta P_p$）的值，只有当（$\Delta P_T-\Delta P_p$）达到最大值时的冷却水量所对应的真空称为最有利真空。

（2）凝汽器的结构

凝汽器主要有两种型式，即表面式凝汽器和直接接触式凝汽器。直接接触式凝汽器有结构简单、冷却效果好等优点，但是它对冷却水质要求高，因为有这个缺点，所有现在一般不采用。在目前的电厂中，主要采用表面式换热的凝汽器。另外，冷却水在凝汽器中经过一次往返后才排出，这种凝汽器称为双流程凝汽器。若冷却水在冷却水管中只流过一个单程就排出，就称为单流程凝汽器。依此类推，还有采用三流程和四流程的凝汽器。一般在水源充足、取水方便的地方，大型机组采用单流程型式，中小机组多采用双流程。

压水堆核电厂中多采用多壳体，单背压的主凝汽器，每一个低压缸配置一台独立壳体的凝汽器，各台凝汽器之间有连接管将汽侧和水侧相互连通，保证运行中参数一致。每台凝汽器由壳体、膨胀连接件、管板、管束、水室和热阱组成。结构简图见图 3-4-4。

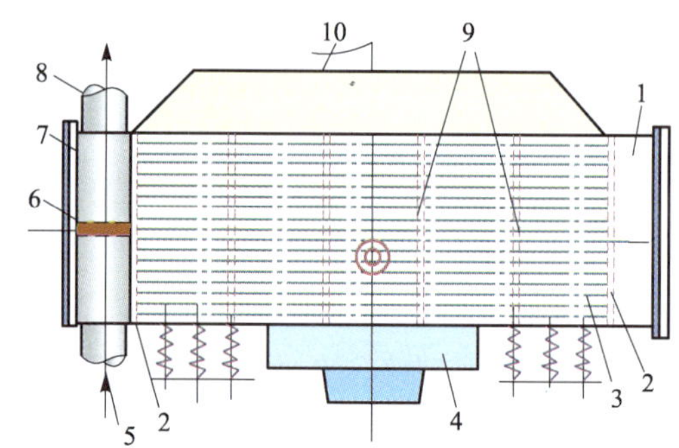

图 3-4-4　凝汽器结构简图

1—后水室；2—管板；3—冷却管束；4—热阱；5—进水管；6—水室隔板；7—前水室；8—出水室；9—管子支撑隔板；10—进汽管

1）凝汽器的壳体：凝汽器的外壳体是用碳钢板焊接而成，入口法兰通过“狗骨”形膨胀节与低压缸排汽口法兰连接，在入口处布置有低压加热器的抽汽管道，在凝汽器颈部装有一台复合式低压加热器（第一、二级低压加热器装在一个外壳内的加热器）。在壳体内部，布置有换热管束、两端的循环水进出口水室以及下端的凝汽器热阱。在凝汽器下端布置有压缩弹簧，凝汽器自重或自重和部分水重一起通过压缩弹簧支承在基座上。排汽缸和凝汽器在垂直方向的膨胀依靠压缩弹簧来补偿。

2）膨胀连接件：低压缸和凝汽器分别刚性固定在各自的基座上，尽管凝汽器从停运到运行其温度变化的幅度不大，但因它的体积非常庞大，在长、宽、高三个方向上都会有一定的膨胀量。为了防止凝汽器的膨胀使与之连接的汽缸也随之产生位移，在低压缸排汽口与凝汽器进口法兰之间采用柔性连接，它是通过“狗骨”形橡胶伸缩节来实现的。

如图 3-4-5 所示，“狗骨”形伸缩节呈矩形，上、下端分别压紧在与低压缸排汽口法兰和凝汽器进口法兰相焊接的上、下支承柱上，用上、下压板固定。为确保凝汽器气密封的要求，

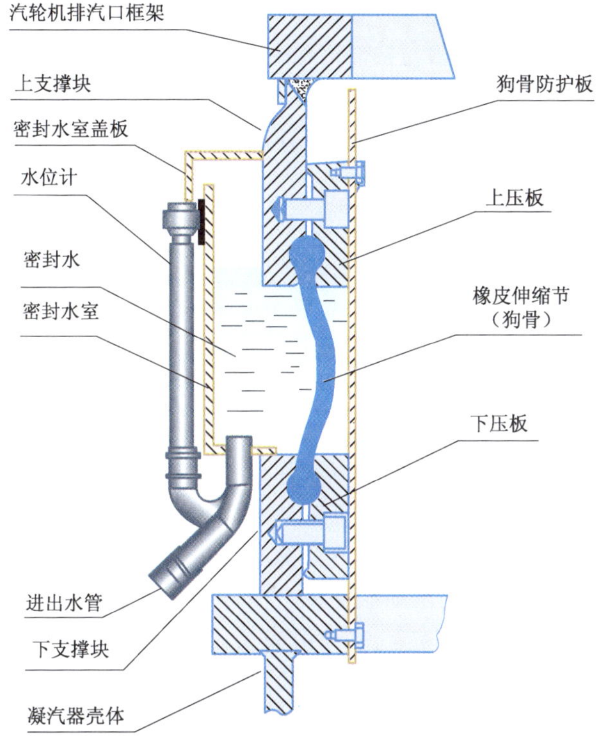

图 3-4-5　“狗骨”形伸缩节结构图

膨胀件周围有一个蓄水槽，充水起到水封作用。为了保证蓄水槽内有足够的密封水，在蓄水槽一侧设置有水位计，监测蓄水槽内液位。

3）管板和管束：核电厂凝汽器采用双层管板结构（见图 3-4-6），即在两层管板之间形成

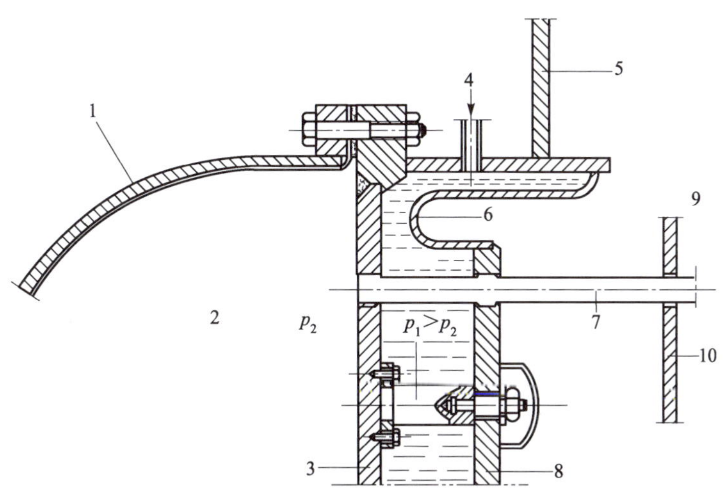

图 3-4-6　核电厂凝汽器双层管板结构图

1—水室；2—循环水侧；3—外管板；4—除盐水；5—凝汽器外壳；6—膨胀节；7—管子；8—内管板；9—蒸汽侧；10—隔板

密封腔室，并充以略高于循环水压力的除盐水。而且，外管板（水室侧管板）与换热管采用胀、焊双重连接；内管板（汽侧管板）与换热管采用带密封槽的胀接。在内管板与凝汽器外壳间装了膨胀节。

这种双层管板的结构在换热管与管板之间胀接松动后，能够很好地防止循环水漏入凝结水中，使凝结水水质遭到破坏。

较新的凝汽器设计已趋向于采用新型结构。如图3-4-7所示，它采用单层管板，但在管板的管孔中间部位开有环形凹槽并以辐射型小孔相互连通以形成密封腔室。在凹槽的密封腔内再通入除盐水。这种结构比较简单，但是同样能起到双层管板的密封作用。

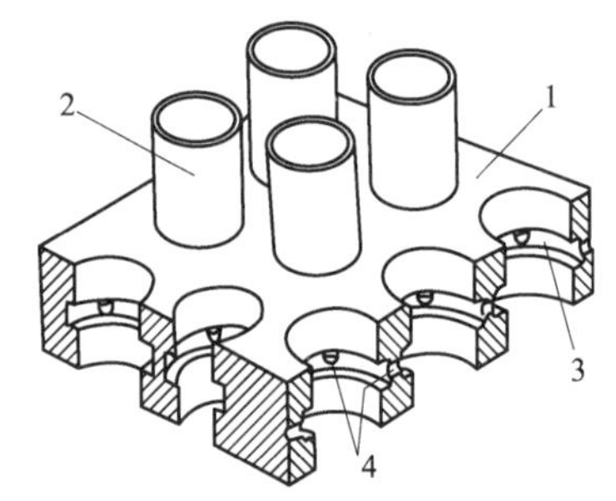

图 3-4-7 凝汽器单层管板密封结构图

1—管板；2—管子；3—凹槽；4—辐射型孔

在近代核电厂中，为了提高材料的抗腐蚀能力，凝汽器的换热管已广泛采用钛管，尤其对采用海水作为循环水的核电厂。沿着管束长度方向有支撑板，管束从中心往两侧向下倾斜，保证冷凝水依靠自重沿着凝汽器换热管进行疏水，同时可以防止管子振动和补偿膨胀变形。内部管束的布置采取了分区向心式，减小了蒸汽流动的阻力，又使得管束热负荷比较均匀，不凝结气体从中心被抽真空系统抽走。

在凝结水借助重力向下流动的过程中，为了防止其淋到下部管束，使得冷凝水过冷并且在管束上形成水膜，影响换热，在管束中心平面高度和下端均设置了凝结水收集盘，最后将凝结水汇集到除氧托盘。同时这些水会受到向上流动的少量蒸汽的加热，从而降低过冷度。

4）水室：在凝汽器每组管束的两端各有一个水室，分别与循环水的进出口管相连，承担着循环水的承接与分配的作用。水室为碳钢结构，为了防止海水的冲刷和腐蚀，在其内壁涂刷环氧树脂与玻璃粉末涂料。在水室内部设有阴极保护夹持器，在夹持器内放有铅板，保护钛管不受腐蚀。

5）热阱

热阱设置在凝汽器底部，用于收集凝结水。它是一个长方形的容器，位于两组管束中间。在热阱上方布置有机械式和永久磁性过滤器，对凝结水进行过滤净化，并能除去凝结水中铁的氧化物等杂质。

凝汽器热阱的水位通过由电子水位控制器控制补给水调节阀，保证在与负荷相应的整定值上。三台凝汽器的热阱有管道相连通。

3.4.3.2 凝结水泵

本系统设置了三台凝结水泵，各自容量均为50%。在正常运行期间两台投入运行，一台备用。从凝汽器热阱中抽取凝结水，经升压后送到低压给水加热器。另外还向相关系统提供冷却水和向相关泵提供轴封用水。

凝结水泵为沉箱型立式离心泵，沉箱侧面有与凝汽器热阱相连的吸水口。由于凝汽器内部处于高度真空，为了防止凝结水泵吸空，凝结水泵第一级叶轮的标高必须有足够的深度，使水泵不至于发生汽蚀现象，并且水泵多做成多级形式。

凝结水泵的运行状态对蒸汽给水加热系统的运行起着非同一般的作用，因此，对其状态也应密切关注。运行中的泵在下列情况下将会自动脱扣：

1）凝汽器水位低低；

2）泵推力轴承温度或振动幅值高高；

3）泵自身故障；

4）泵启动 20 s 后，出口压力小于限值。

3.4.3.3　疏水箱

本系统设置有两台疏水箱，用于接收新蒸汽管道疏水和汽轮机本体疏水。所有疏水进入到疏水箱之前要经过扩散器减压，并且在疏水排往凝汽器之前还要经减温喷水装置降温，冷却水来自凝结水泵。

3.4.4　系统运行

本系统在正常运行期间一直保持投运状态。

3.5　低压给水加热器系统

在电厂的热力循环过程中，通常采用提高蒸汽的初温、初压，降低背压及采用再热循环等措施来提高循环热效率。事实证明这些措施是行之有效的，但是它们所能提高循环效率的程度是有限的。其主要原因是吸热过程的平均温度太低。要提高循环效率，就得设法改善循环的吸热过程。就循环本身而论，吸热过程平均温度低的主要原因是饱和水的吸热过程的平均温度低。若能改善这一过程，就可以有效地提高循环效率。因而就设计出了采用回热循环的办法，把在汽轮机中做过功的部分蒸汽抽出来加热给水，将循环吸热过程的起点提高，从而提高循环效率，同时，通过将做过一定功的部分蒸汽抽出加热给水，也减少了循环过程中的冷源损失，从而可以提高循环热效率。

加热器的工作原理如图 3-5-1 所示。

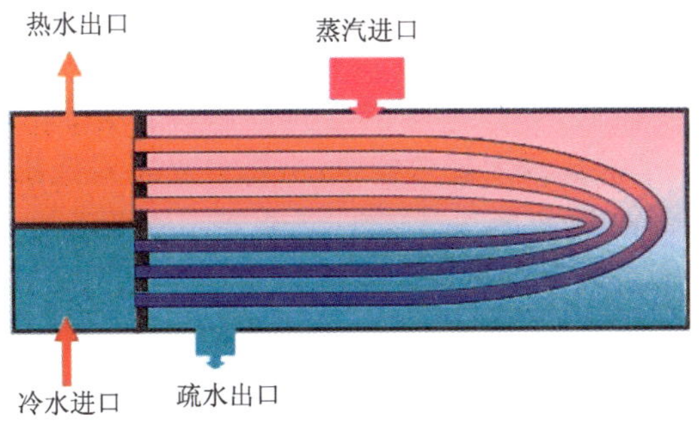

图 3-5-1　加热器工作原理示意图

目前在各国核电发展过程中，普遍利用降低吸热过程平均温差的方法，来提高循环效率，但是所采用的回热形式有一定的区别，在表 3-5-1 中列举了一些核电厂中所采用的回热形式以及主要参数。

表 3-5-1 部分核电厂回热循环形式的设置

电厂名称	秦山一期	大亚湾	Shearon. Harris（西层公司）	田 湾	秦山二期
电功率/MW	300	900	950	1 060	600
(P_0/t_0)/(MPa/℃)	5.345/268.1	6.16/276.7	6.33/280	5.88/274.3	6.447/280.3
回热级数	6+除氧器	6+除氧器	5级	6+除氧器	6+除氧器
(再热压力/温度)/(MPa/℃)	0.49/255	0.747/264.8	1.2/265	0.55/250	0.944 2/265.7
给水温度/℃	221.5	226	226	218	220

3.5.1 系统功能

低压给水加热器系统的功能是利用汽轮机低压缸的抽汽对给水进行加热，以提高给水温度，提高给水在蒸汽发生器中吸热的平均温度，从而提高机组热力循环的效率。

3.5.2 系统描述

低压给水加热器系统主要包含了三级低压加热器、疏水系统以及管道和阀门等。流程如图 3-5-2 所示。其中第一级和第二级低压加热器做成复合式加热器，组合在一个壳体中，共三台，并联布置于三台凝汽器壳体喉部的流向加热器的凝结水管线上，分别对凝结水总流量的三分之一进行加热。第三级低压加热器共有两台，并列布置在凝结水管线上，各自承担二分之一的凝结水总量的加热。

低压给水加热器系统具体是由四个子系统组成，即：冷凝水系统、抽汽系统、疏水系统和排气系统。

(1) 冷凝水系统

在正常运行时，凝结水泵将从凝汽器热阱中抽出的凝结水升压后经一道隔离阀，分成三路，送到第一、二级共三台复合式低压加热器中，从每台复合式低压加热器中第一级入口水室进入，经两级加热器内部的 U 形换热管加热后，由第二级低压加热器的出口水室排出，汇集到母管之后，分成两条支路进入到第三级两台低压加热器中进行加热。最后，两路水汇集在一起，送到除氧器，进行进一步的除氧加热。

每一台复合加热器的进出口均设置有隔离阀，在某一单台复合加热器发生故障需要解列时，将该加热器进出口的隔离阀关闭即可。在第一、二级加热器的进口附加设置了一道隔离阀，如果三台复合加热器同时需要解列，除了关闭每一台复合加热器进出口的隔离阀之外，还要将三路总的进口隔离阀关闭，同时开启通向第三级低压加热器的旁路阀门，使冷凝水直接送到第三级低压加热器进行加热。第一、二级复合加热器所用的加热蒸汽排往凝汽器，在凝汽器内冷凝为水状态。此时冷凝水量会短时增加，在必要时，可以投入第三台凝结水泵，防止凝汽器内水位过高。

第三级加热器共有两台并列运行，如果是其中一台低压加热器发生故障需要解列，则将

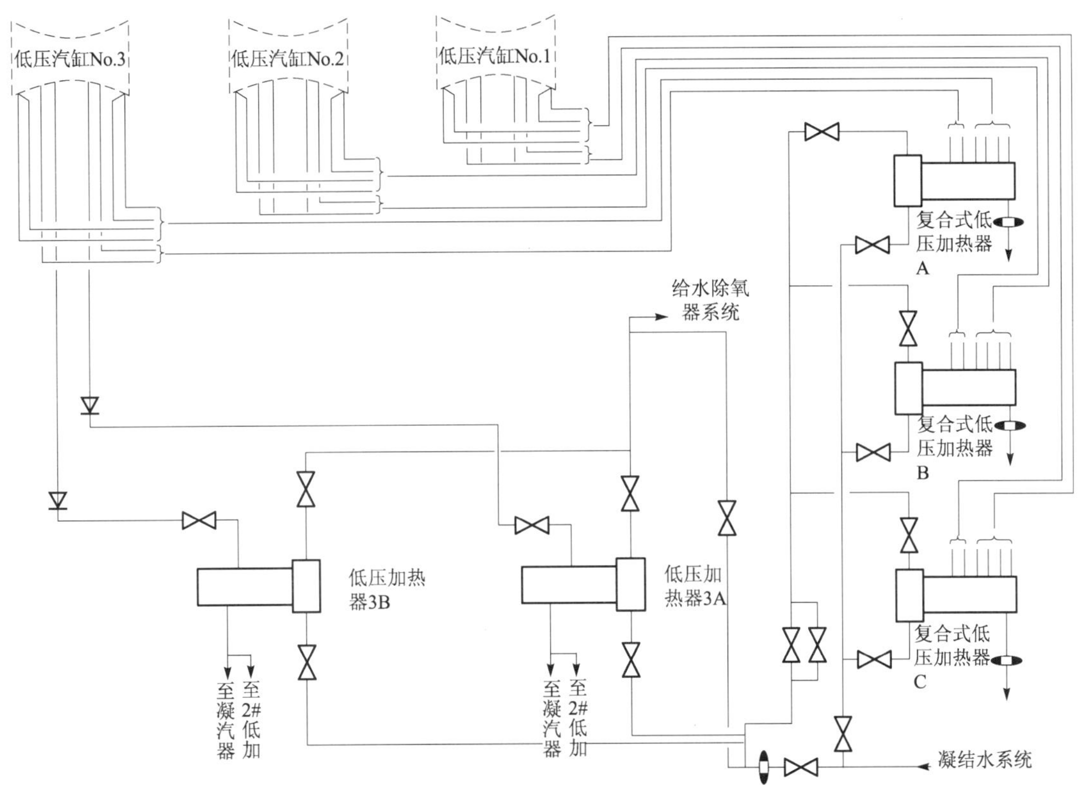

图 3-5-2 低压给水加热器系统流程图

故障加热器前后的隔离阀关闭,部分通过旁路的冷凝水与利用运行的加热器进行加热的冷凝水混合后,送入除氧器。如果第三级两台低压加热器均故障,则该级需要全部解列,水直接从旁路送往除氧器。但是由于没有经过正常的加热,进入到除氧器的冷凝水温度太低,为了达到除氧的目的,需要加大进入到除氧器的加热蒸汽流量,才能将这部分冷凝水加热到饱和状态,但是这样抽汽管的负担将增加到不可接受的程度,因此这种异常运行状态不宜持续太久,如果不能及时恢复,则需要降负荷运行。

在发生故障进行解列之后,除了将对应故障的加热器进出口隔离阀关闭之外,还需要将对应该加热器的抽汽管道上的阀门关闭。

(2) 抽汽系统

三级低压加热器的加热蒸均来自三台低压缸不同级别的抽汽。其中第一级低压加热器的加热蒸汽来自三个低压缸的第六级后的抽汽,每台加热器有四根抽汽管;第二级低压加热器的加热蒸汽来自三个低压缸的第五级后抽汽,每台加热器有二根抽汽管;第三级低压加热器的加热蒸汽来源于三号低压缸第四级后的抽汽,每台加热器有一根抽汽管。

在第三级低压加热器的抽汽管道上,布置有逆止阀和隔离阀,逆止阀一般布置在靠近汽轮机抽汽口的位置,用于减少中间容积,以防在汽轮机组甩负荷的过程中,抽出的蒸汽或者疏水倒灌回汽缸,引起机组超速。隔离阀一般布置于靠近加热器一侧,用于防止加热器 U 形管破裂,泄漏出来的冷凝水使得加热器满水而倒回到抽汽管中,也用于防止疏水不当引起疏水堵塞导致的加热器满水而灌回到抽汽管中的事件发生。在第一、二级的复合低压加热器的抽汽管道上没有设置这两种阀门，主要是因为复合式低压加热器是布置在凝汽器喉部，大大缩短了抽汽管道的长度，中间容积也相应减小，因此在汽轮机甩负荷时引起机组超速的可能性很小，因此没有在这段管道上设置逆止阀，另外，由于处于凝汽器喉部位置，疏水可以直接疏送到凝汽器内，正常疏水和紧急疏水都不受任何限制，所以也不会出现加热器壳侧满水的故障，因此不需要设置隔离阀。

(3) 疏水系统

低压加热器的疏水包括抽汽管道上的疏水和加热器本身的疏水。

抽汽管道上的疏水根据抽汽级别不同也有所不同。第五级和第六级抽汽由于抽汽管道很短，汽轮机内部和抽汽管道上的疏水全部随着蒸汽进入到加热器中。而第四级抽汽，由于抽汽管道比较长，因此在抽汽管道上设置了疏水器，将疏水排到凝汽器中。

对于加热器的疏水，通常有两种方式，即：带疏水泵的疏水方式和疏水逐级自流的方式。

1) 带疏水泵的疏水方式：这种方式是利用疏水泵将疏水抽出、送走，按照疏水去向，可以分为将疏水送至加热器出口和将疏水送至加热器入口两种方式，如图 3-5-3 所示。

这种疏水方式，系统复杂、增加投资，由于采用了疏水泵，要消耗厂用电，而且维修运行费用增加，事故可能性加大，现在大机组已经很少采用这种方式。

2) 疏水逐级自流方式：这种疏水方式是利用管道的特殊布置，使得疏水依靠自重汇集到一起，之后疏送到相关设备、系统中。一般，对于低压加热器来说，疏水都是疏送到上一级加热器中，直到最后一级，将汇集的所有疏水排到凝汽器中，如图 3-5-4 所示。

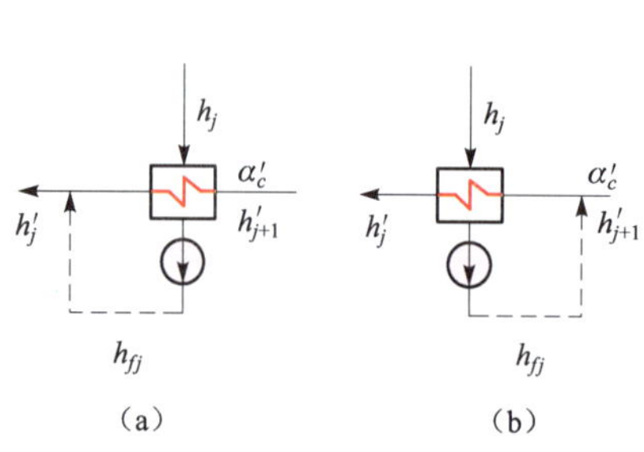

图 3-5-3 带疏水泵的疏水方式示意图

(a) 送至加热器出口；(b) 送至加热器入口

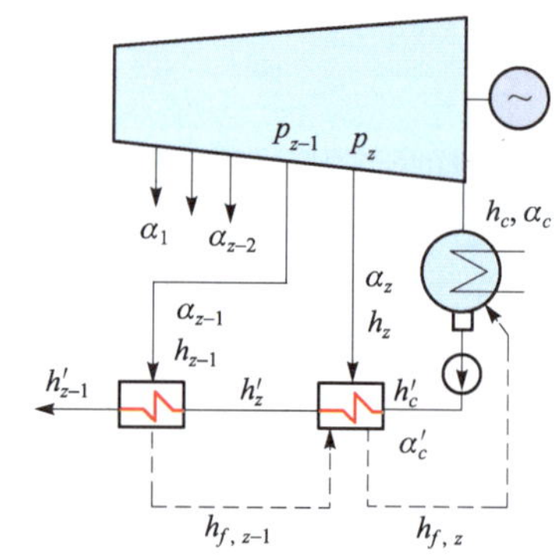

图 3-5-4 疏水逐级自流方式示意图

这种疏水方式热经济性最差，约比混合式加热器系统低 3.7%。但最简单，安全性高，又无须疏水泵，投资省，不耗厂用电，便于运行维护，因此现代大部分电厂中均采用这种疏水方式。

在这种方式的基础上，还进行了一些改进，如图 3-5-5 所示，在疏水逐级自流的路程中，设置了疏水冷却器，利用疏水的热量对冷凝水进行加热，以回收热量，并且这种疏水方式可以减少由

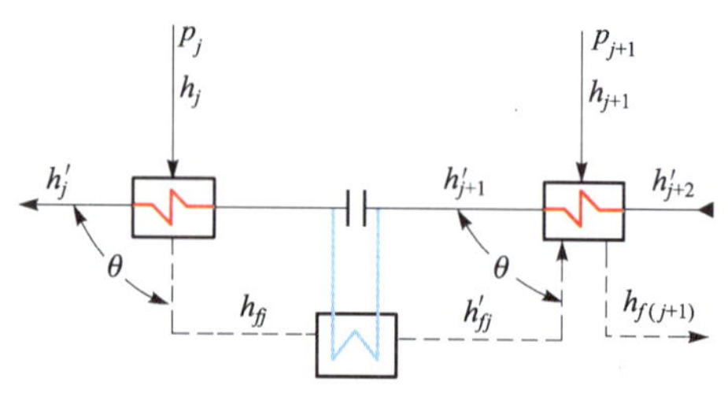

图 3-5-5 带疏水冷却器系统示意图

于疏水排挤低压抽汽所导致的附加冷源损失，这也是一种安全、有效、简单、经济的疏水方式，目前得到了广泛的应用。这种方式对于压水堆核电厂更具有意义，由于压水堆核电厂的汽轮机均为饱和汽轮机，使用饱和蒸汽进行能量的转移和转换，所以加热器抽出来的蒸汽也都是饱和蒸汽，为了很好利用这部分饱和蒸汽所带出来的热能，设置这种疏水冷却器，进一步回收热量；另外从安全的角度出发，在疏水向更低的一级加热器流动的过程中，必然要经历节流减压，那么这部分饱和水会有蒸汽产生，形成两相流动，这对下一级加热器将产生冲动和振动，所以设置疏水冷却段之后，就可以避免这种现象发生。

压水堆核电厂的给水回热系统，均采用逐级自流的疏水方式。在本系统中，第一、二级加热器组成的复合加热器中，第二级疏水疏送到第一级加热器中，而第一级加热器设有大直径的自由疏水和应急疏水的疏水溢流管，将疏水溢流至凝汽器。第三级加热器的疏水管线上有两条支路，一条是用于正常疏水的，将疏水送到第二级加热器中，另外一条用于紧急疏水，直接将疏水送回到凝汽器中。

（4）排气系统

如果不凝结气体在加热器内部聚积，将对设备造成腐蚀，同时还会在加热器换热管表面形成气膜，增加热阻，使得传热恶化，因此所有加热器在壳体上都装有排气管线，用来排放聚积在加热器壳体内部的不凝结气体，将其排到凝汽器中。

所有低压加热器的排气管在靠近加热器一端设有隔离阀，靠近凝汽器一端装有孔板。每台加热器的排气管与凝汽器直接相连，在加热器之间不进行串联。

3.5.3 主要设备

本系统涉及的主要设备就是回热加热器。

（1）加热器的分类及特点

回热加热器按照不同的分类方法有不同的类型。按照汽水介质传热方式不同可以分为混合式和表面式。

1）混合式加热器：所谓混合式加热器为汽水直接混合，进行热量交换，这种方式就不存在疏水问题，加热的蒸汽被冷凝为水之后直接和被加热的冷凝水混在一起，成为冷凝水的一部分，但是混合式加热器系统的缺点是在加热器出口需要配备水泵，为了保证在变工况下运行的可靠性，还需要配备备用泵，以及防止泵入口汽蚀的高位水箱，这使得厂房布置复杂，增加设备投资。

2）表面式加热器：表面式加热器则是由传热管将加热蒸汽和被加热的冷凝水分隔开，通过传热管壁实现热传递。表面式加热器按照工作压力不同，又可以详细分为低压加热器和高压加热器。位于凝结水泵和给水泵之间的加热器为低压加热器；给水泵下游的加热器为高压加热器。尽管表面式加热器存在热阻，加大了换热过程中热量损失，但是就整个由表面式加热器组成的给水回热系统来说，却比混合式加热器系统简单，运行可靠，因此现代电厂除了除氧器之外，均采用表面式加热器。

另外，按照布置形式分类，可以分为立式加热器和卧式加热器。

1）立式加热器：其优点是：占地面积小，厂房布置紧凑。缺点是：横截面积小，因而单位高度水位的疏水容积小，水位控制较困难；并且排气不充分，影响传热效果；正立式加热器还不易安排疏水冷却段。

2）卧式加热器：其优点是：高度低，稳定性好，便于安装和维修；便于安排疏水冷却段；疏水的容积较大，有利于水位的调节和控制，具有较好的运行稳定性；排气较充分，传热效果较好，现在这种形式的加热器应用比较广泛。缺点是：占用厂房面积大。因为不仅加热器本身占地面积比立式加热器大，而且为了检修抽出加热器外壳还要占用附加面积。

（2）表面式加热器的结构

表面式加热器多采用U形管作为传热管的管壳式加热器，被加热的水走管程，加热蒸汽走壳程。加热器由一个壳体、U形管束、防蒸汽冲击板、隔板、管板和凝结水进出口水室组成。U形管胀接在管板上，管板再和水室焊接在一起。冷凝水从下端进入到加热器水室中，经换热管后从上端出水口流出；加热蒸汽从上端蒸汽入口进入到加热器壳体，被防蒸汽冲击板阻碍，扩散到换热管束与壳体之间的环形蒸汽空间，沿着换热管长度均匀分布，对管内的冷凝水进行加热，加热蒸汽经换热之后冷凝为水，这部分水经壳体底部的疏水口排走。在加热器壳体上，装有压力、水位等参数测量的接口，并且设置有防止加热器超压的安全阀接口。

复合式加热器的结构如图3-5-6所示，由外壳、内壳体、U形管束、防蒸汽冲击挡板、给水进出、口端部水室和管板以及滑动支座等组成。每台复合式加热器外壳内包含着两级加热器，它们之间通过焊接在管板上的内壳体分隔开，每级都是双流道U形管的表面式热交换器。给水从水室进口进入，经第一级加热器的U形管流到第一级加热器的出口水室，也就是第二级加热器的进口水室，再经第二级加热器的U形管后从其出口水室流出。

图3-5-7给出了第三级低压加热器的结构图。第三级加热器由一个壳体、U形管束、防蒸汽冲击挡板、隔板、支撑梁、管板、给水进出口端部水室等组成。管束封闭在一个带碟形端部的圆柱形钢壳体内，壳体上有检查孔，水室端设有人孔门。给水从水室下部进入，经U形管后从上部水室流出。

（3）加热器的连接方式

在决定给水加热器的连接方式时，主要要考虑加热器故障，退出运行时对给水温度的影响，以及尽可能地追求系统简单。按照这样的出发点，给水回热加热器的连接方式有大旁路和小旁路连接方式之分。

大旁路就是指几个加热器串联在一起，只用一套保护阀门，共用一个旁路管线，一旦其中一台加热器发生故障，保护装置动作，整个加热器组均被切断给水，停止运行。它的优点是系统简单，布置方便；缺点是一台加热器故障使整组加热器都停止运行，对机组热经济性下降的影响较大。

所谓的小旁路系统是指每台加热器都配置一套隔离阀和一条旁路管线。当一台加热器故障停运时，关闭进出口隔离阀，冷凝水可经旁路流过该台加热器，使其他加热器仍能继续运行。它的优点是对机组的热经济性下降的影响较小；缺点是保护装置的阀门多，系统复杂，且阀门本身也容易发生故障，可靠性较差。

3.5.4 系统运行

低压加热器系统的运行主要有正常运行和加热器解列的异常运行两种状态。

（1）正常运行

当机组运行在额定功率水平时，全部加热器投入到运行状态，没有旁路，称为正常运行。

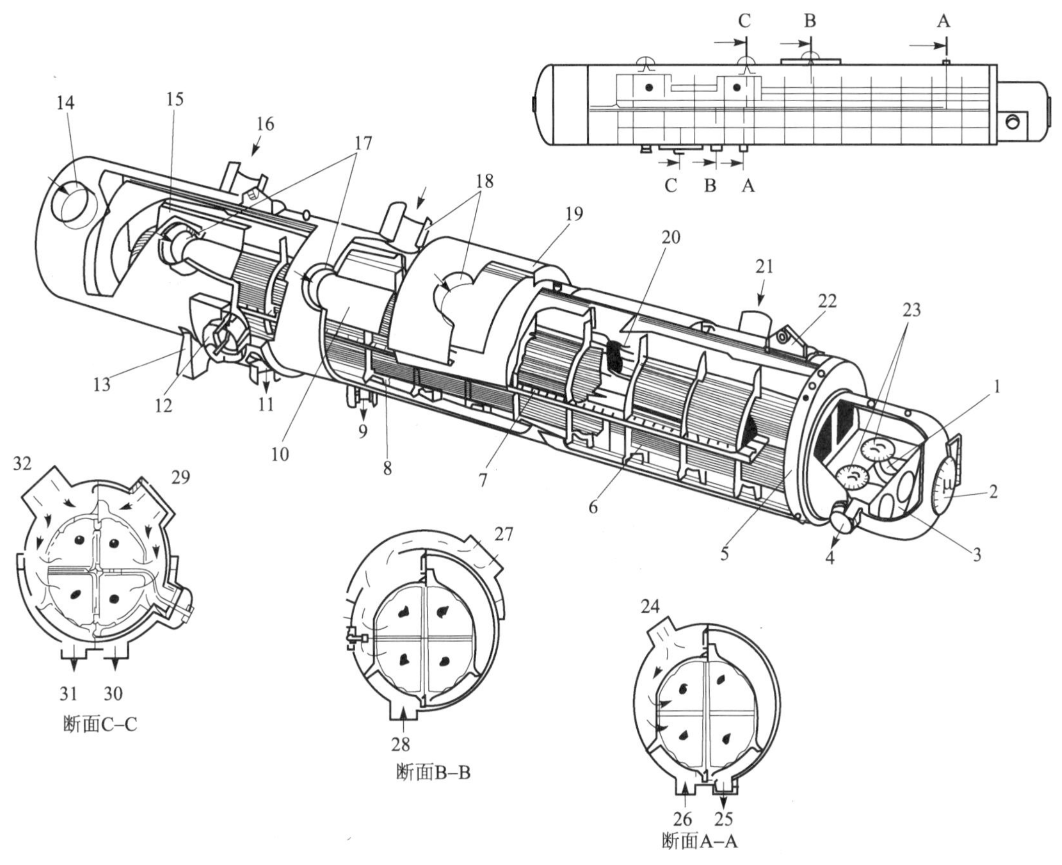

图 3-5-6　复合式低压加热器结构示意图

1—主凝结水入口；2—检查口；3—换向水室；4—主凝结水出口；5—管板；6—加热器管束；7—加热器排气；8—挡板；9—2 号低加疏水；10—防蒸汽冲击挡板；11—2 号低加溢流；12—2 号低加排气；13—滑动支座；14—1 号低加抽汽进口；15—防蒸汽冲击挡板；16—1 号低加抽汽进口；17—2 号低加抽汽进口；18—1 号低加抽汽进口；19—传热器壳；20—拉杆；21—轴封蒸汽进口；22—吊耳；23—水室盖；24—轴封蒸汽；25—2 号低加疏水；26—1 号低加疏水；27—1 号低加抽汽进口；28—1 号低加进口；29—2 号低加抽汽进口；30—2 号低加溢流；31—1 号低加溢流；32—1 号低加抽汽进口

(2) 异常运行

如果有一台复合式加热器解列，将有三分之二的冷凝水流过工作的复合式加热器，其余三分之一流量通过旁排线路，进入到第三级加热器。此时，第三级加热器的疏水自流到前一级加热器。

如果两列复合式加热器解列，则将 60％的冷凝水经旁排直接送到第三级加热器，而其余 40％利用工作的复合加热器加热。第三级加热器的疏水将直接排到凝汽器。

如果三台复合式加热器全部解列，则冷凝水直接通过旁路进入到第三级加热器，同时第三级加热器的疏水自流到凝汽器。但此时要注意，由于冷凝水没有经过前两级的加热，对其温度水平要关注，并尽快恢复故障加热器。

如果复合式低压加热器运行正常，而两路第三级加热器中的一路发生故障而解列，则 50％的流量流过工作的加热器，另外 50％的流量经旁路后送到除氧器。如果第三级加热器

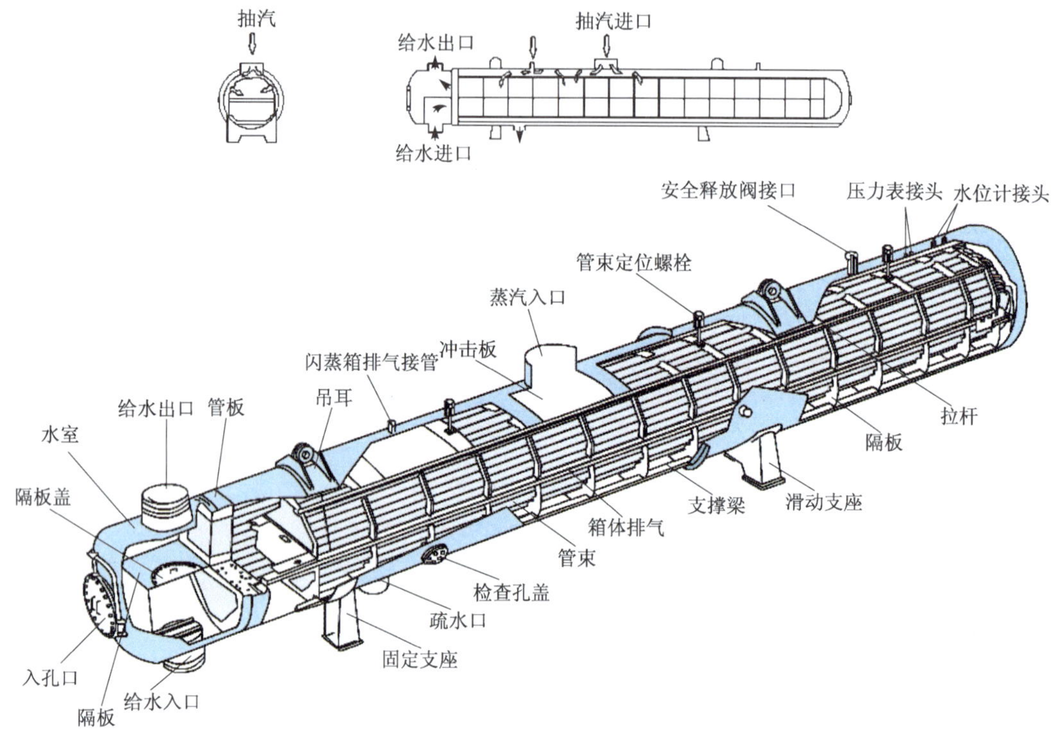

图 3-5-7 卧式低压加热器结构示意图

两路全部故障解列，全部冷凝水直接送入到除氧器，则对于运行时间要加以控制，一般不得超过 12 h。

3.6 给水除氧系统

3.6.1 给水除氧原理简介

3.6.1.1 给水中含氧的危害

(1) 腐蚀热力设备和管道，降低工作的可靠性，缩短工作寿命

含氧量是给水水质的重要指标之一，氧浓度直接决定着热力设备的腐蚀速度。随着热力系统给水中含氧量的增加，从凝汽器到蒸汽发生器之间水管道及设备的腐蚀速度均会增加，同时，在热力系统中，水、汽的温度一般较高，使得腐蚀速度进一步加快，因而它对热力设备有很大的危害。同时铁、铜和其他物质的氧化腐蚀产物还可能在蒸汽发生器换热管管壁和汽轮机通流部分沉积结垢，使设备运行极端复杂，并可能导致事故状态。溶氧腐蚀造成的爆管泄漏事故，会使反应堆被迫停堆，进一步引起更大的事故，所以从抑制热力设备金属的氧腐蚀、提高热力系统运行安全性和经济性来说，做好给水除氧的工作是十分重要的。

在热力系统中，氧腐蚀对热力设备的危害可以由两个方面表现出来：

① 氧腐蚀会造成给水管道直至蒸汽发生器的局部腐蚀，严重时会引起管壁穿孔泄漏；

② 氧腐蚀所生成的腐蚀产物——金属的氧化物，会随给水带进蒸汽发生器，在水的循

环和蒸发过程中，这些腐蚀产物在热负荷较高的区域内沉积结垢，造成管壁传热不良，以及产生溃疡性垢下腐蚀；严重时，会发生泄漏和爆管。这不仅要消耗大量的钢材，而且会造成事故，危害运行的安全性和经济性。

（2）妨碍传热，影响汽轮机的出力，降低热力设备的热经济性：热力系统给水中含气，除了其中的氧会对设备产生腐蚀危害以外，这些不凝性气体还会影响热力系统的工作过程。其中它们对汽轮机和凝汽器的影响是主要的。

1）对汽轮机的影响：在汽轮机的级中，由于不凝性气体的存在，一方面会降低蒸汽的可利用焓降，从而影响汽轮机的输出功率；另一方面，对于汽轮机的低压部分（低压缸或低压级）而言，不凝性气体会影响蒸汽的膨胀，增大级的损失，从而降低汽轮机的效率。

2）对凝汽器工作的影响：当做过功的乏汽被排入凝汽器后，蒸汽凝结成水滴或在换热管壁上形成水膜，最后汇集到凝汽器热阱内。但是如果蒸汽中含有不凝结气体，会在凝汽器管壁上形成一层气膜，产生一个较大热阻，妨碍循环水与乏汽之间正常的换热。在相同的凝汽器内部压力下，必须加大循环水量，才能保证乏汽的有效冷却，这样不仅造成了循环水泵耗功的增加，而且影响凝汽器真空度的保持，使凝汽器不能正常工作。

3.6.1.2 除氧方法

除氧方法可分为物理方法和化学方法两大类。其中物理方法包括热力除氧和解吸除氧，化学方法则包括化学除氧、电化学除氧和氧化还原树脂除氧。

由于热力除氧的方法价格便宜，既能除氧又能除去其他不凝气体，没有任何残留物质，除氧过程稳定可靠、易于控制，同时提高了给水温度，对于核动力装置来说，有利于系统效率的提高，因此目前电厂广泛采用热力除氧的方法作为主要的除氧手段。热力除氧是通过以一定压力的蒸汽通入除氧器内，把给水加热到相应压力下的饱和温度，使溶于水中的气体解析出来，并随余汽排出器外，从而达到除氧的目的，保证给水含氧量达到标准。

化学除氧的方法是利用一些化学试剂与水中溶解的氧化合，生成另一种物质的办法来除去氧。其优点是可以彻底除氧，缺点是不能除去其他不凝气体，并增加了给水中可溶性盐的含量，价格也很昂贵，因此只有在要求彻底除氧的亚临界和超临界机组以及在核电厂中，才作为一种补充的手段而被采用。

3.6.1.3 热力除氧所依据的原理

当水和任何气体或气体混合物接触时，就会有一部分气体溶解于水中。气体的溶解度与气体的种类、它在水面上的分压力以及水的温度有关。天然水中常含有大量的氧气、氮气、二氧化碳以及空气中的其他成分，汽轮机的凝结水中也可能溶有这些气体，因为从凝结水泵的轴封处、低压加热器以及其他处于真空状态下的工作设备及其管道、法兰、阀门阀杆等不严密的地方容易漏入空气。此外，敞口的水箱和疏水系统、热电厂供热用户的返回水中，也都有渗入空气的可能性。

根据道尔顿分压定律，水面上混合气体的总压力等于各个组分压力之和。又根据气体溶解定律（亨利定律）可知，任何气体在水中的溶解度与此气体在气水界面上的分压力成正比。如果在敞口设备中将水加热，气水界面上水蒸气的分压就会增加，其他气体的分压就会降低，各种溶解气体就会不断析出，此分离过程称为解析过程。当水加热到饱和温度时，汽水界面上水蒸气的分压就会接近液面上的全压力，此时，液面上所有其他气体的分压将接近于零，水就不再具有溶解气体的能力，溶解的各种气体将全部分离出来。这就是热力除氧法所依据的原理。

为了确保除氧效果，在除氧过程中还必须满足以下条件：

1）必须将除氧器中的凝结水加热到除氧器工作压力下相对应的饱和温度；

水中所溶解氧的含量与水被加热的程度有直接的关系，在热力除氧过程中，即使出现少量的加热不足，都会引起除氧效果恶化，使得水中含氧量增加，达不到给水中要求的氧含量的指标，如图 3-6-1 所示，在大气压力下，水的欠热度达到 1 ℃时，水中含氧量会高达 0.2 mg/L。

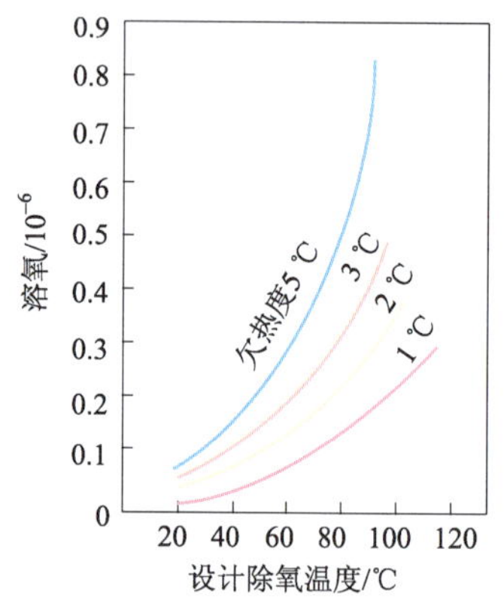

图 3-6-1 水中溶氧量与水温之间的关系曲线

2）创造气体从水中离析出的传质条件——有足够大的汽水接触面积和不平衡压差

根据公式 $G=K_mA\Delta p$

式中：G——气体从水中离析出来的量；

K_m——传质系数；

A——传质面积；

Δp——传质不平衡压差。

可见，传质面积越大，传质不平衡压差越大，从水中离析出来的不凝结气体的量越大。因此，应采取有效措施尽可能增加凝结水与加热蒸汽的接触面积，加快加热过程，并通过在除氧水箱中加装蒸汽鼓泡管等相关措施增加传质之间的不平衡压差，以便于水中不凝结气体破除水的表面张力，而从水中逸出。

另外，除氧器应该有足够大的空间，保证凝结水和加热蒸汽之间的热交换有足够的时间，使得气体有足够的时间从水中逸出，并及时排出凝结水中分离出来的不凝气体，防止气体在除氧器中积聚，使得空气分压力提高而影响到除氧效果。

3.6.2 系统功能

在现代电厂中，采用热力除氧的方法，去除主给水中的氧气和其他不凝气体，使给水水质满足要求，同时，给水除氧系统还承担着以下作用：

1）对给水进行混合式回热加热，提高系统热循环效率；

2）保证给水泵所需要的净正吸入压头，防止主给水泵发生汽蚀，并且贮存一定的水量，起到流量调节和缓冲的作用，维持主给水泵正常运行，满足蒸汽发生器的用水需求；

3）将不凝气体排放到凝汽器或者大气；

4）在系统冲洗、启动或试验需要时，将除氧器中给水送入凝汽器，进行再循环；

5）收集以下系统的水汽介质：

① 给水泵的再循环水；

② 高压加热器和汽水分离再热器的疏水和排气；

③ 蒸汽发生器排污系统的回水；

④ 在设置了向除氧器进行旁路排放的机组上，接收旁路排放的蒸汽；

⑤ 接收辅助蒸汽系统的来水；

⑥ 来自高压缸的抽汽；

⑦ 来自低压加热器系统的给水。

3.6.3 系统描述

给水除氧系统是核电厂二回路系统热力循环中一个重要的组成部分，将在低压加热器系统中经过初步加热的冷凝水进一步加热除氧，再送到高压加热器。本系统由冷凝水系统、加热蒸汽系统、再循环系统、排气系统和卸压系统5个子系统组成。具体流程见图3-6-2。

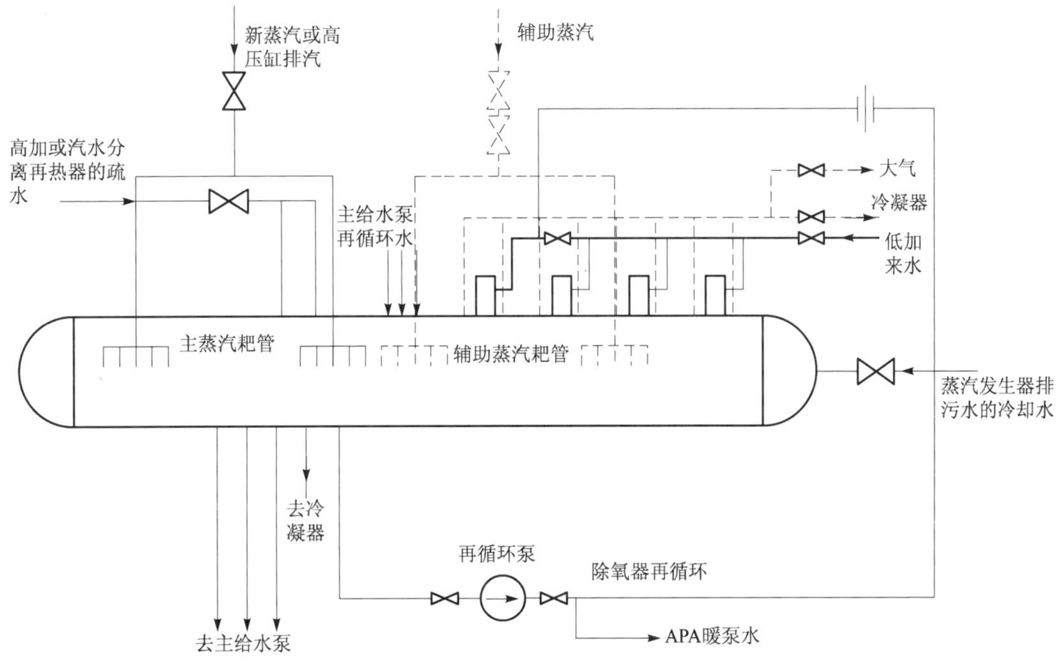

图 3-6-2 给水除氧系统流程图

(1) 冷凝水系统

经过低压加热器初步加热之后的冷凝水分成四路进入到除氧器顶部的四组喷淋系统，形成雾状水喷淋而下，与自下而上流动的加热蒸汽充分混合，被加热到饱和状态，进行除氧。每组喷淋装置包括滤网、滤嘴和不锈钢盘组。

(2) 加热蒸汽系统

在不同工况下，给水除氧系统所用的加热蒸汽来源也有所不同，具体可以分为以下几种情况：

1) 汽轮机组启动时：由于需要尽快将除氧水箱中的冷凝水加热和除氧，使水质合格，而此阶段主蒸汽系统和汽轮机组还未正式投运，因此主要是利用辅助蒸汽分配系统来的辅助蒸汽对除氧水箱中的冷凝水进行加热除氧。辅助蒸汽由辅助锅炉或蒸汽转换器提供，通过两组辅助蒸汽耙管进行鼓泡，使之与被加热的冷凝水充分接触，充分换热。辅助蒸汽耙管布置在除氧器水箱横向中分面两侧，对称布置，每根总管下部引出40根斜管。同时，在该工况之下，需要投入除氧器再循环泵，将除氧器内的贮水抽出再送回除氧器内反复加热除氧，以便更快地将除氧器中的贮水加热，缩短启动时间。

2）机组正常运行时：在机组正常运行情况下，利用高压缸抽汽或排汽对冷凝水进行加热除氧。高压缸抽汽或排汽通过主蒸汽耙管进入除氧器内部，与冷凝水进行热量交换。主蒸汽耙管的结构和布置形式与辅助蒸汽耙管类似。在这种工况下，除氧器内部的压力取决于高压缸排汽压力。

3）瞬态工况下：在诸如汽轮机脱扣、甩负荷、低负荷等瞬态工况下，给水除氧系统主要是用新蒸汽作为加热汽源，主要是为了维持除氧器内保持稳定的压力，防止给水泵入口发生汽蚀，同时保证除氧效果。

（3）再循环系统

给水除氧系统的再循环系统主要包括两个子系统。即再循环泵系统和冷凝水再循环系统。

1）再循环泵系统：主要用于冷态启动时，快速有效地对除氧器水箱中的贮水进行加热和除氧，利用再循环泵将冷凝水从除氧水箱中抽出再送到除氧器顶部的喷雾器上，使得贮水箱内的水得到充分的扰动，并进行均匀的加热，以缩短启动时间。另外在有些机组上，在除氧器再循环泵出口管接有联氨或者氨液的注入口，利用化学方法对除氧器水箱中的水的含氧量和 pH 值加以控制；

2）冷凝水再循环系统：在机组启动时，利用除氧器水箱底部一根再循环管线，将水引到凝汽器，起到对除氧器系统清洗的作用。同时再循环管线还可以在启动、调试及紧急情况下降低除氧器的水位。

（4）排气系统

给水除氧系统中设置有八根排气管线，能够保证及时将除氧器中分离的不凝气体排走。不凝气体经八根管线排出后汇集于一根排气母管，从排气母管上又分出两个排气方向，一个是在正常运行期间所采用的，排向凝汽器；另一个是在冷态启动时，由于水中含空气比较多而投入的向大气排放的排气线路。两条线路由各自的电动阀控制其投入与停运。

（5）卸压系统

由于除氧器压力控制系统运行不正常或者汽轮机甩负荷及跳闸时的暂态特征等原因，会使除氧器压力超限，危及除氧器系统与设备的安全，因此设置了泄压系统，在需要时投入，将压力卸掉，保证运行的安全性。卸压系统由 13 个安全阀组成，其中 12 个的排放量已经达到系统设计的最大排放量，为了满足安全系统的冗余性，共设置 13 个安全阀。

3.6.4 主要设备

除氧器是本系统中最主要的一个设备。为了保证良好的除氧效果，在对除氧器进行设计时要遵循以下原则：

1）尽可能扩大汽水接触面积，以利于加热蒸汽与冷凝水之间的换热过程，一般被除氧的水均喷洒成水雾状或细水柱；

2）为了将水加热到除氧器工作压力下对应的饱和温度，加热蒸汽与被除氧的水之间一般采用逆向流动，这样可以形成最大的不平衡压差，有利于及时排出不凝气体；

3）采用蒸汽在水中鼓泡、减少水的表面张力等措施，改善深度除氧的效果。

按照水在除氧器内播散方式不同，除氧器可以分为喷雾填料式、淋水盘式和喷雾淋水盘式等不同类型；根据除氧器内部压力进行分类可分为真空式、大气式和高压除氧器三种。下面介绍几种典型的除氧器结构。

(1) 喷雾淋水盘式除氧器

喷雾淋水盘式除氧器结构如图 3-6-3 所示。

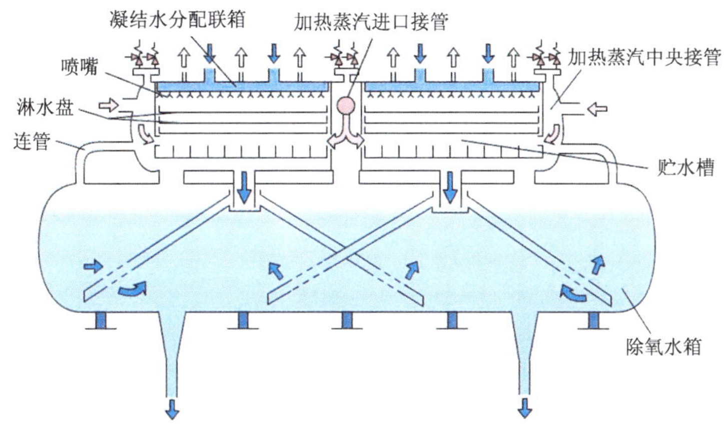

图 3-6-3　喷雾淋水盘式除氧器结构简图

喷雾淋水盘式除氧器由除氧头和除氧水箱两部分组成。在除氧头内布置有将水雾化的喷管，进行深度除氧的淋水盘，以及水汽管线的连接头等。水由上部进入除氧器，在水的压力作用下，通过喷管后的水将呈雾滴状或细水柱状降落到下面的淋水盘上，在此过程中下落的水与从除氧头下部进入、并向上流动的加热蒸汽充分换热，加热到饱和状态，进行除氧，在此阶段，由于对给水加热充分，除氧效果突出，可去除 80%～90%的氧。之后，水滴落到淋水盘上，水滴会被进一步细化，从而加大水的表面积，同时在淋水盘上，水滴停留时间较长，可以进一步经蒸汽加热，达到深度除氧的目的。余汽和不凝气体从除氧头顶部排出，除氧后的水汇集到下部除氧水箱中。

(2) 卧式喷雾式一体化除氧器

卧式喷雾式一体化除氧器结构如图 3-6-4 所示。

该除氧器主要由除氧水箱、冷凝水进口喷雾器、主蒸汽分配装置、辅助蒸汽分配装置、加热蒸汽的分配管下侧的蒸汽耙管、安全阀、氮气接管和支座等组成。除氧水箱是一个卧式带圆穹形封头的圆柱形压力容器，放置在支座上，为了满足结构自由膨胀的同时，中心线不会发生变化，支座分为固定支座和滑动支座两种。

从低压加热器过来的水从上部进水口进入后，经喷雾器将水雾化，以很细的水滴状喷出下落。加热蒸汽引至蒸汽分配管后，分配到蒸汽耙管，并从蒸汽耙管上的小孔流出加热除氧水箱中的给水。其中一部分蒸汽凝结后与水混合，未凝结的蒸汽从液面逸出，与喷雾器喷洒而出的给水进行热量和质量的交换，给水被加热到饱和状态，从而达到除氧、除不凝气体的目的。被排出的氧和不凝气体通过排气器排到大气或凝汽器，一般情况下，机组启动期间，为了快速对给水进行除氧，将不凝结气体排到大气中，正常运行期间，将不凝结气体排到凝汽器内。

(3) 真空式除氧器

50 MW 以上机组的凝汽器，冷却汽轮机所排的乏汽到饱和状态，本身还设置有专门

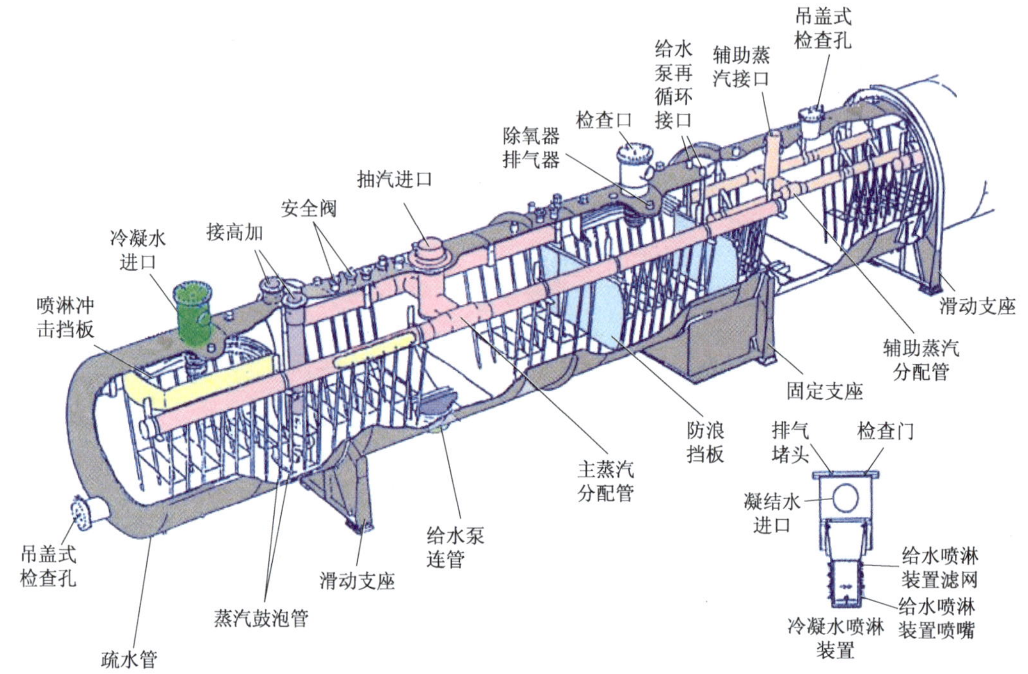

图 3-6-4　卧式喷雾式一体化除氧器结构简图

的抽气系统，因此具备了热力除氧的条件，这种方式的除氧称为真空式除氧。尽管在回热加热系统中已经设置了除氧器，但是除氧器只是对给水进行除氧，只能对除氧器以后的高压加热器等设备和管系起到改善传热性能和保护作用；而凝汽器除氧不仅对保证凝汽器性能有利，而且是防止低压加热器及其管道、阀门腐蚀所必需的。因此，仍然需要在凝汽器中进行凝结水除氧。在核电厂中通常采用鼓泡式除氧装置，如图 3-6-5 所示。这是因为与其他除氧装置相比，鼓泡式除氧装置最有效，它能保证凝结水在任何工况下都有满意的除氧效果。

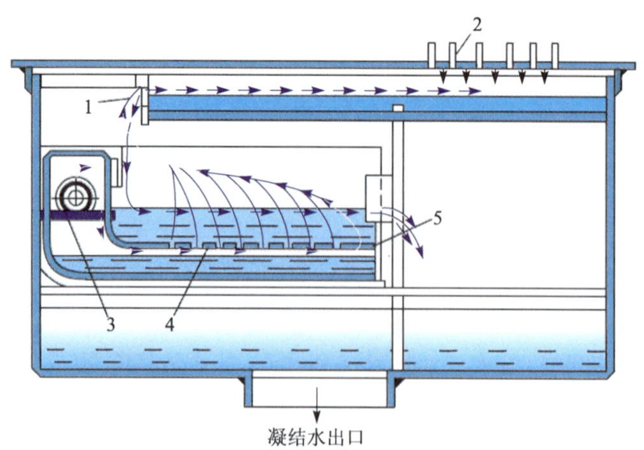

图 3-6-5　凝汽器热阱中的鼓泡式除氧装置示意图

1—分配溢流槽；2—从凝汽器来的凝结水入口及余汽出口；3—蒸汽入口；4—多孔板；5—溢水口

凝汽器来的凝结水由右侧孔道流入热阱上部水盘，并经其中间的溢流板落到鼓泡板上；由进口联箱来的压力稍高的鼓泡蒸汽经过汽柜，自下而上通过鼓泡板缝状小孔鼓动并加热凝结水，使凝结水接近或达到饱和温度以除去其中的气体；从凝结水中析出的气体又被向上流动的蒸汽带出热阱通往凝汽器的空气冷却区；除气后的凝结水则通过阻流板流向热阱的出水口。

3.6.5　系统运行

除氧器系统应能够保证在各种工况下具备稳定的除氧效果，保证给水泵正常工作。除氧器的运行方式分为定压运行和滑压运行两种方式，如图 3-6-6 所示。

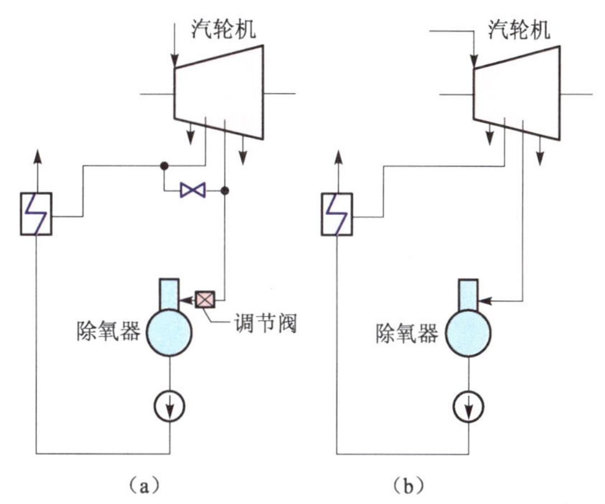

图 3-6-6　除氧器运行方式示意图
(a) 定压运行；(b) 滑压运行

(1) 除氧器的定压运行

这种运行方式下，除氧器内部压力维持不变，供除氧器的回热抽汽压力应高于除氧器的工作压力，并设置专门的压力调节阀来节流调整，如图 3-6-6(a)所示。若汽轮机负荷降低到该级抽汽不能满足除氧器定压运行要求时，需切换到高一级抽汽，停止原来的抽汽。这种运行方式可以使除氧效果和给水泵的安全运行都得到保证，但是这种方式存在节流损失，并且热经济性较差，因此，在较大机组上已经很少采用。

(2) 除氧器的滑压运行

所谓除氧器滑压运行是指除氧器的工作压力随着汽轮机负荷变化而发生变化的运行方式。运行中不需维持除氧器的压力恒定，无压力调节阀，低负荷时不需切换到高一级抽汽，热经济性高，系统简单。如图 3-6-6(b)所示。

但是这种运行方式同样存在着一定的问题，一是变工况下的除氧效果不佳，这主要是由于变工况下，除氧器内水的温度变化滞后于压力变化，在负荷骤升时，压力升高的速度比水温升高的速度快，造成被除氧的水过冷，使得除氧效果恶化；另外，在负荷骤降时，除氧器内压力下降，使得下游主给水泵容易汽蚀。通常采用提高除氧器安装高度或设置低转速前置升压泵的方法来维持给水泵入口正常工作所需的压力。适当增加除氧器水箱容积以及装设能迅速投入的备用汽源也能够在负荷骤降的瞬态过程中，缓解除氧水箱压力的陡降。

另外，除氧器的运行状态与低压加热器的运行状态关系密切。随着低压加热器因故障解列数目的增加，除氧器给水进口温度将降低，导致除氧器进口蒸汽流量增加，甚至会达到抽汽管道所承受不了的流速，因此需要结合低压加热器的状态，来调节除氧器的运行状态。

3.7 主给水泵系统

3.7.1 系统功能

作为汽轮机系统热力循环的重要组成部分之一，主给水泵系统承担着以下功能：

1）将除氧水箱中的水抽出并升压，通过高压加热器加热后，连续不断地向蒸汽发生器供水；

2）能够根据反应堆不同功率水平对向蒸汽发生器的供水量进行调节；

3）每台给水泵能够单独运行，也能够和任何一台其他泵并列运行，并且保持足够的调节裕量；

4）系统具有足够的过滤能力，保证压力级泵长期安全运行。

3.7.2 系统描述

给水泵系统根据给水泵本身动力来源不同，可以分为汽动给水泵系统和电动给水泵系统。汽动给水泵采用小型汽轮机作为原动机，而电动给水泵是用一台电动机拖动给水前置泵和通过液力耦合器拖动主给水泵。机组当中选择哪种形式各有不同，两种形式的系统各有各的优缺点。目前国内的900 MW机组普遍采用两台各为50％容量的汽动主给水泵、前置泵和一台电动给水泵，正常时由两台汽动给水泵供水，电动给水泵作为备用。这样的设置供水比较可靠，但是系统比较复杂。在部分机组上，为了简化系统和设备，采用了三台容量均为50％的电动给水泵，这样的系统调节方式也比较灵活，但存在一个比较突出的缺点就是厂用电消耗高。电动给水泵和汽动给水泵的具体优缺点见表3-7-1。

表3-7-1 不同驱动形式的给水泵比较

内　容	电动给水泵	汽动给水泵
优　点	驱动简单，运行方便，所用维护少，可靠性高，调节灵活，故障频率低，启动速度快	无级调速使得节流损失小，有超负荷能力，适应机组变负荷运行，减少厂用电消耗
缺　点	变负荷运行时经济性差，厂用电消耗多	控制系统复杂，设备和厂房建造投资大
实际应用	俄罗斯、德国、中国秦山核电和田湾核电	美国、法国、中国大亚湾核电

（1）汽动给水泵系统

汽动给水泵系统是由驱动给水泵工作的给水泵汽轮机、压力级泵、齿轮箱、前置泵和过滤器等组成。完成将水在要求的压力下，从除氧器经过高压加热器，打到蒸汽发生器的工作。每一台汽动给水泵可以单独运行，也可以与另一台汽动给水泵或电动给水泵并联运行。

来自除氧器的给水经电动隔离阀、临时滤网和伸缩节进入前置泵，然后经流量孔板和永久滤网进入压力级泵，经压力级泵升压后的给水经出口逆止阀和电动隔离阀送往高压加热器系统。见图3-7-1。

压力级泵出口逆止阀的作用是防止该泵停运时，高压给水倒流回泵内部，使前置泵及其吸入管线、压力级泵和升压泵之间管线等附属设备超压。若该逆止阀失效，在前置泵入口设

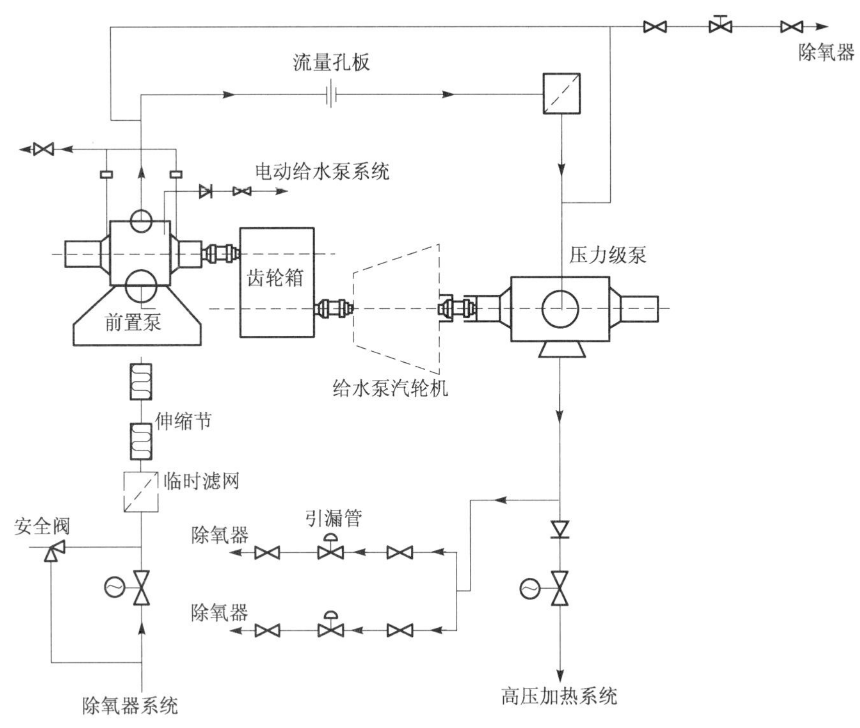

图 3-7-1　汽动给水泵系统流程图

有安全阀,起到保护作用。

汽动给水泵系统中,在压力级泵和升压泵之间设置有手动和自动两种放气阀,手动阀主要用于初次充水和过滤器清洗后再次充水时,从系统中放出空气至常规岛废液排放系统;自动排气阀用于给水泵机组停运或者其盘车机构运行时,保持开启,排出不凝气体,保证除氧器压力降低时,不管给水泵内给水温度如何,都不可能在高位点形成蒸汽囊。

(2) 电动给水泵系统

电动主给水泵系统由升压泵和压力级泵组成,电动机直接驱动前置泵,另一侧通过液力耦合器驱动压力级泵,具体流程见图 3-7-2。

电动给水泵系统应保证在不同的供电频率下均能够将水从除氧器系统中抽出,通过前置泵进口管道的入口隔离阀,经临时滤网过滤后,首先进入到前置泵升压,再经过永久滤网再次过滤,进入到主给水压力级泵升压,经泵出口逆止阀和电动隔离阀后,送入到高压加热器系统。另外,在本系统中,设置了保证给水泵正常运行的小流量管线(引漏管线),在给水泵启动、停运、低流量运行或者蒸汽发生器给水需求低于预定值时,防止给水流量低于限值泵遭到损坏。

为了能够快速启动,电动给水泵系统均处于热备用状态,使泵零部件所受热冲动降至最低,保证冷水不进入到给水管线和蒸汽发生器。暖机的热水水源一般有两种来源,如果系统中设置有汽动给水泵系统,并且其中一台或者两台汽动给水泵运行时,热水从每台汽动升压泵的出水管道上引出,分两路供到电动升压泵和压力级泵,热水流动方向与正常水流流动方向相反,从两台泵出口流入,经泵体至升压泵入口回到除氧器,有少量的热水通过引漏管线流入除氧器。当无汽动泵运行时,热水由除氧器再循环泵供给。

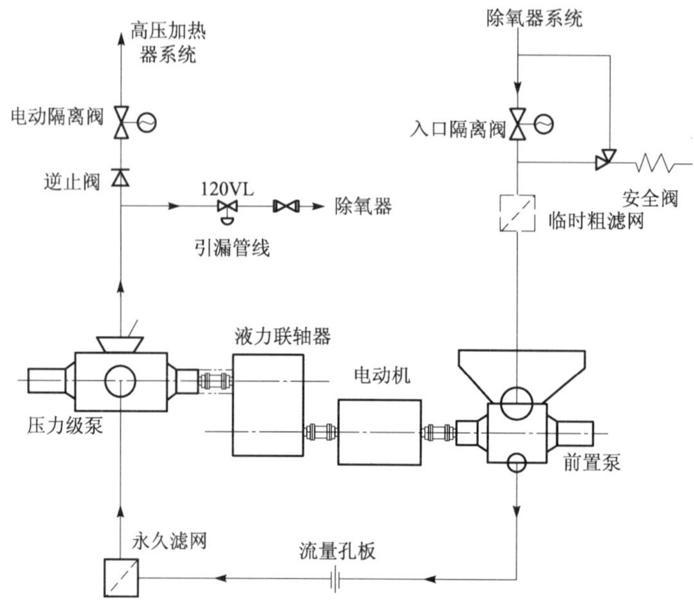

图 3-7-2 电动给水泵系统流程图

在压力级泵和前置泵之间的连接管线上，还设置有放气管线，手动控制相关阀门，在系统充水时将阀门打开，进行放气，一般排放到常规岛废液排放系统。

3.7.3 主要设备

（1）前置泵

无论是汽动给水泵系统，还是电动给水泵系统，其前置泵的结构和型式都是相同的。均为卧式、单级、离心式泵，外壳支撑在中心线上，运行时保证中心线对中的同时，通过进口和出口通道之间的滑动径向密封，允许在发生冷热冲动时，由于任何部件的热胀冷缩所引起的轴向和径向的膨胀。

在泵轴出口端的轴封填料周围布置有冷却夹套，保证轴封填料处的水温满足要求，防止填料温度过高。所用冷却水来自常规岛闭式冷却水系统，通过环形夹套换热后流回到该系统的冷却水回流。

前置泵设置有径向轴承和推力轴承，泵轴架在衬有巴氏合金的圆筒形径向轴承上，轴承放置在轴承座上，并利用轴承定位装置保持其位置不变，为了保证轴承正常工作，需要有润滑油供给，最后润滑油从轴承底部的回油孔流出。推力轴承是用来承受转子的轴向推力，限制转子轴向位置。

（2）压力级泵

压力级泵是核电厂重要设备，其运行的状态对整个核电厂的运行都有很大影响，因此要求给水泵具有良好的运行安全性，较强的抗汽蚀性能，叶轮具有足够的耐磨强度，对温度和压力的变化不敏感，特性曲线在整个运行范围内是稳定的，具有足够的最小流量，维修时间间隔长，维修时间短，以提高可用时间。

通常核电厂中所采用的压力级泵均为卧式、单级、离心式泵，给水从顶部进口接管进入泵筒，出口管位于壳体底部的水平轴线上。叶轮采用双面进水，有效减小了转子的轴向推力。整个泵的壳体支撑在中心线上，保持中心线对中的同时，允许轴向和径向的自由膨胀。

泵轴的密封采用的是机械密封，传动端和非传动端的密封由密封水环泵送来的闭路循环水冲刷，冲刷水通过流经一台热交换器进行冷却，热交换器的循环冷却水来自常规岛闭式冷却水系统。

泵轴两端均采用了摆动垫块型径向轴承，并且有相应润滑油供应。

（3）给水泵汽轮机

给水泵汽轮机多采用单缸、轴流、冲动式汽轮机，汽缸为单缸结构，分为上下缸两部分，汽缸内壁上车出许多凹槽，用于隔板的安装，隔板用于固定静叶栅。转子采用整锻型转子，使得汽轮机变负荷特性较好，利于给水泵调节过程中的变工况运行。动叶栅采用了具有一定反动度的冲动式动叶栅，提高了汽轮机的做功能力。

转子支撑在轴承内，径向轴承确定其径向相对位置；推力轴承确定其轴向相对位置。轴承安装在轴承座内，轴承座支放在基础台板上。前轴承座底部与台板之间设有纵销，允许在热态时，汽缸前轴承座相对台板做轴向膨胀。汽缸通过猫爪支放在轴承座上，这种支撑方式使得汽缸和转子的中心无论冷态还是热态时，都能够保持同一水平面内。排汽缸放置在排汽构件所形成的底座上，底座的轴向位置用横销约束，另外通过立销和纵销构成后汽缸的死点，所有滑销保证了汽轮机除了死点之外均可按照规定的方向进行膨胀，并保证其中心线不变。

汽轮机装有双重进汽系统，可以用压力较低的汽水分离再热器加热后的再热蒸汽，也可以用压力较高的新蒸汽作为汽源。一般在机组负荷较高时，给水泵汽轮机只需要热再热蒸汽驱动即可，低负荷运行时，利用新蒸汽作为工作介质。在一些特殊工况下，也可以利用两种蒸汽混合运行。两路蒸汽汽源按照各自的进汽管线进入到汽轮机内部，在汽轮机内部做过功的蒸汽最后从上汽缸排汽至主汽轮机的凝汽器。汽轮机的轴封蒸汽来自于主给水泵汽轮机轴封系统。

（4）液力耦合器

调速型液力耦和器是以液体为工作介质传递功率的一种非刚性传动装置，液力耦合器由泵轮、涡轮、转动外壳、勺管等组成。其泵轮和涡轮共同组成一个可使液体循环流动的密闭工作腔，泵轮装在输入轴上，涡轮装在输出轴上，并整体安装在电动机和给水泵之间，电动机带动输入轴旋转时，液体被离心式泵轮甩出，这种高速液体进入涡轮后推动涡轮旋转，将从泵轮获得的能量传给输出轴，最后液体返回泵轮，从而形成周而复始的流动，在电动机转速恒定的情况下无级调节给水泵的转速。结构简图如图 3-7-3 所示。

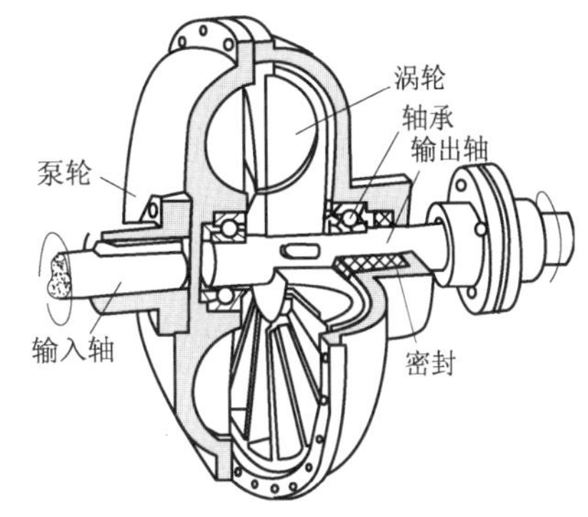

图 3-7-3　液力耦合器结构简图

液力耦合器是靠油来传递能量的，所以连续改变泵轮和涡轮间腔室的充油量就可以实现无级调速。充油量是通过改变勺管位置来实现，为了设置勺管，液力耦合器增设外油室，通过若干流通孔使工作油内外相通，从而完成其功能。

利用液力耦合器调速可以空载启动电动机，可控地逐步启动大负载。给水泵无级调速时可以大量节省厂用耗电量,可方便的使用遥控或者自动控制,并可消除冲动和振动。

(5) 电动机

通常采用鼠笼式感应电动机。主要用来通过液力耦合器驱动前置泵和压力级泵。

3.7.4 系统运行

(1) 启动

1) 汽动给水泵系统的启动:汽动给水泵的启动可以手动启动,也可以选择自动启动。

在启动前,应该具备以下条件:

① 汽动给水泵的冷却水系统已经投运;

② 再循环系统阀门全开;

③ 轴封冷却系统已启动;

④ 相关保护系统已经投运;

⑤ 所有阀门处于正确状态。

给水泵汽轮机的升速要受到汽轮机本身和给水泵状态的制约,一般情况下,分为以下几种情况:

① 汽轮机和给水泵均为热态。可以按照 500 r/min^2 的转速升速,中间无须转速保持阶段;

② 汽轮机为热态,给水泵为冷态。可以按照 500 r/min^2 的转速升速,当升压泵转速达到 700 r/min 时,保持转速 10 min,用以暖泵。

③ 汽轮机和给水泵均为冷态。以 300 r/min^2 的转速升速到 700 r/min,保持 13 min,然后以 120 r/min^2 的速度继续升速,但要注意在临界转速区域内提高升速速度。

当给水泵达到最低整定转速时,可以根据蒸汽发生器的供水需求开始供水,根据不同负荷,逐步提高转速,并逐渐关闭最小流量管线上的阀门。

2) 电动给水泵的启动:电动给水泵的启动也可以选择手动启动或者自动启动。

在启动前,应该具备以下条件:

① 电动给水泵的润滑油系统已经投运;

② 电动给水泵的冷却水系统已经投运;

③ 再循环系统阀门全开;

④ 轴封冷却系统已启动;

⑤ 相关保护系统已经投运;

⑥ 所有阀门处于正确状态。

对于起到无级调速作用的液力耦合器,在电动给水泵采用手动控制或自动控制时,其初始状态是不一样的,如果给水泵采用手动控制,需要将液力耦合器内勺管驱动至最低转速位置,再按照需求改变泵的转速;如果给水泵采用自动控制,需要将液力耦合器的勺管驱动至最高转速位置,并置于自动转速控制,然后按照蒸汽发生器的用水需求来改变泵的转速。

(2) 正常运行

三台泵中的任意两台并列运行,均可满足各种功率水平对给水的需求。一般情况下,如果系统中设置的是两台各为 50% 容量的汽动主给水泵和一台电动给水泵,正常运行期间,是由两台汽动给水泵并联运行,提供给水,电动给水泵系统处于热备用状态。

（3）停运

1）汽动给水泵的停运：汽动给水泵在正常停运时，需要利用手动方式降低转速控制信号，当泵转速达到最低控制转速时，使汽动给水泵汽轮机脱扣，或者手动操作继续降低泵的转速。

如果出现异常，如：给水泵系统推力轴承温度超过限值、润滑油系统压力低、除氧器水位过低、给水泵汽轮机排汽压力过高、排汽缸或疏水箱水位过高、给水泵汽轮机超速、给水泵汽轮机推力轴承磨损大、来自核岛或主控室的泵脱扣信号等，汽动给水泵会自动脱扣，并自动投入处于热备用的电动给水泵系统。

2）电动给水泵的停运：电动给水泵的停运均使用手动方式。正常停运时，利用手动方式降低转速控制信号，使得泵转速达到最低控制转速，再操作泵的跳闸按钮使其停运。在出现诸如以下紧急情况时，可以手动紧急停泵，如：润滑油系统压力低、除氧器水位过低、泵推力轴承温度高，来自核岛的泵跳闸信号等。但是这种停泵方式对蒸汽发生器的影响较大，往往会导致蒸汽发生器给水流量不足或给水波动，甚至会因此而引发紧急停堆。

3.8　高压给水加热器系统与设备

3.8.1　系统功能

高压给水加热器系统是利用汽轮机高压缸抽汽对给水进行加热，提高给水温度，降低平均吸热温差，进一步提高汽轮机热力循环的经济性。同时，本系统还承担着接收汽水分离再热器的疏水和排汽，以回收其热量，并排出汽轮机高压缸抽汽和汽水分离再热器排汽中的不凝结气体。

3.8.2　系统描述

高压加热器系统流程如图 3-8-1 所示，高压加热器系统由两列并列的加热器系统组成，每一列串联有第 5 级、第 6 级和第 7 级三级加热器，在每一列加热器的进出口各设置有一个电动隔离阀，用于隔离故障高压加热器。在系统中设置了一条旁路管线，当两列加热器均故障时，从此旁路向蒸汽发生器供水。在给水母管上设置有一条返回凝汽器的再循环管线，用于在启动前对系统进行清洗。

高压加热器系统的组成和低压加热器系统的组成近似，主要由给水系统、抽汽系统、疏水系统、放气系统和卸压系统组成。

（1）给水系统

由给水泵系统送来的给水分为两路，通过高压加热器进口的电动隔离阀分别进入到两列 5 号高压加热器进口水室，经 U 形管被蒸汽加热后从出口水室流出，然后依次流经 6 号、7 号高压加热器，从 7 号高压加热器出口水室流出后，两路给水汇集于给水母管，通过给水流量调节系统，根据当时机组所带负荷，调节给水流量。如果其中一列高压加热器因为故障被解列，则将有一部分给水通过旁路管线送到给水母管，另外一部分通过正常的一列高压加热器加热后，送到给水母管。这样运行的结果将会使给水温度降低，所以一般情况下，要采取降负荷运行。

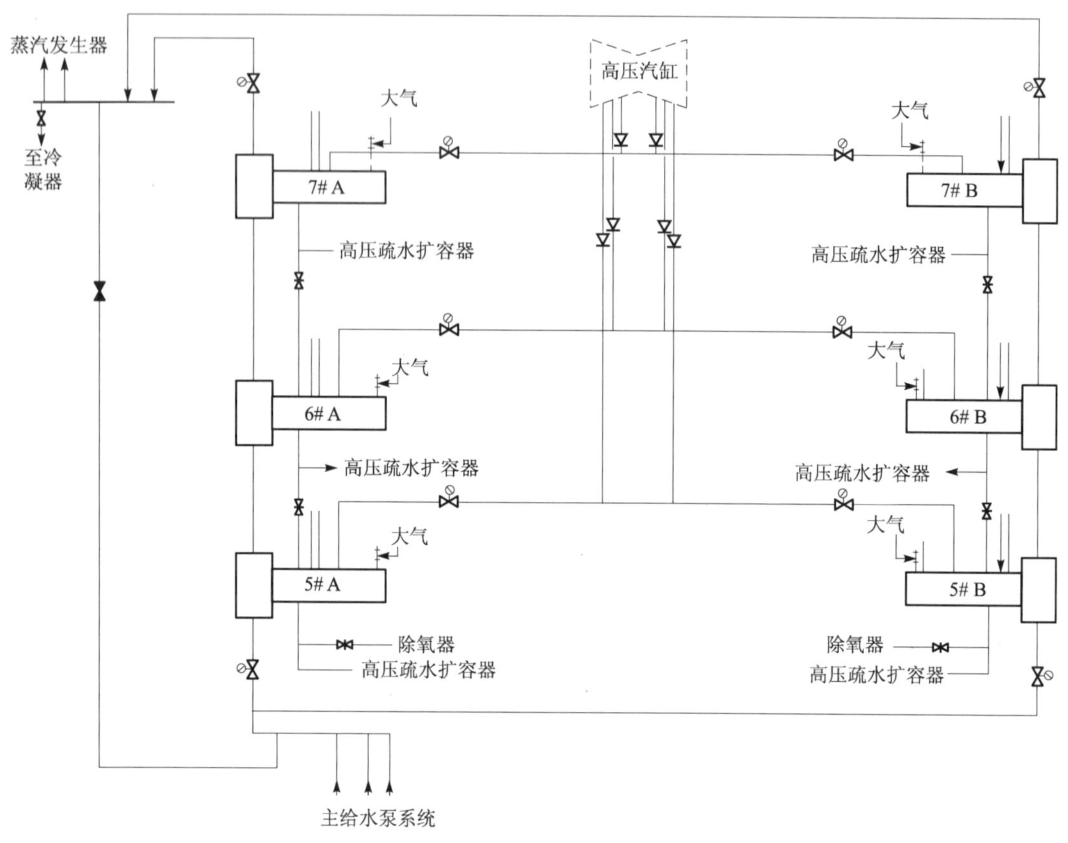

图 3-8-1 高压加热器系统流程示意图

(2) 抽汽系统

高压加热器系统的热源来自于汽轮机高压缸的抽汽，5 号、6 号、7 号加热器抽汽分别来自汽轮机高压缸 7、5、3 级后。

由于抽汽在汽轮机跳闸时会倒灌回汽轮机汽缸，使汽轮机转子超速，或者加热器水位调节失灵时、加热器水管破裂等使加热器满水时，水会倒灌回汽缸，引发汽轮机水击事故，这些都会带来比较严重的后果，因此，在抽汽管道上设置了抽汽逆止阀和电动隔离阀，其中逆止阀要靠近汽轮机一侧，电动隔离阀靠近加热器一侧。

(3) 疏水系统

每一台高压加热器都设置有一个高压疏水扩容器。其中第 7 级高压加热器的疏水自流到第 7 级高压加热器的疏水扩容器，其中降压后的闪蒸蒸汽回到第 7 级加热器的汽侧，其余疏水与第 6 级高压加热器的疏水流到第 6 级高压加热器的疏水扩容器，其中闪蒸的蒸汽进入第 6 级高压加热器的汽侧，然后疏水与第 5 级高压加热器的疏水一起自流到第 5 级高压加热器的疏水扩容器，同样闪蒸后的蒸汽回到第 5 级高压加热器。最后将该疏水扩容器内的疏水排放至除氧器。

在每一条抽汽管线上，均设置有疏水装置，将在启动过程中产生的疏水排走。

高压加热器的疏水系统还接收汽水分离再热器中第一级和第二级加热器的疏水，这部分疏水和高压加热器的疏水汇集在一起，排走。

(4) 放气系统

为了改善高压加热器的换热条件,每一台高压加热器均设置有放气系统,将运行中聚集在加热器壳体内的不凝结气体排出。其中 7 号、6 号高压加热器的不凝气体通过抽汽管线直接排送到 5 号高压加热器,最后通过 5 号高压加热器的放气系统排至除氧器。

(5) 卸压系统

由于高压加热器的汽侧和水侧压力都很高,因此为了保证高压加热器的安全,每台加热器在汽、水侧都设置了泄压装置。在加热器的汽侧设置有排往大气的泄压阀;在高压加热器之间的给水连接管道上,也装有水膨胀泄压阀,防止高压加热器因故障隔离时,水膨胀而超压。

3.8.3　主要设备

(1) 高压加热器分类与结构

高压加热器按照结构进行分类,主要可以分为管板式高压加热器和集箱式高压加热器。其不同结构可见图 3-8-2。

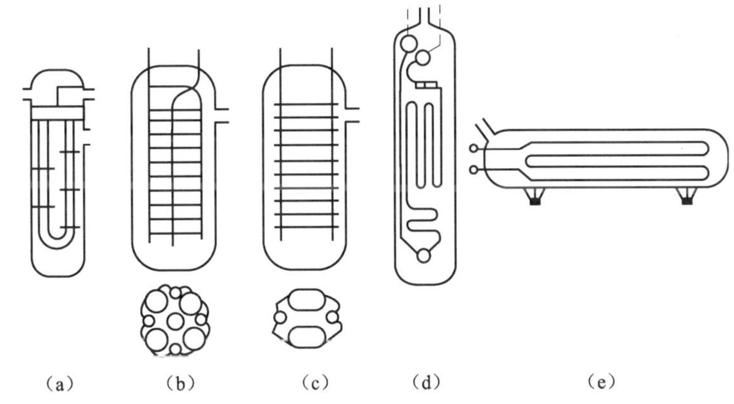

图 3-8-2　不同结构形式的高压加热器示意图

(a) U 形管管板式;(b) 螺旋管集箱式;(c) 腰圆形管集箱式;(d) 蛇形管集箱式;(e) 蛇形管外集箱式

1) 管板式高压加热器:管板式加热器设有水室进行配水,并按传热管采用直管还是 U 形管又可分为固定管板式与 U 形管管板式两种。为了简化结构,减少水室和管子与管板的连接,电厂中大多数采用 U 形管管板式高压加热器。其结构如图 3-8-3 所示。

给水从水室下侧给水进口管进入,在 U 形管内流动,从水室上侧给水出口流出,而加热蒸汽从上端蒸汽进口进入,遇到防冲挡板后向圆周和轴向流动,进入加热器管束。蒸汽在管子外侧对给水进行加热,蒸汽凝结为水后流入疏水冷却段,最后从疏水口流出。疏水冷却段位于一个独立的壳体内,位于加热器底部,始终淹没于正常水位之下,并且疏水冷却段内设有挡板,使得疏水与给水形成逆向流动,提高换热效果。

加热器的蒸汽冷凝段设有中心放气系统,将加热器内聚集的不凝气体排出,防止不凝气体在加热器内聚集,增大热阻,降低加热器的传热效果。另外这也可以为加热蒸汽开通一个畅通的空间,从而保证蒸汽源源不断地沿着壳体流动。

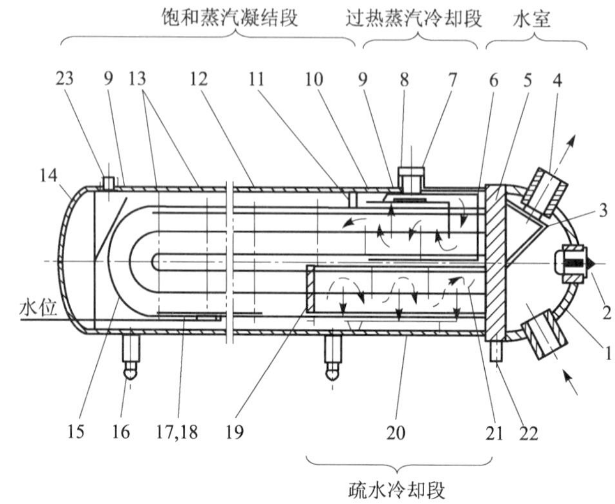

图 3-8-3 U 形管管板式加热器结构示意图

1—水室(图示半圆封头);2—人孔;3—水室分程隔板;4—给水接管;5—管板;6—遮热板;7—套管;8—蒸汽接管;9—防冲挡板;10—过热段筒;11—保护环;12—圆筒(壳体部件);13—隔板(折流板);14—封头(壳体部件);15—传热管;16—活动支座;17—拉杆;18—定距管;19—疏冷段端板;20—过热段短节;21—疏水接管;22—固定支座;23—疏水进口接管

管板式高压加热器具有结构紧凑,外形尺寸小,材料消耗少,管束水阻小,管子损坏时容易堵漏等优点。但也存在着一定的不足之处,如:管子与管板连接的工艺要求较高,加工管板和水室需要大型锻造和机械加工设备,而且管板厚、管孔多,加工工艺复杂;运行时对温度变化敏感,对操作要求较高,管子损坏后只能堵管,不能换管,从而降低传热效果和减少使用寿命。

2) 集箱式高压加热器:集箱式高压加热器没有水室,用给水的进出口联箱管分别连接传热管的两端,联箱管起到给水的分配与汇集作用。集箱式高压加热器由于没有水室,也就不用管板,因而加工容易,不需要大型机械加工设备;而且所有构件的厚度差别较小,运行时对温度变化不敏感,局部热应力小,对操作要求较低,运行较可靠,适用于机组调峰运行。但缺点是外形尺寸较大,材料消耗较多,管束水阻较大,传热管损坏后堵管较困难,但能采取换管,使加热器整体寿命较长。

集箱式高压加热器按联箱布置在高加体内与体外又分为内集箱式和外集箱式两类。由于外集箱式的管子要从壳体顶盖穿出,需解决密封问题,联箱在外增加了散热损失,而且一旦管口角焊缝泄漏,高压、高温给水将直接喷向工作场所的大气,会危害人身安全。因此,电厂中很少使用外集箱式高压加热器。

(2) 高压加热器的换热过程

高压加热器是一种利用汽轮机抽汽加热蒸汽发生器(或锅炉)给水的换热器。给水在换热管管内流动,加热蒸汽在换热管管外流动。在蒸汽与给水的传热过程中通常有三种形态。按蒸汽冷却过程的顺序分析:

首先是以过热蒸汽的显热加热给水,这是汽、液单相流体之间的传热;接着是以饱和蒸汽凝结的潜热加热给水,这是有相变的汽、液之间的传热;最后是以蒸汽凝结后的疏水的显热加热给水，这是液、液单相流体之间的传热。

按照蒸汽冷却过程的不同形态可将整个传热面分为三段：

1）过热蒸汽冷却段，简称过热段（或蒸冷段），该段是利用蒸汽过热进一步提高给水温度和回热效果。

2）凝结段，该段的作用是：利用饱和蒸汽或稍有一些过热度的蒸汽凝结放热，加热给水以达到回热、提高系统热效率的目的。凝结段是高压加热器的主要传热段，它的传热量和传热面积占据整个高压加热器的绝大部分，是高压加热器的主体。

3）疏水冷却段，简称疏冷段，该段的作用是利用疏水的显热加热给水，由于疏水温度高于给水温度，其热量被吸收，提高了给水温度，这样可使得相邻压力较低的加热器抽汽量增加，高品位蒸汽抽汽量减少，所以提高了整个回热循环效率。同时设置疏冷段也有利于系统的安全运行，因为疏水为饱和状态，在自流向下一级时，会经过节流降压，从而产生两相流动，这会使下一级加热器产生冲动、振动等不良后果。另外饱和疏水最终流到除氧器，会使除氧器发生自沸腾现象，减少除氧器的抽汽量，不利于除氧器的安全稳定运行。设置了疏冷段之后，不仅提高热经济性，这些问题也得到了解决。

高压加热器按其设置的传热区段不同，可分为一段式、二段式和三段式加热器。并且，根据高压加热器的不同设计，可有下列四种组合形式：

1）单纯凝结段的高压加热器；

2）过热蒸汽冷却段加凝结段的二段式高压加热器；

3）凝结段加疏水冷却段的二段式高压加热器；

4）具有过热蒸汽冷却段、凝结段和疏水冷却段的三段式高压加热器。

在核电厂中，由于蒸汽发生器内产生的蒸汽是饱和蒸汽，因此从汽轮机中抽出来的蒸汽为饱和状态，所以压水堆核电厂中的高压加热器没有设置过热蒸汽冷却段，抽汽进入到高压加热器后，直接进行凝结放热，变为饱和水，再经过疏水冷却段，可以充分利用抽汽的热量，提高整个回热效率。

3.8.4 系统运行

（1）正常运行

正常运行是指机组在额定功率水平下，全部高压加热器投入运行的工况。

（2）特殊稳态运行

当两列高压加热器中的一列故障解列时，大部分给水流经正常运行的一列高压加热器，其余给水通过旁路直接送到给水母管，这样运行的结果会导致蒸汽发生器的给水温度降低。

3.9 给水流量控制系统

3.9.1 系统功能

给水流量控制系统的主要作用是调节从高压加热器送往蒸汽发生器的给水流量，使得蒸汽发生器的进口给水流量与出口蒸汽流量相匹配，并保证蒸汽发生器二次侧水位稳定在正常值。另外该系统还承担着一定的安全功能，在主系统或者相关设备发生故障时，可以启动和响应保护动作。

3.9.2 系统描述

如图 3-9-1 所示，从第 7 级高压加热器或其旁路过来的给水汇集在给水母管内，使得给水温度得到均匀混合，之后将给水分配到三条给水流量调节管线，供给对应的蒸汽发生器。在每条给水流量调节管线上，设置有主给水调节阀和旁路调节阀，在不同功率水平下对给水流量进行调节。在每台主给水调节阀和旁路调节阀的进出口均设置了电动隔离阀，能够在给水调节阀发生故障时，在 20 s 之内关闭，将故障阀门隔离。经过流量调节之后的给水通过文丘利管以及流量孔板，送往蒸汽发生器。每个文丘利管都配有不同量程的差压变送器，其下游的孔板得到的测量信号用于蒸汽发生器水位控制和相应的反应堆保护通道等。

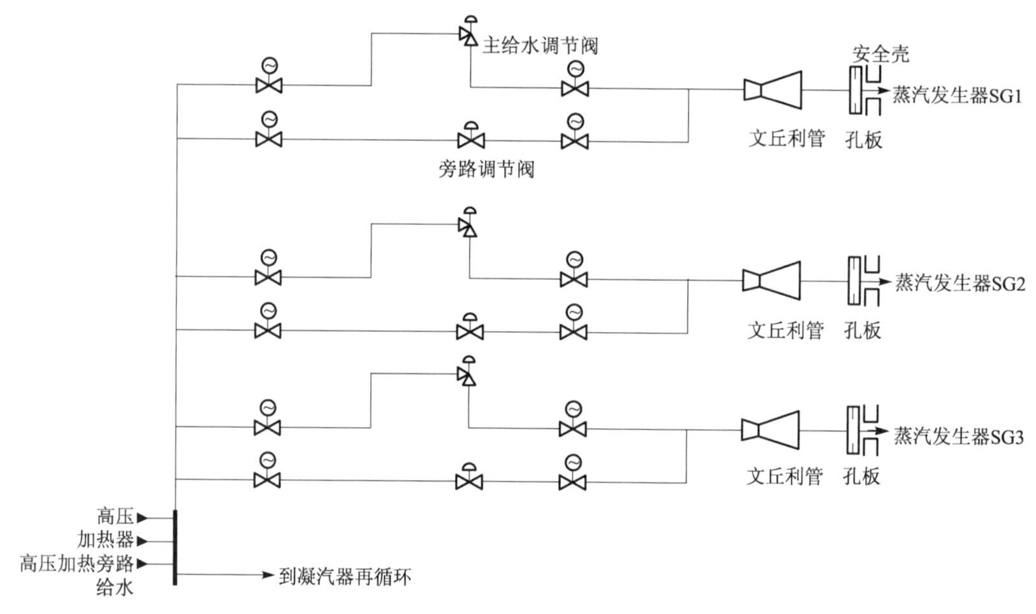

图 3-9-1 给水流量调节系统流程简图

在给水母管上还设置有一条通往凝汽器的再循环支路，用于系统的清洗等。在有些机组上，在给水母管上还设有停运期间的化学取样和疏水等小支路接管。

本系统还设置有试验孔板，用于本系统启动或性能试验期间的流量测量，对有关仪表进行标定和校核。

在系统最高点，设有放气点，在需要时进行放气。

3.9.3 主要设备

(1) 主给水调节阀

主给水调节阀主要承担着高负荷时的给水流量调节，当机组功率处于 18%FP～100%

FP 时,由该阀门进行给水流量的调节。该阀门是一个三冲量调节阀,共有蒸汽发生器水位、给水流量和蒸汽流量三个参量共同控制主给水流量,此时旁路调节阀全开。其中蒸汽发生器内装有一个水位控制器,用于使蒸汽发生器水位随负荷变化在规定值之内。

(2) 旁路给水调节阀

旁路给水调节阀负责机组功率处于 18%FP 以下时,蒸汽发生器给水流量的调节与控制。该阀门是一个两冲量调节阀,即受蒸汽发生器水位和负荷的双重控制。

3.9.4　系统运行

(1) 正常运行

给水流量控制系统正常运行时,机组处于额定功率水平,由主给水调节阀对蒸汽发生器的给水流量进行控制,旁路给水调节阀保持全开状态,所有调节阀进出口的电动隔离阀全部打开,给水流量在 0～100%FP 范围内都能够自动控制。同时,所有保护通道均投入工作。

(2) 特殊稳态运行

当机组在小于 18%额定负荷的低负荷阶段时,蒸汽发生器给水流量由旁路给水调节阀进行控制,主给水调节阀关闭。

(3) 特殊瞬态运行

如果二回路系统内设备发生瞬态变化时,要求采取保护措施时,给水调节阀出口的电动隔离阀将在接到保护信号后 20 s 内关闭。

3.10　蒸汽发生器排污系统

3.10.1　系统功能

压水堆核电厂二回路给水水质污染主要来自凝汽器钛管破裂、蒸汽发生器传热管破裂、二回路给水不合格或者系统设备完整性遭破坏等,如果不采取有效措施,恶化的水质将会引起蒸汽发生器换热管应力腐蚀,甚至会导致大面积的管子破裂。为了改善蒸汽发生器的工作条件,一般采用选择耐腐蚀性好的管材和对二次侧给水进行处理的办法。

设置蒸汽发生器排污系统的目的就是为了在不同工况下连续净化蒸汽发生器给水,保证二回路水质符合标准要求,并对排污水进行冷却和减压回收其热能,对排污水进行化学处理后进行回收或排放。同时,本系统还能够在冷停堆后,通过排放调节蒸汽发生器的水位,以及蒸汽发生器二次侧的完全疏水。

3.10.2　系统描述

蒸汽发生器排污系统由排污水减温降压回路和排污水处理回路两部分组成,如图 3-10-1 所示。

(1) 排污水减温降压回路

每台蒸汽发生器的管板上对称布置有排污管道,用于收集排污水。在这两条排污管线上,布置有通向核取样系统的管线以及与氮气分配系统相连接的管线接头;另外,在这两条排污管线上,还设置有隔离阀,用于特殊工况下排出蒸汽发生器内二次侧的水,将水排放到

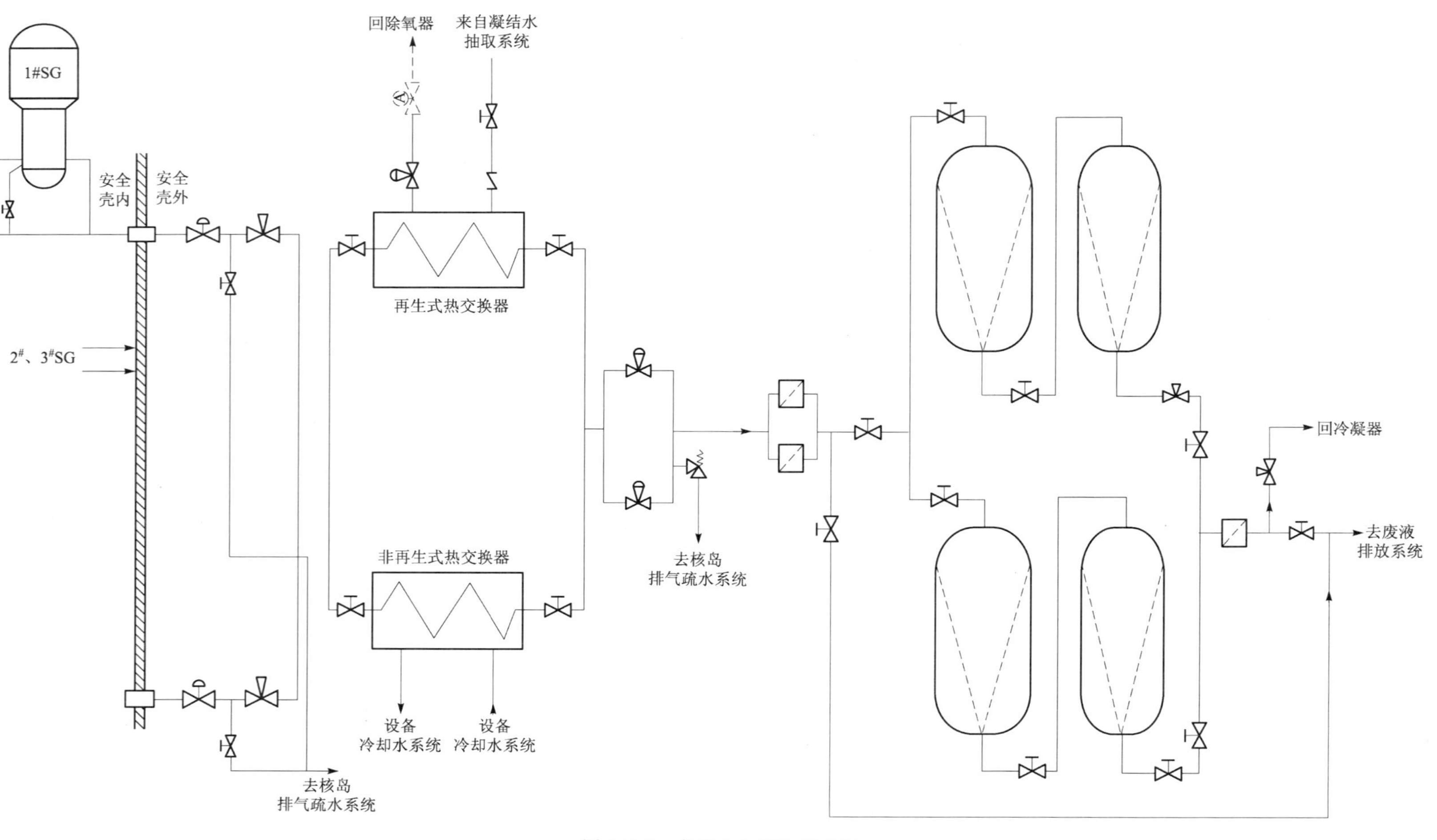

图 3-10-1 蒸汽发生器排污系统

核岛排气疏水系统。

正常情况下，蒸汽发生器内部的水处于高温高压状态，为了便于后期处理，设置了排污水减温降压回路，对这部分水减温降压。

排污水减温降压回路主要由热交换器、减压阀等组成。热交换器包括再生式热交换器和非再生式热交换器。两者的区别主要在于冷却水的来源和排放方向不同，再生式热交换器的冷却水来自于冷凝水系统，换热后排往除氧器，即在再生式热交换器内排污水的热量是得到回收的，因此称为再生式热交换器；非再生式热交换器冷却水来自设备冷却水系统，换热后，回到设备冷却水系统，排污水的热量最终被排放到环境当中而浪费，因此称为非再生式热交换器。在系统正常运行期间，投入再生式热交换器。在热停堆、进入或离开冷停堆状态的瞬态工况下、再生式热交换器检修时等等相关工况，才投入非再生式热交换器。任何工况下，只允许两台热交换器中的一台运行。减压阀的作用就是将排污水压力降低，同时为了保证系统不超压，在两路减压阀下游布置有安全阀。

从三台蒸汽发生器出来的排污水经过隔离阀和手动流量控制阀之后汇集到排污水母管中，从排污水母管排到再生式热交换器或者非再生式热交换器，冷却降温，然后经过两条并列的减压和流量控制阀，送到排污水处理回路。

(2) 排污水处理回路

排污水处理回路主要是对排污水内的杂质进行除盐、过滤，并根据处理后的水质情况选择合适的排放方式，该回路主要包括树脂除盐床、过滤器、阀门和相应管道等。

排污水经过过滤器后，有两个排放方向，一路是经过手动流量调节阀门进入到两条并列的除盐床处理回路，每条除盐床处理回路容量均为50%，各包括一台阳床和一台混合床，在正常运行时，两路处理回路都要投入运行。处理后的排污水经过滤器进入到排放管线；另一路经手动流量控制阀门后直接排放到排放管线。

排污水的排放有三种方式：一是正常运行时，处理后的排污水经采样合格后，送回到机组的凝汽器继续使用；二是经处理后，若水质不合格或不能引向凝汽器时，经隔离阀排放到废液排放系统；三是不经处理直接排放，当处理设施故障或者凝汽器不投运、但还需要排污时，则将排污水不经过处理直接排放到废液排放系统。

3.10.3　主要设备

(1) 热交换器

再生式热交换器和非再生式热交换器均为U形管式结构，壳体采用碳钢，管子为不锈钢，排污水走管程，冷却水走壳程。

(2) 除盐装置

蒸汽发生器排污系统设置有两条并联的除盐管线，每一条管线都设置有一台阳床，一台混合床，它们的结构相同，外壳用不锈钢制造，内装有相应树脂，保证排污水的净化。

(3) 过滤器

蒸汽发生器排污水处理回路设置有三台过滤器，在入口处并联着两台，下游设置有一台树脂阻挡过滤器，对每一台过滤器的压降都有相应的要求，若超出限值，给出报警，运行人员将排污水切换到备用过滤器。每台过滤器的滤芯都要定期更换。

3.10.4 系统运行

(1) 正常运行

在正常运行工况下,为了保证二回路的给水水质,要求排污要连续进行,并通过流量调节阀调节排污的流量,排污水通过再生式热交换器冷却,将热量回收,将排污水处理后返回到凝汽器,此时需要至少有一台凝结水泵在运行状态。

为了防止排污水过高,破坏阳床和混合床内的树脂,对进入处理回路的水温有相应限值,高于此值给出报警,并联锁关闭入口隔离阀,将系统隔离。

(2) 特殊稳态运行

1) 使用非再生热交换器:当系统处于功率运行时,如果再生热交换器检修、试验或处于热备用状态,以及冷热停堆之间温度处于过渡阶段时,投入非再生热交换器。

2) 排污水不进行回收:排污水不回收有两种情况:一是不经过除盐处理直接排放;另一种是除盐后排放。一般情况下,当凝汽器不可用,排污水有轻微的放射性;化学处理系统不可用;凝汽器产生泄漏以及二回路水悬浮物质量大等情况下,排污水不经过处理直接排放;除盐后排放的情况一般取决于凝汽器的工作状态,若凝汽器不能接收这部分排污水,则直接排放。

3.11 蒸汽转换器系统

3.11.1 系统功能

辅助蒸汽系统的蒸汽来源有两路:一路是在机组启动和停运期间,来自于辅助锅炉的蒸汽;一路是在机组正常运行期间,来自于蒸汽转换器的蒸汽。

蒸汽转换器系统的功能是产生要求的压力和温度的低压辅助蒸汽,并通过辅助蒸汽分配系统供给核岛和常规岛辅助蒸汽的用户。

3.11.2 系统描述

蒸汽转换器系统主要由蒸汽系统、疏水系统、给水系统、卸压系统和排气系统组成,涉及的设备有蒸汽转换器、疏水箱、疏水冷却器、辅助蒸汽除氧器、排污箱、给水泵及相应的阀门和管道,如图 3-11-1 所示。

(1) 蒸汽系统

来自主蒸汽系统的饱和蒸汽经两只并联的降压调节阀之一降压后,进入蒸汽转换器进口联箱室。在转换器壳体内由一束高压传热管将蒸汽热能传至周围的给水,从而产生满足压力和温度要求的辅助蒸汽,并经隔离阀及逆止阀送往辅助蒸汽分配管线。降压调节阀由蒸汽转换器的蒸汽入口压力和辅助蒸汽出口压力一起控制。辅助蒸汽出口压力用于控制降压调节阀以保持蒸汽出口绝对压力。然而当主蒸汽入口绝对压力上升到限定值或更高时,该主蒸汽入口压力信号会超越辅助蒸汽出口压力信号,并使降压调节阀关小以保持蒸汽入口绝对压力在要求的压力范围以内或更低。当入口蒸汽绝对压力降到正常限值以下时,辅助蒸汽出口的压力信号又恢复对降压调节阀的控制。

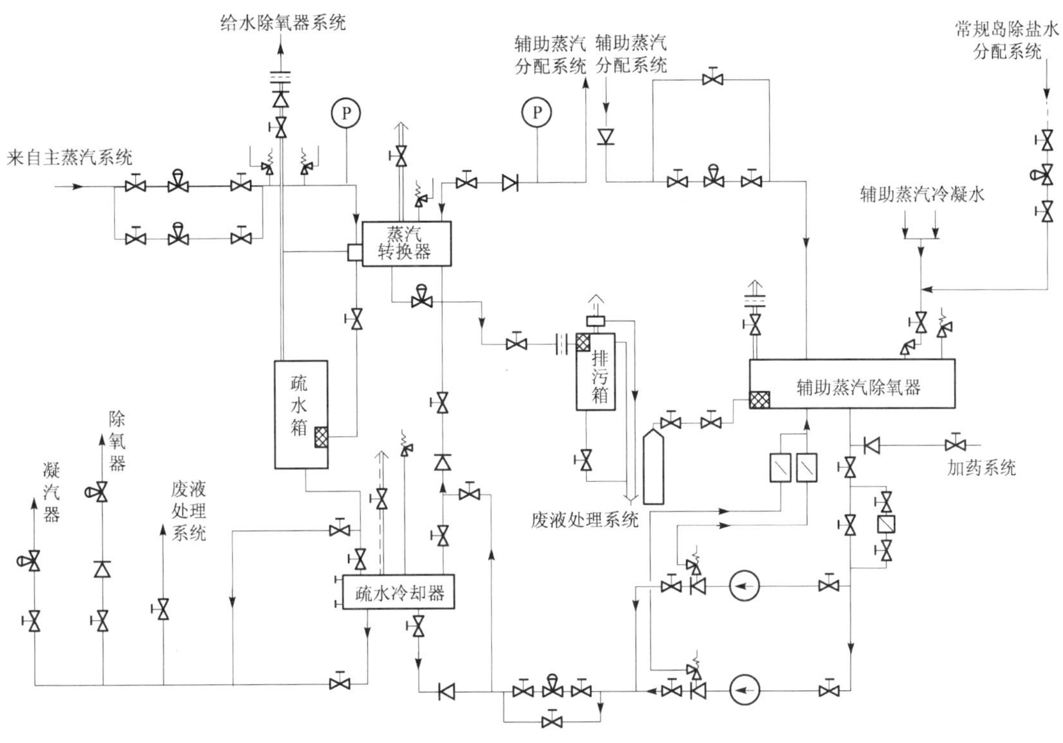

图 3-11-1 蒸汽转换器系统流程图

(2) 疏水系统

在蒸汽转换器中,蒸汽与冷却水换热后凝结为水,这部分凝结水经与出口联箱相连的一根疏水管送到疏水箱。疏水箱是一台带保温层的压力容器,在接收蒸汽转换器疏水的同时,还能够保持下游疏水冷却器充满水。蒸汽转换器的疏水从疏水箱的底部进入疏水箱,疏水箱内的水可以防止蒸汽进入疏水冷却器。

疏水箱的水位由装在容器外侧的水位控制器通过调节分别位于主冷凝器或主除氧器管道上的冷却水排放阀自动控制。

疏水箱内的疏水送入位于其下方的疏水冷却器并作为加热介质预热进入蒸汽转换器的给水。疏水被冷却后排到除氧器(正常情况下)或主凝汽器(除氧器不可用时),当两者都不用时,排放到废液排放系统。疏水冷却器设有疏水及给水的旁路管线,这种布置便于疏水冷却器停运时,蒸汽转换器仍能继续运行。

(3) 给水系统

蒸汽转换器的给水装置是一台高架罐形除氧器。除氧器收集由各个使用辅助蒸汽的设备返回的辅助蒸汽凝结水(不包括轴封蒸汽系统和机组主除氧器来的凝结水),并对其进行加热除氧。除氧器正常补水是除氧器水位控制装置通过调节补给水阀来完成,水源来自常规岛除盐水分配系统。除氧器的加热蒸汽由辅助蒸汽分配系统通过气动调节阀控制,并维持除氧器内的绝对压力。每台除氧器的贮存量为转换器在设计蒸汽流量时 10 min 的供水量。

每台蒸汽转换器设有两台 100%容量的给水泵,每台给水泵从除氧器吸水,经疏水冷却器进入蒸汽转换器。在两台泵的公共吸入管上装有一台过滤器，在系统调试阶段投入除去系统中的杂质。每台泵设有再循环管路，在泵低流量运行时把部分水返送回除氧器，以保证泵的最小流量，防止泵发生汽蚀。蒸汽转换器中的水位由给水调节阀进行控制。

(4) 排气系统

在转换器的出口联箱室设有连续放气管线，排出不凝结气体，以保持转换器的效率和防止传热管出现较大热应力。

除氧器中的不凝结气体从壳体上方的放气阀放出。

(5) 卸压系统

布置在蒸汽转换器入口前管线上的卸压阀主要用于防止在降压调节阀故障情况下，蒸汽转换器绝对压力超过限值。另外除氧器也设有卸压阀。

3.11.3 主要设备

(1) 蒸汽转换器

蒸汽转换器是带保温层的U形管加热器。加热蒸汽在U形管内流动并加热管外的水。外形尺寸为：直径1.79 m，长度8.13 m。其主要设计参数如表3-11-1所示。

表3-11-1 蒸汽转换器设计参数

	设计温度/℃	设计绝对压力/MPa	蒸汽流量/(kg/h)	U形管数目/根
管侧	316	2.8	40 960	705
壳侧	210	1.5	37 000	

(2) 辅助蒸汽除氧器

除氧器是一台高架罐形除氧器，主要设计参数如表3-11-2所示。

表3-11-2 辅助蒸汽除氧器设计参数

直径/m	2	设计温度/℃	190
长度/m	4	出口最大含氧量/(μg/kg)	10
设计绝对压力/MPa	1.3	最大出力/(t/h)	37(105 ℃的除气水)

3.11.4 系统运行

在两台机组同时运行时，蒸汽转换器系统提供的辅助蒸汽流量可以根据需要进行调整。所需求的辅助蒸汽的流量可由任一台机组或两台机组的蒸汽转换器提供。

辅助蒸汽由辅助锅炉产生或由蒸汽转换器产生，也可以由辅助锅炉和蒸汽转换器两个设备同时产生。

复习思考题

1. 简述组成蒸汽和给水加热系统的各个子系统的功能。

2. 简述主蒸汽系统用途及其用户。

3. 说明主蒸汽管线的安全阀起什么作用、设置的数量、如何分组，为何两组安全阀设置的整定值不同？

4. 为减轻安全壳外主蒸汽管道破裂所造成的影响，设计上采取了什么措施？

5. 简述主蒸汽隔离阀的结构特点及其工作原理。

6. 说明主蒸汽隔离阀的旁路阀的作用是什么？

7. 反应堆停堆过程中热量的导出途径有哪些？

8. 说明汽轮机旁排系统的组成，以及每种排放的特点。

8. 从主蒸汽母管经旁排系统到冷凝器的压降是怎样实现的？

9. 简述旁排阀的分组及每组旁排阀的运行特性。

10. 汽轮机跳闸时，是否反应堆一定要紧急停堆？

11. 汽水分离再热器的组成，以及系统中一级再热器、二级再热器的加热蒸汽源来自哪里？

12. 汽水分离器的种类有哪些？说明各自的工作特点。

13. 汽水分离再热器的再热器故障隔离运行时，需要注意哪些事项？

14. 简述凝汽器的结构特点，并说明核电用的凝汽器的特点。

15. 何谓凝汽器的传热端差？为减小该端差值通常采取哪些措施？

16. 核电厂功率运行时，有哪些因素可影响凝汽器的真空度？

17. 何谓凝汽器的最佳真空？若偏离最佳真空对机组运行的影响有哪些？

18. 运行过程中，出现哪些状况会使得凝结水泵自动脱扣？

19. 在什么情况下低加需被隔离，怎样被隔离？隔离后系统的流量如何分配？

20. 低压加热器系统的疏水方式有哪些？简述各自的特点。

21. 为何复合式加热器的抽汽管道上未装有逆止阀，而其余低压加热器的抽汽管道上要装有逆止阀和隔离阀？

22. 为什么要在加热器的壳体上安装排气管线？

23. 低压加热器系统的运行方式有哪些？

24. 分析除氧器的工作原理。

25. 给水中含氧超标对设备造成的腐蚀作用可以从哪些方面体现出来？

26. 给水中含氧量超标后对汽轮机和凝汽器的运行有哪些影响？

27. 除氧器的加热汽源有哪几种，分别在什么条件下采用？

28. 为了确保除氧效果，在除氧过程中应满足什么条件？

29. 给水除氧系统的再循环系统包括哪些循环？各自的特点如何？

30. 除氧器的运行方式有哪些？并简述它们的各自特点。

31. 除氧器滑压运行过程中存在的问题有哪些？并解释产生这些问题的原因及解决的措施。

32. 给水泵系统根据给水泵本身动力来源不同，可以分为哪两种泵？比较各自的优缺点有哪些？

33. 说明主给水泵的启动条件有哪些？

34. 在设置有汽动给水泵和电动给水泵的给水系统中，在反应堆正常运行期间，怎样选择投运泵与备用泵？为什么这样设置？

35. 汽动泵的小汽轮机的蒸汽来源有哪些？

36. 电动给水泵为何要保持暖机状态？热水来源于哪里？热水流向如何？

37. 给水泵系统中为什么要设置引漏管线？引漏管线上的阀门动力是什么？

38. 高压加热器的卸压装置是如何设置的？

39. 主给水调节阀和旁路调节阀的调节参量有哪些？两种调节阀各用于何种工况？

40. 蒸汽发生器中水质污染源有哪些？

41. 蒸汽发生器的排污水有哪些排放方式？

42. 蒸汽发生器排污系统中设置有哪两种热交换器？其主要区别有哪些？

43. 画出主蒸汽系统与相关联系统接口示意图。

44. 画出汽轮机旁路排放系统控制原理框图。

第四章 汽轮机辅助系统

在核电厂的热力循环中，汽轮机是一个重要而又典型的设备，它的安全、稳定运行对提高整个核电厂的生产效率和经济效益有着重要的影响，因此在电厂中均设置有一套完备的汽轮机辅助系统，保证汽轮机等主要设备及热力系统安全和经济运行，并尽最大可能将从核岛中传递过来的热能转变成机械能。

这些系统包括：汽轮机轴封系统、汽轮机疏水系统、汽轮机调节油系统、汽轮机润滑、顶轴油及盘车系统、汽轮机调节保护系统、汽轮机排汽口喷淋系统、凝汽器抽真空系统等。

4.1 汽轮机轴封系统

4.1.1 系统功能

为了安装转子，汽轮机的汽缸都具有水平中分面，将汽缸分为上、下两部分，而汽轮机主轴是从汽缸的高压端和低压端穿出的，为了保证转子在工作期间自由高速旋转，转子部件在穿出汽缸的位置和汽缸之间要留有一定的空隙，该间隙处汽缸内部和外部存在压差，这样会导致汽缸高压端蒸汽向外泄漏而损失工质，甚至蒸汽会进入前轴承箱，破坏油质，而低压端汽缸内为负压，空气漏入汽缸，会破坏凝汽器正常工作，因此设置了汽轮机轴封系统。

轴封系统的功能是对主汽轮机、给水泵汽轮机和蒸汽阀杆等提供密封，防止启动时以及正常运行期间，内部蒸汽漏入厂房，危急人员与设备的安全，或者漏入前轴承箱中，恶化油质，并且蒸汽漏出会造成做功能力的损失，同时防止外界空气漏入汽缸内部，提高汽轮机背压，降低蒸汽可用焓降，并破坏凝汽器真空，降低机组效率。

汽轮机轴封形式有两种，一种为迷宫式轴封，轴封台直接在转子上车出，轴封台之间的间隔较大，其工作原理是通过蒸汽流过一系列的环形窄缝的节流作用，使压力下降、流速上升，蒸汽流过窄缝后有小气室，因涡流作用而消耗气体动能，使容积增大，这样蒸汽逐次节流膨胀，使气体压力降到环境压力，容积则相应增大很多倍。当密封间隙相同时，就减小了蒸汽的泄漏量。另一种为光轴斜齿式平轴封结构，这种轴封斜齿的方向迎着汽轮机内漏汽的方向，这样可以使漏出的蒸汽在汽封齿腔室内形成旋涡，从而增大漏汽的流动阻力，达到减少漏汽的目的。目前各个机组普遍采用的是迷宫式轴封。

4.1.2 系统描述

汽轮机轴封系统由密封系统、排汽系统和引漏系统组成。其流程如图 4-1-1 所示。

(1) 密封系统

密封管线为整个轴封系统的用户提供轴封蒸汽，轴封蒸汽的汽源分为两大类，一类是外部汽源，包括辅助蒸汽系统和主蒸汽系统供应的蒸汽，主要用于在启动、低负荷及停机时轴封系统的供汽，这部分蒸汽经过滤器和供气流量调节阀后，进行干燥，最后供到轴封蒸汽母

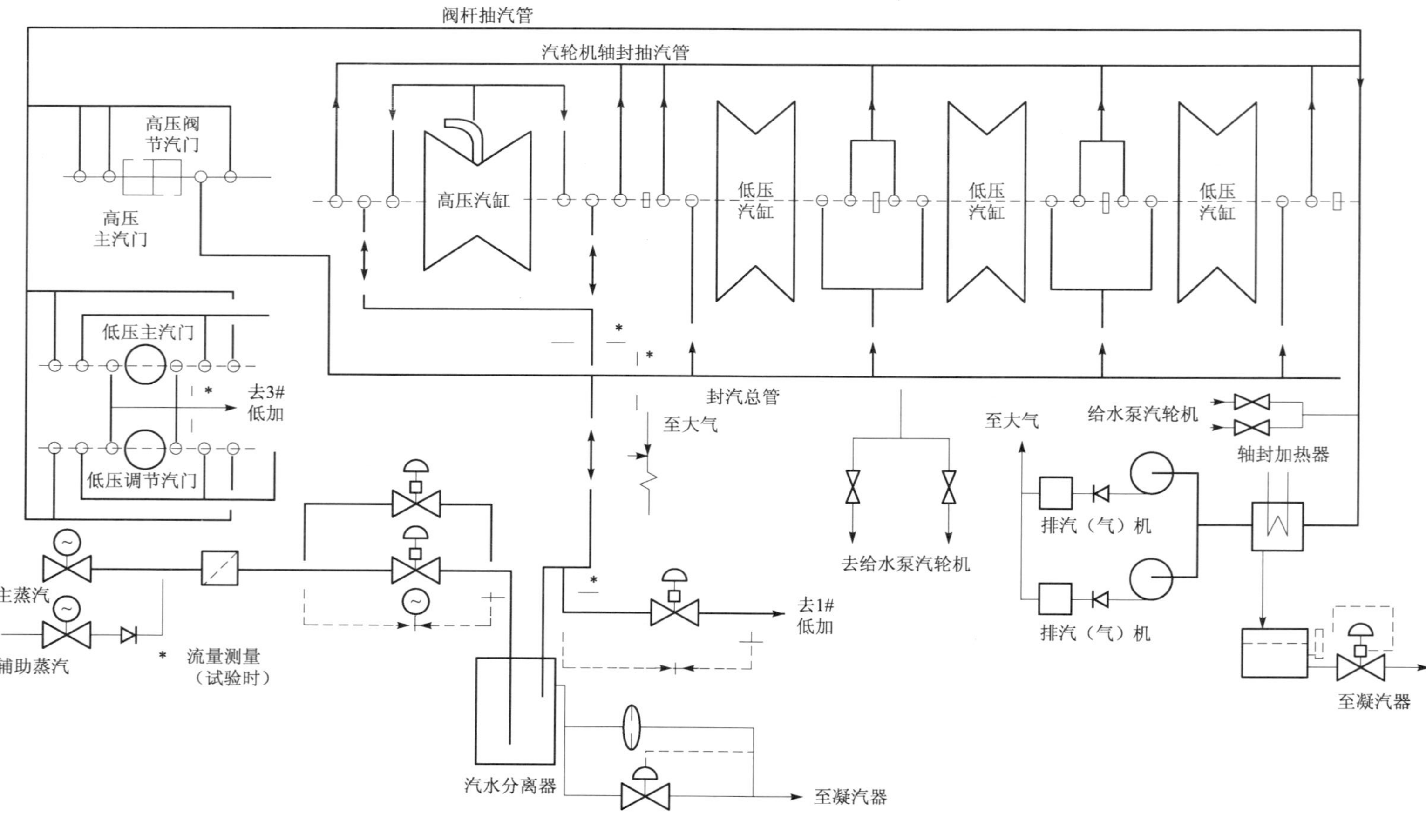

图 4-1-1 汽轮机轴封系统流程图

管，由轴封蒸汽母管分配到各个用户。另一类汽源是内部汽源，即在机组满负荷运行时，高压缸转子端部轴封直接利用高压蒸汽阀后蒸汽经节流干燥后提供，而其余部位的轴封蒸汽则依靠高压缸密封蒸汽的排汽来供应，不再需要外来蒸汽，蒸汽从高压缸的轴封进入密封蒸汽总管，然后送入到汽轮机低压缸、高低压汽室，对它们进行密封，防止空气漏入及蒸汽漏出。为了防止湿蒸汽侵蚀汽封零部件，所有轴封蒸汽在供向用户之前，都要通过汽水分离器进行干燥，利用干蒸汽进行密封。

轴封蒸汽的压力由压力控制器控制，并通过供汽阀和排汽阀来调节。如果压力控制系统故障，则由操纵员在主控室手动控制。

(2) 排汽系统

汽轮机轴封的排汽系统由轴封蒸汽加热器、轴封蒸汽加热器的排气风机以及相关的管道阀门组成。高低压缸轴封外腔室、高低压截止阀和调节阀的阀杆密封腔的排汽通过排汽管线排到轴封蒸汽加热器，轴封蒸汽加热器通过其排气风机保持内部轻微的负压状态，这种负压引起过剩的汽封蒸汽和不凝气体一起向轴封蒸汽加热器流动，其中的不凝气体被排气风机排到大气，而轴封蒸汽与凝结水系统的冷凝水换热之后被冷凝为水的状态，被排到收集箱，最后排到凝汽器内。

(3) 引漏系统

低压缸的所有截止阀和调节阀的阀杆漏汽通过引漏系统将其送往 3 号低压加热器，以回收这部分能级较高的蒸汽，提高机组经济性。在所有工况下，这部分漏气都会连续不断地送到 3 号低压加热器，如果加热器被隔离，蒸汽排入到汽轮机低压缸。

4.1.3 主要设备

(1) 轴封蒸汽加热器

轴封蒸汽加热器又称轴封蒸汽凝汽器，是一种管壳式热交换器，流经该热交换器管程的冷凝水起到热交换冷源的作用，将轴封蒸汽排汽的热量带走。冷凝下来的轴封蒸汽排向收集槽，最后回到凝结水系统，利用轴封蒸汽加热器的排气风机将不凝气体从热交换器的壳侧排出，并维持换热器内部轻微负压状态。

其自带两台容量均为 100%的排气风机，一台投入运行，一台备用。

(2) 轴封蒸汽调节阀

主要用于调节轴封蒸汽进口压力，在其上游设置有电动隔离阀，用于隔离调节阀。与其并联安装有电动旁路阀，是在万一调节阀发生故障时使用的。这两个电动阀门均在控制室进行控制。位于轴封蒸汽调节阀下游的卸压阀对过压起保护作用，在轴封蒸汽压力超过限值时开启、卸压。

4.1.4 系统运行

(1) 正常运行

汽轮机轴封系统的正常运行是指主汽轮机在高负荷情况下的运行状态，此时轴封蒸汽用汽来源于内部汽源。即高压蒸汽阀后蒸汽经节流干燥后供给高压缸转子端部轴封所用，而高压缸密封蒸汽的排汽向其余的轴封部位供应蒸汽。

(2) 特殊稳定运行

汽轮机轴封系统的特殊稳定运行是指机组启动、低负荷或停运过程中的运行工况。在这些情况下，轴封用汽由外部汽源供给，即从冷停堆开始启动的初始阶段，汽封蒸汽由辅助蒸汽系统供给，此时汽封蒸汽必须密封汽轮机轴端间隙，以便建立起真空；当机组升温暖机时，所需要的汽封蒸汽由主蒸汽系统供应。

在启动初期，一般遵循以下原则：若机组为冷启动，则要先抽真空，再送轴封蒸汽，防止轴封蒸汽遇到冷的汽轮机金属壁而凝结积水，增大汽缸上下缸温差；而热启动过程恰好相反，要先向轴封供汽，凝汽器再抽真空，防止抽真空时冷空气经轴封漏入汽缸，增加上、下缸温差和出现不允许的负胀差。

当汽轮机负荷上升，导汽管内的蒸汽压力升高到高压汽缸端部轴封漏汽足以维持轴封蒸汽所需要的压力时，系统转入正常运行。

在机组停运时，随着负荷降低，内部轴封蒸汽供应系统的蒸汽压力逐渐减小，则逐渐关闭该路供汽阀门，逐渐打开主蒸汽系统的供汽线路上的阀门，维持轴封供汽母管内部压力，直到最后凝汽器真空破坏后，通过停运轴封蒸汽加热器的排气风机和相关阀门，将轴封系统停运。

(3) 特殊瞬态运行

特殊瞬态运行是指系统中重要设备、部件发生故障时的短暂运行状态。如果轴封蒸汽调节阀发生故障，可以通过调节其并联的电动旁路阀和下游的相应管线来控制轴封供汽母管上的压力。如果系统出现超压现象，则由系统中设置的安全阀启动，保证轴封供汽母管内部压力不会超过限值。

4.2 汽轮机疏水系统

4.2.1 系统功能

在机组启动暖机、暖管期间，由于热蒸汽遇到冷的金属壁面，会凝结为冷凝水，产生大量的疏水，如果不及时将这些水排走，高速流动的蒸汽夹带着这些水滴进到汽缸内，会把叶片打坏，带来严重的后果。在压水堆核电厂中，由于二回路采用饱和蒸汽作为工作介质，在正常运行期间，高压缸进口蒸汽就有0.7%的湿度，其出口蒸汽湿度达14%，因此产生疏水的现象更为突出。

汽轮机疏水系统的功能就是恰当地为高压蒸汽母管、高压汽缸进口区、高压环管、和高低压汽缸等进行疏水，防止凝结水冲动、腐蚀汽轮机及管道，保证汽轮机等设备运行的安全性。

4.2.2 系统描述

如图4-2-1所示，汽轮机疏水系统包括导汽管、汽轮机高压汽缸、冷再热蒸汽管道、热再热管道、低压缸和低压缸的进汽管等处的疏水，其中高压缸的疏水进入抽汽管道和冷再热管道；高压缸汽室、高压缸进口区和高压环形导管的疏水排往汽轮机的疏水集水器；相对湿度较大的冷段再热管道(高压联通管)上，装有水捕集器用于收集游离的凝结水，然后排往分离器疏水箱；低压汽缸的疏水进入抽汽管道和凝汽器；热段再热管道(低压联通管)将疏水自行排往汽水分离再热器和低压汽缸。

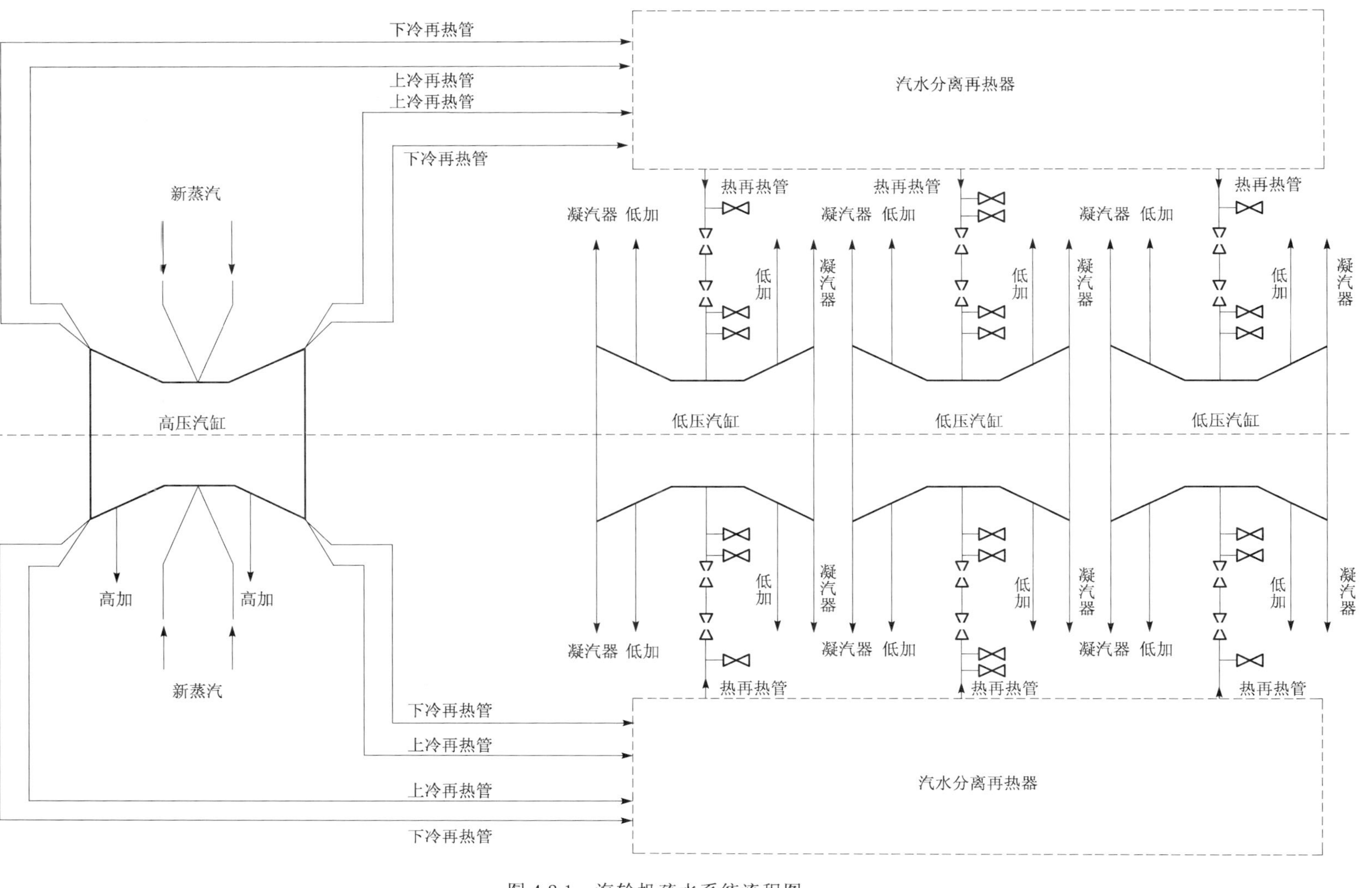

图 4-2-1 汽轮机疏水系统流程图

为了防止凝结水积聚在汽轮机部件中，汽轮机各个部分均设有疏水系统，汽轮机各个汽缸的疏水设计成自流疏水，其余重要管道的疏水利用布置的标高不同，以及设置一定的倾斜度，满足疏水自流。

图 4-2-2 中描述了高压缸进、排汽管道的疏水情况。

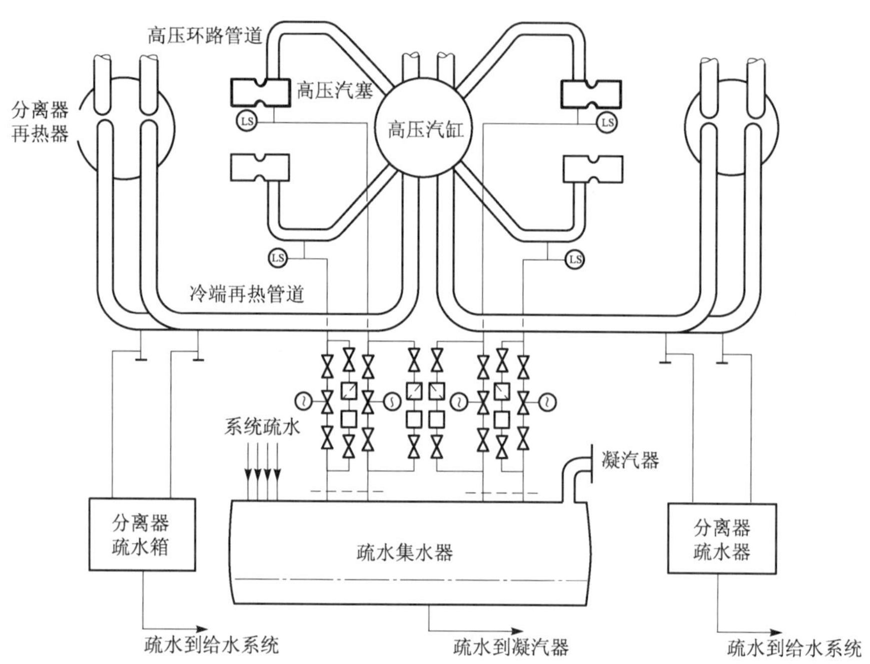

图 4-2-2　高压缸进、排汽管道的疏水示意图

4.2.3　主要设备

（1）高压汽室及进汽管

高压汽室共有四组，每组由高压主汽门和高压调速汽门组成。在高压缸左右两侧各有两组。调速汽门和高压缸之间用四根导汽管连接，导汽管的疏水排入到汽轮机疏水箱，最终排到凝汽器。

在疏水源附近设有水位检测器，在疏水不畅等原因引起水位过高时，能够给出报警。

（2）冷再热管

冷再热管共有八根，每根管道上都设有水捕集器，水捕集器的疏水排往汽水分离再热器的疏水箱。

（3）热再热管和低压汽室

热再热管共有六根，将汽水分离再热器再热后的蒸汽送往低压缸，热再热管的疏水自行排入汽水分离再热器和低压缸。

（4）疏水阀

疏水系统中采用的隔离阀型式均为球阀或者闸阀，而其调节作用的阀门均采用球阀。

4.2.4 系统运行

(1) 启动

汽轮机组的启动根据汽缸金属壁温的高低可以分为冷态启动和热态启动两种，这两种不同的启动方式下，产生疏水的量是不一样的。随着机组启动，升负荷后，疏水系统也将随之改变投入状态。启动初期，为了及时有效地将冷凝下来的水全部疏走，所有疏水阀门打开，保证疏水线路畅通。当机组负荷升高到 30%额定负荷时，高压汽室和环形管道的输水管上的电动疏水阀关闭。

当机组稳定运行阶段，汽轮机调节系统根据负荷要求，调节汽轮机的进汽量，此时汽轮机各个部分产生的疏水由设置的专用疏水装置排放到相应的接收器。

(2) 停运

疏水系统在正常情况下随着机组停运而停止，但是在运行过程中，如果发生疏水器失灵事故，会导致疏水器内部水位上升，在主控室内报警，操纵员应该立即遥控打开疏水器的电动旁路阀，使疏水畅通。

4.3 汽轮机调节油系统

4.3.1 系统功能

汽轮机调节油系统的功能是为汽轮机调节保护系统的执行阀门调速汽门和主汽门以及汽轮机紧急跳闸装置的液动机构提供品质合格的高压调节油和保护油。调节油是用来开启和控制汽轮机调节阀、节流阀、主汽门及再热蒸汽主汽门等；保护油是指调节油经过汽轮机危急脱扣阀后的油，也称为安全油，供给高、低压调节阀和截止阀操作机构，控制高压油进出油机动活塞，达到开启或关闭高、低压截止阀的目的。

本系统能够满足机组在各种运行工况下对调节油流量、温度和其他参数的要求，以及合理处置在液动机构和紧急跳闸装置的排液。供油过程要稳定、连续，若调节系统断油，整个机组将失去控制。

对于高参数大容量机组，为了提高调节保护系统的工作性能，增加它的可靠性和灵敏度，要求其液动机构的工作油有更高的压力，但油压的提高可能会引起更多的油泄漏，增加了发生火灾的危险，因此调节保护系统用油均采用抗燃油。

抗燃油不仅具有良好的润滑性能、抗燃性能和流体流动性能，而且具有 500 ℃以上的闪点，所以局部的漏油即使接触到高温部件，也不易引起火灾；但抗燃油价格昂贵，并对人体健康有一定的影响，不宜在润滑油系统等其他有一定开放性的油系统中使用，只在汽轮机调节油中采用独立的、封闭的抗燃油系统。

4.3.2 系统描述

汽轮机调节油系统设有两套完全相同的，容量各为 100%的送油线路，每条线路由专用油箱、过滤器、增压泵、冷却器、主油泵、蓄油器，输油泵及调节油处理机等设备组成。可以具体划分为供油系统、抗燃油用户系统和抗燃油处理系统三个子系统，具体流程见图 4-3-1。

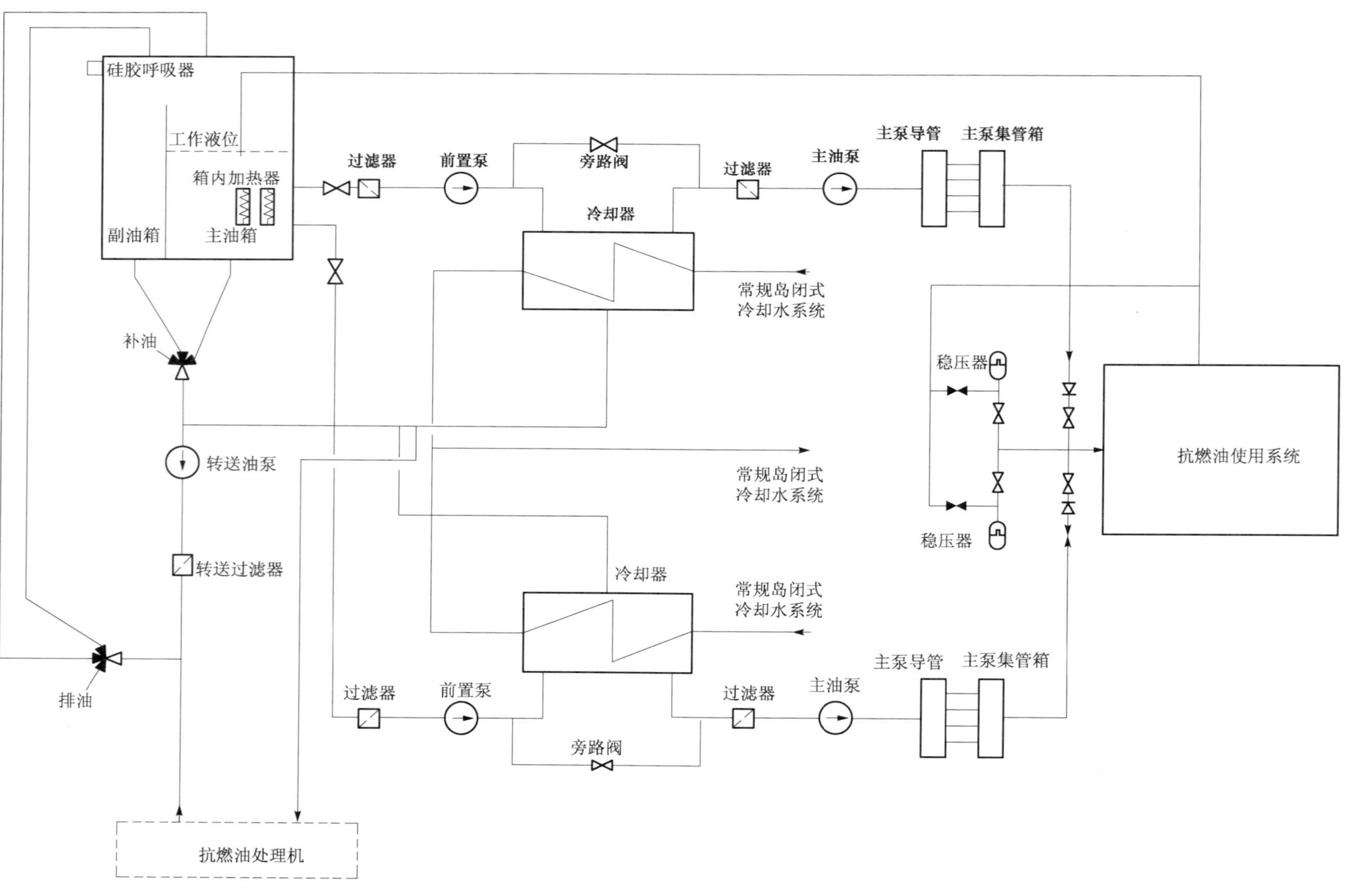

图 4-3-1　汽轮机调节油系统流程图

（1）供油系统

汽轮机调节油系统的供油管线并联设置两套，每套容量为100%额定容量，正常运行时，一用一备；机组稳定运行时，供油系统流量很小，只需要补充一些调节和操作机构的漏油。

汽轮机调节油从主油箱出来后，经粗过滤器过滤，前置油泵升压后，进入冷却器中进行冷却降温，冷却器设置有旁路，在油温度过低或者冷却器堵塞故障时，调节油可以通过旁路向主油泵供油。从冷却器或者旁路出来的调节油经细过滤器过滤后，利用主油泵升压后经主泵导管和主泵集管箱后，供到调节油供油母管，由母管向用户分配。用油单位的回油直接流回主油箱。

油冷却器由常规岛闭式冷却水系统提供冷却用水，保证油温在要求的温度范围之内；主油泵入口过滤器为精细过滤器，保证了供到主油泵的调节油油质，防止油质不合格破坏主油泵的部件和汽轮机进汽阀的操作机构部件。

两条供油线路互为备用，在需要时，可以自动投入运行。调节油供油母管上设置有两台稳压器，在两套供油线路之间切换时起到稳压作用，防止油压波动使得汽轮机调节保护系统发生跳动。

（2）抗燃油用户系统

抗燃油用户系统为使用抗燃油的汽轮机调节保护系统的阀门和危急脱扣装置等提供用油，作为保护油和动力油，在调节系统根据负荷变化，调节汽轮机进汽量时，利用油的动力增加或减小蒸汽调节阀阀门的开度；或者阀门需要开启、关闭以及保护系统给出信号，阀门快速关闭时，给出动力。

在调节阀迅速开启时，瞬间油量增加，高低压调节汽门均配有稳压器，平衡压力的突变，并为主油泵提供必要的油量；每个用户入口均有细滤网，进入到各个用户的油必须进行过滤，以防油质不合格给用户带来损伤。

（3）抗燃油处理系统

抗燃油从主油箱出来，经过滤网、加热器和真空抽吸装置后被吸入净油泵，出口经过硅藻过滤器和最终捕集过滤器后回到油箱。其流程见图4-3-2。

在真空容器中，通过真空泵将抗燃油中的水分离排出，达到去除水分的目的；各个过滤器保证去除调节油中的酸和杂质。通过调节油处理系统的定期投入运行保证了主油箱内油质的合格。

4.3.3　主要设备

（1）油箱

在调节油系统中，共有两个油箱，即贮油箱和主油箱，将两油箱做成一个整体大油箱，中间用钢质隔板隔开，但保持上部空间的联通，油箱上部设有硅呼吸装置，过滤油中酸性物和水后，保持油的中性。贮油箱存放净油，或存放主油箱以及系统部件维修时的贮存油，油箱上有油位计；主油箱贮存运行时的用油，油箱内部有电加热装置，在机组冷态启动时，对油加热，使油温达到正常值。油箱上有油位及油温指示器，并设有高、低油位及极低油位报警装置和联锁触点。

调节油可以在主油箱和贮油箱之间相互输送，在主油箱和贮油箱之间设有转换阀和转

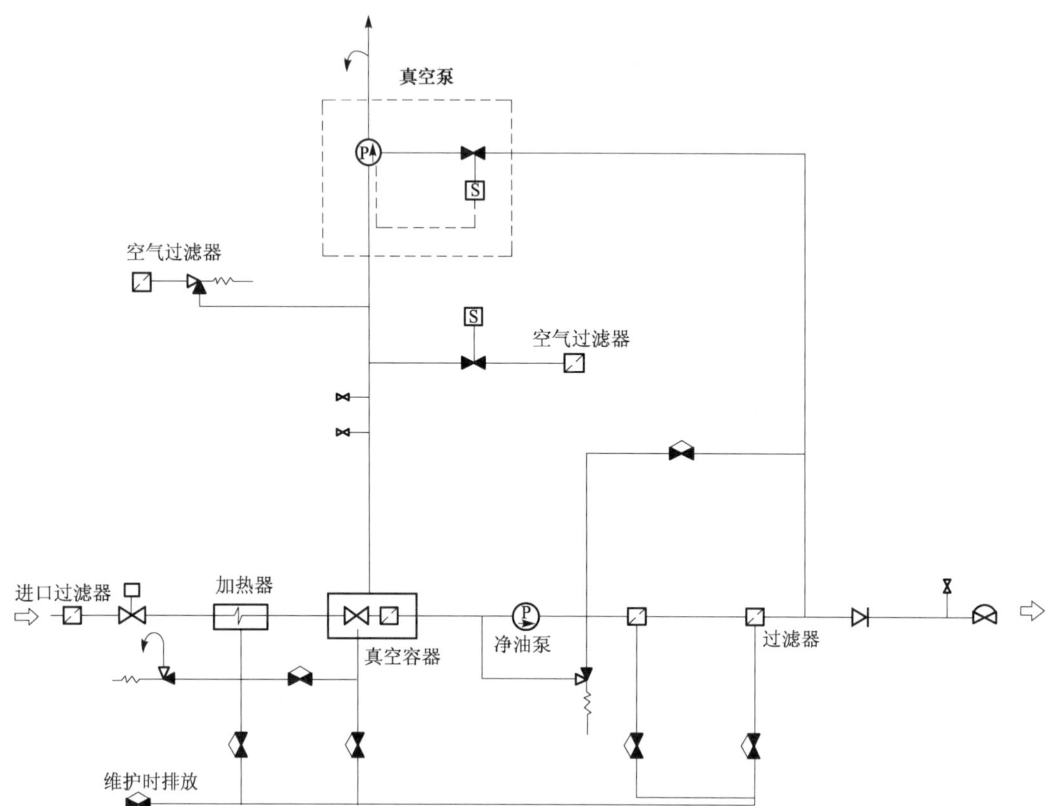

图 4-3-2 汽轮机抗燃油处理系统流程图

送油泵。当主油箱需要排油时，将转换阀切换到主油箱与输送油泵入口接通的状态，启动输送油泵，就可以将主油箱中的油排到贮油箱当中。当从贮油箱向主油箱中输送调节油时，将转换阀切换到将贮油箱和输油泵入口接通的状态，就可以进行向主油箱输送调节油。

当两个油箱中需要补油时，可以通过软管接头与外界补充油罐连接，将两个油箱之间的转换阀切换到补油位置，将补充油罐与输油泵接通，这样启动输油泵之后，就可以将油补充到贮油箱或者主油箱当中。

(2) 前置油泵

前置油泵为容积式齿轮泵，能以正压向主油泵供油，为了保证主油泵正常运行，设置了主油泵的启动与前置泵出口油压之间的联锁，即当前置泵出口油压低于限值时，主油泵禁止启动，或者已经运行的主油泵自动脱扣。

前置油泵的启停均可以在主控室遥控。

(3) 主油泵

主油泵为活塞泵，其正排量可变，泵出口的流量取决于系统的运行状态，一般在机组启动时用油量较大，正常稳定运行期间，所需油量非常少，只需要补充一些阀门操作机构的漏油即可。因此主油泵运行为定压变流量的方式。

主油泵设置有自带旁路的泵壳排油过滤器，防止发生事故时泵的碎片进入到主油箱。同时设有旁路卸压阀，防止主油泵泵壳在过滤器发生堵塞时超压。

(4) 调节油冷却器

调节油系统中设置了两台容量均为 100%的冷却器,利用常规岛闭式冷却水系统提供的水来控制油温。在冷却器内部,油走壳程,冷却水走管程。冷却水量通过冷却器出口油温控制。当冷却器故障时,油从旁路送到主油泵。

4.3.4 系统运行

(1) 启动

在机组启动前,利用主油箱内的加热器将调节油加热,以降低其黏度。在选定好供油线路和备用线路之后,启动前置泵,当前置泵出口油压达到要求时,主油泵自动投入。在主油泵未投入之前,前置泵出口的调节油通过主油泵压力控制阀返回到主油箱。

(2) 正常运行

汽轮机调节油系统正常运行时,由一路供油管线向用户供油,另一路备用。当供油线路压力降低或者发生故障时,备用线路自动投入运行,整个切换过程要保证油压波动不大。

(3) 停运

短期停运时,手动停止运行的油泵,主油箱内的加热器维持油温;若为了维修等,需要长期停运时,手动停运油泵和主油箱的加热器。在再次启动之前,需要对调节油进行取样分析,必要时投入调节油处理系统。

4.4 汽轮机润滑油、顶轴油及盘车系统

4.4.1 系统功能

汽轮机润滑油、顶轴油及盘车系统是由汽轮机润滑油系统、顶轴油系统和盘车系统组成,分别承担着以下功能:向汽轮发电机组轴颈轴承和推力轴承提供润滑油,并向发电机氢气密封油系统提供密封油;向汽轮发电机组的轴颈轴承提供开始转动和停运时所需要的顶轴油;在机组启动或者停机时投入电动或者手动盘车装置,带动转子低转速运转,使转子均匀加热或者冷却,防止大轴弯曲。

4.4.2 系统描述

该系统由汽轮机润滑油系统、顶轴油系统和盘车系统三个子系统组成,各自承担着相应的功能。

(1) 汽轮机润滑油系统

如图 4-4-1 所示,本系统包含了主油箱、一台由汽轮机主轴直接带动的离心式主油泵、交流电动油泵、直流电动油泵、冷油器、润滑油过滤器、回油密封箱、排风机、管道、阀门等设备和部件,保证在任何情况下,即不论在机组正常运行,还是在启动、停机、事故甚至当电厂交流电源断电时,都应能确保供油。对于高速旋转的汽轮发电机组,哪怕是短暂时间(如几秒钟)的供油中断也会引起重大事故。如轴承的巴氏合金因中断冷却而熔化,使机组的转子失去支承,动、静部分将发生严重的磨损。

正常运行时,由主油泵向汽轮发电机组的油用户提供用油,主油泵出口的高压油分为两

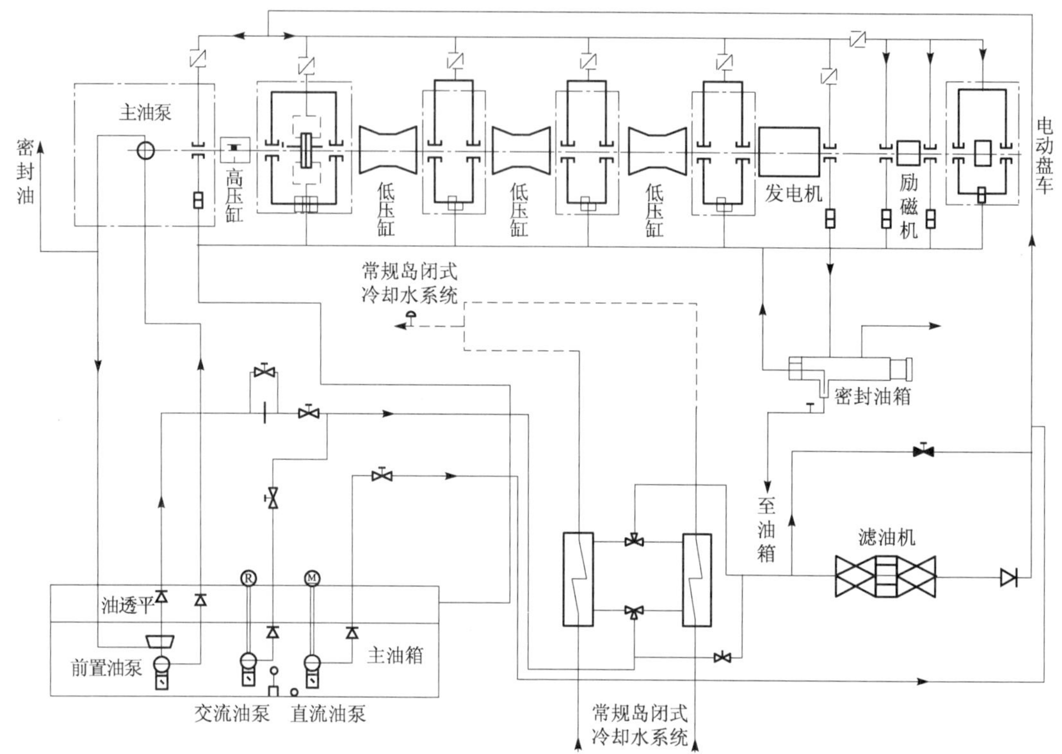

图 4-4-1 汽轮机润滑油系统流程图

路：一路供给发电机密封油系统；另一路通过油透平带动前置增压油泵旋转。增压泵从主油箱中抽吸润滑油，增压泵出口润滑油一路供向主油泵入口，供给主油泵用油，并在主油泵进口维持正压；另一路通过冷油器送到需润滑油的用户，如各个轴承和盘车装置。

在供油线路上设置有低油压报警器，在油压低于一定限值时给出报警，并根据油压降低的程度，自动启动交流润滑油泵和直流润滑油泵进行供油。

冷油器的作用是保持供给润滑油的油温在 40～45 ℃，使润滑油具有良好的润滑与冷却效果。启动初期，是靠油循环提升油温的，随着油循环次数的增多，油温将升高。冷油器的冷却水来自常规岛闭式冷却水系统，通过调节冷油器内冷却水量，使油温始终维持在 40～45 ℃。

为了防止润滑油压超过规定值，在供油线路上安装有泄压阀，当油压超标时自动放油泄压。

滤油器起到滤除油中杂质，避免损坏轴承的作用。

由于主油泵是由汽轮机主轴驱动的，在机组启动、停机过程中，主油泵无法保证正常稳定的供油，因此在这种工况下由交流电动油泵供油。

当润滑油母管内的油压力低于最低极限值时或者核电厂失去交流电时，投入直流润滑油泵，可以保证机组在安全、可控的方式下停机，但是该泵不能长时间运行。由直流润滑油泵提供润滑油时，流程与上述油泵工作时略有不同，即从直流油泵出口出来的润滑油绕过冷油器和过滤器，直接供到用户位置。

为了保证系统中润滑油的理化性能和清洁度，汽轮机润滑油系统还设置了润滑油净化装置，将汽轮机主油箱、油管道、冷油器等内部的润滑油进行过滤、净化处理，使润滑油油质合格，并将处理后的润滑油送回到油箱中。

（2）汽轮机顶轴油系统

汽轮机顶轴油系统由顶轴油泵、过滤器、阀门和管道组成。在投入盘车装置之前，启动本系统，将汽轮发电机转子托起 0.03～0.05 mm，在轴颈和轴瓦之间强行建立起油膜，防止发生机械摩擦，并减小盘车装置电机功率。其流程见图 4-4-2。

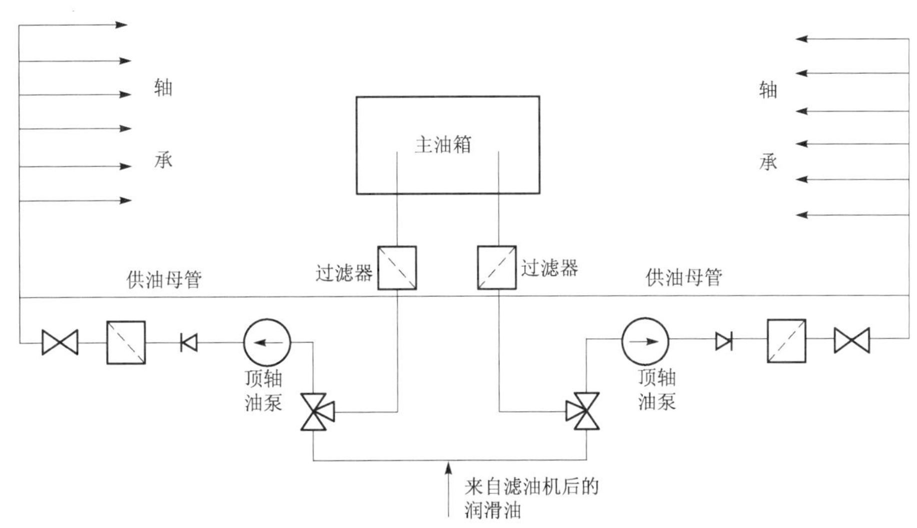

图 4-4-2　汽轮机顶轴油系统流程图

该系统设置了两台容量各为 100％的相同的顶轴油泵，一台运行，一台备用。在正常运行时，顶轴油泵从润滑油系统母管吸油，经逆止阀、过滤器和隔离阀，供到顶轴油供油母管，通过供油母管向轴承分配用油。当系统维修时，从主油箱供油。

（3）盘车装置

为了避免转子的热弯曲，在汽轮机冲转前和停机后都要启动盘车装置，使转子以一定的转速连续地转动一定时间，以保证转子的均匀受热和冷却。核电厂汽轮机组设有两套盘车装置，一套手动盘车，一套电动盘车。

冲转前进行盘车一方面可以使通入轴封蒸汽或汽轮机进汽时，转子受热均匀；另一方面如果转子变形，冲转前的盘车可以使转子恢复变形。而且在启动期间，盘车齿轮的运行消除了用蒸汽使汽轮发电机转子“摆脱”静止的必要性。从而可以提供一个更均匀且受控制的启动。汽轮机停机时，应使其内部零件持续冷却数小时。如果在冷却期间让转子保持静止，由于热蒸汽流动到汽机壳体的上部分，使汽机上半部分温度高于下半部分，这样就会使汽轮发电机转轴发生变形。电动机驱动的盘车装置就是在停机时用来缓慢而持续地旋转汽轮发电机轴，避免汽轮发电机轴发生变形的一个装置。

盘车装置的主要设备有盘车马达、链条、齿轮、齿轮减速装置、啮合装置和零转速速度传感器等。它主要是通过链条和减速齿轮系来把电动机驱动传送到汽轮发电机轴上，如图 4-4-3所示。

电动盘车装置需要满足以下条件才可以投入运行:顶轴油油压已经建立;盘车装置处有润滑油,并满足压力要求;发电机密封油油压比氢气压力高 1 bar 以上;手动盘车装置的孔盖未开启。

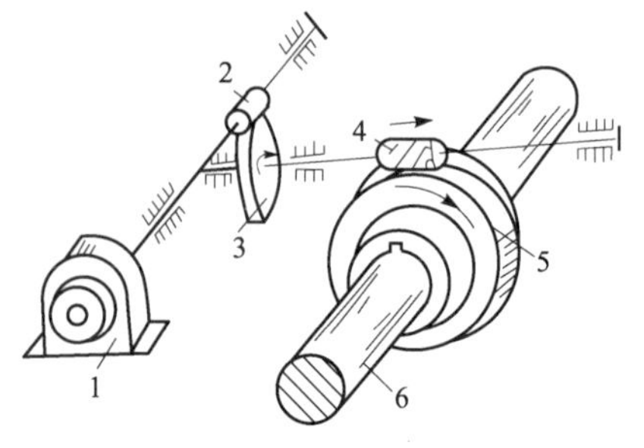

图 4-4-3 盘车装置示意图
1—电动机;2—蜗杆;3—蜗母轮;4—蜗杆;5—靠背轮;6—汽轮机大轴

在汽轮发电机组启动时,如果满足了以上条件,可以手动启动盘车马达,将汽轮发电机组升速到盘车转速。当汽轮机进汽后,转速上升,升高到要求转速时(一般 250 r/min),电动盘车装置自动停运。

停机时,当转速降低到 250 r/min 时,转速信号将使盘车装置电机自动启动。当转速继续下降到盘车转速时,盘车装置离合器啮合,维持汽轮机以该转速进行运转、冷却。当汽轮机高压缸温度降到 150 ℃后,手动停止盘车装置的运行。

4.4.3 主要设备

(1) 主油箱

油箱在汽轮机润滑油系统中除了用来贮存油之外,还起着分离油中空气、水分和机械杂物的作用。油的黏度很大,因而油流中的气泡要漂浮到上表面来是不容易的。同样,由管道带进来的机械杂物的沉淀也进行得很慢,为了可靠地从油中分离出空气以及机械杂物,应使通过油箱的油流速度尽量慢,而且流速在油箱的整个流动截面上要均匀,避免局部速度太高。油箱中油流速度越低,油在油箱中停留的时间越长,空气、水和杂物分离就越好,油的质量就越高。

在油箱内安装有交流电动油泵、直流电动油泵、油蜗轮机和前置增压油泵等。另外,在油箱上还装有油位计,用以指示油位高低,在油位计上还装有最高、最低油位的电气接点,当油位超过最高或最低油位时,这些接点接通,发出灯光和音响信号。为了排出油箱中的油烟,在油箱上设有排烟孔。大功率机组特别是用氢冷却的汽轮发电机组,靠自然排烟还不够,还专门设有排烟风机,强迫抽出油箱内的烟气。

为了提高油质,确保机组安全运行和延长润滑油使用寿命,现代大机组都装设了油净化器,它并联于主机油系统中,主油箱的油始终有一部分要进入净化器净化,经净化器净化后再打回油箱。

(2) 油泵

在本系统中,设置了很多泵,它们有:主油泵、前置油泵、交流油泵、直流油泵及顶轴油泵。

主油泵为由汽轮机主轴驱动的、单级单吸式离心泵,位于前轴承箱内,用于机组正常运行期间润滑油用户的供油,主油泵提供的润滑油驱动油箱内的油透平;前置油泵装在主油箱内部油管道上,完全浸入油中,并由上部装设的油透平进行驱动,出口与润滑油管道相连;交、直流润滑油泵也是立式离心式泵,交流润滑油泵在机组启动、停运过程中使用,直流润滑油泵用于失交流电时,投入使用保证正常停机。另外交、直流润滑油泵作为主油泵的备用泵,在润滑油压降低到一定限值时投入运行。顶轴油泵为卧式、多级活塞泵,共有两台,一台备用,一台运行。

(3) 冷油器

系统共设置了两台容量均为100%的冷油器，卧式安装于主油箱一侧，润滑油在冷油器管壳外流动，管内流有从常规岛闭式冷却水系统供过来的冷却用水，水流量通过冷油器出口油温进行控制。机组正常运行时，一台运行、一台备用，两台冷油器之间通过一根细管线连通，使得备用冷油器内充满油，两者之间通过一个三通阀进行切换，并能够保证切换过程中不会断油。

4.4.4 系统运行

机组启动时，本系统首先通过润滑油处理系统的电加热器对油加热，润滑油在该系统中多次流动，将油温升至30 ℃，再启动主油箱排烟机和交流润滑油泵，向轴承和发电机密封油系统供油，并同时为主油泵充油。此时顶轴油泵投入，将汽轮发电机转子托起一定位移，然后投入盘车，此时由电动盘车装置所驱动，保证机组以盘车转速运行。为了防止发生机械摩擦，在盘车装置运行期间，交流润滑油泵要保证不间断的向各个轴承和盘车装置提供润滑油。当转速达到250 r/min时，盘车装置和顶轴油泵自动停运。

当机组转速升高至2 800 r/min时，主油泵才开始送油，当机组转速达到3 000 r/min时，手动停运交流润滑油泵，机组转入正常运行状态。

机组正常运行时，主油泵、增压泵、油透平、冷油器和滤油器等均已正常工作，保证正常向各个轴承提供润滑用油。在此工况中，如果出现轴承润滑油压降低的情况，将根据压力降低的不同水平，依次投入交流润滑油泵和直流润滑油泵，无论是因为油压降低还是失去交流电，直流润滑油泵的投入就是为了保证安全停机，直流润滑油泵供油直接送到轴承位置，而不经过冷油器和滤油器。

当机组停运时，转速下降，交流润滑油泵将投入运行，保证润滑用户所需润滑油。当机组转速降低到250 r/min时，顶轴油系统投运。若盘车装置满足启动条件，则盘车装置的电机启动，机组转速继续下降到盘车转速时，盘车装置离合器啮合，机组低转速运行。当高压缸温度降低到150 ℃时，由操纵员手动停止盘车装置、顶轴油泵、交流油泵和主油箱排油烟机等。

4.5 汽轮机调节保护系统

核电机组的安全、稳定运行是电厂最大的经济性，汽轮发电机组的首要任务就是安全可靠运行和保质保量的满足电力用户需求，因此在所有电厂的汽轮发电机组上均设置了调节保护系统。

电力系统本身并不能大量储存电能，所以，发电功率应始终与用电功率相等，而用电功率随时都在变化，所以发电功率也应随时适应用电的需要而变化，调节系统根据测得转速与负荷的变化，通过改变调节阀的开度来改变汽轮机的进汽量，从而保证了汽轮发电机组输出功率保质保量，与用户需求保持一致；保护系统的作用是对主要运行参数、转速、轴向位移、真空、油压、振动等进行监视，当这些参数值超过一定的范围时，保护系统动作，使汽轮机减少负荷或者停止运行。保护系统对某些被监视量还有指示作用，对维护汽轮机的正常运行有着重要意义。

大功率汽轮机的保护不但要求齐全、可靠，而且还具备逻辑判断及自动巡测、自动记录等手段。随着汽轮机控制自动化水平的不断提高，调节系统和保护系统已不再是一个独立的系统，而是紧密结合在一起，成为保障汽轮机经济、安全运行的一个整体。

调节保护系统由信号感应、信号的传动放大及执行机构组成。调节与保护所不同的只是动作方式不一样，调节系统是根据参数给定值进行跟踪调节，使运行参数始终维持在给定值附近。而保护装置只有当某些参数大于给定值时，才使执行机构动作，发出信号或切断汽轮机的进汽。起遮断保护的装置只有全开和全关两个位置，故又称双位调节。

4.5.1 系统功能

汽轮机调节系统的功能是保证蒸汽以安全受控的方式进入汽轮机，保证电厂协调有效地运行，调节汽轮机的功率和转速，保证汽轮机各个部件不受机械和热应力损伤。具体可以包括转速、频率、负荷的调节，并保证在各种工况下，控制各个部件的应力，保证关键部件热应力不超过允许值，限制速度和负荷的变化速度；并可以进行一些阀门偏置、复位和试验，以及试验超速脱扣飞锤动作。

汽轮机保护系统的主要作用是当汽轮发电机组发生某些预计故障动作，为汽轮发电机组提供安全保护，使汽轮发电机组安全停机（脱扣），防止事故发生、扩大和损坏设备，保护汽轮发电机组。现代汽轮机的保护系统至少应该具有以下几方面的保护功能：

1）超速保护：当汽轮机转速超过一定范围时，危急遮断器（又称超速保安器）动作，通过液压传递关主汽门，停机。

2）低油压保护：当轴承润滑油压低于不同整定值时，先后启动交流润滑油泵、直流事故油泵，直至停机。

3）轴向位移和胀差保护：当汽轮机的轴向位移和胀差达到一定数值时，发出报警信号，增大到更大数值时，使汽轮机停止运转。

4）低真空保护：当凝汽器内真空低于某一数值时，发出报警信号，若真空继续降低到另一数值时，停止汽轮机运转。

5）振动保护：当汽轮机振动超过安全范围时，使汽轮机停止运转。

6）热应力保护：当汽轮机转子或汽缸的热应力超过安全范围时，限制汽轮机功率或转速的变化速度。

7）低汽压保护：当主蒸汽压力低于某一限制时，开始减少汽轮机功率，主蒸汽压力进一步下降到低于某一限度时，停止汽轮机运转。

8）防火保护：在发生火灾被迫停机时，安全油失压，防火保护动作，切断去油动机的压力油，并将排油放回油箱，防止火灾事故的扩大。

4.5.2 系统描述

4.5.2.1 汽轮机调节系统

（1）调节原理

主蒸汽进入汽轮机中，推动汽轮机转子旋转做功，带动发电，将热能转变为电能，在这个过程中，汽轮发电机发出的电功率 P_{el} 为：

$$P_{el} = G\Delta H_t \eta_{ri} \eta_{ax} \eta_g \tag{4-1}$$

式中：G——蒸汽流量；

ΔH_t——蒸汽在汽轮机中的理想焓降；

$\eta_{ri} \eta_{ax} \eta_g$——分别表示汽轮机相对内效率、机械效率和发电机效率。

由式 4-1 可知，在参数一定和效率基本不变时，电功率 P_{el} 与汽轮机进汽量基本成正比，而汽轮机进汽量的大小可以由调节阀开度大小来控制。如调节阀关小时，汽轮机进汽量减小，发电机发出的电功率减小。

汽轮机调节系统的工作原理也遵循着能量守恒原理，如式 4-2 所示：

$$G\Delta H_t \eta_{ri} = P_{el}/\eta_g + Kn^2 \tag{4-2}$$

式中：$G\Delta H_t \eta_{ri}$——汽轮机输入的能量 P_i；

P_{el}/η_g——汽轮机输出的能量，即驱动发电机轴端功率；

Kn^2——机械损耗动能，可看作与转速平方成正比。

由式 4-2 可以看出：

1）在转速 n 一定时，增加汽轮机进汽量 G 可使发出的电功率 P_{el} 增加，减小汽轮机进汽量时使电功率减小；

2）在电功率一定时（如并网前 $P_{el}=0$），改变汽轮机进汽量可以改变转速；

3）当汽轮机输入能量 $G\Delta H_t$ 一定时，电功率的变化必然引起转速反方向的变化。

依据上述原理，汽轮机调节系统可根据转速变化来改变调节阀开度进而来改变进汽量从而减缓转速变化，或在用电负荷不变的情况下，改变输入功率来调整电网频率，使电网频率维持在额定值范围内（50 Hz±0.5 Hz）。

以最简单的液压式间接调节系统为例，整个调节流程如图 4-5-1 所示。

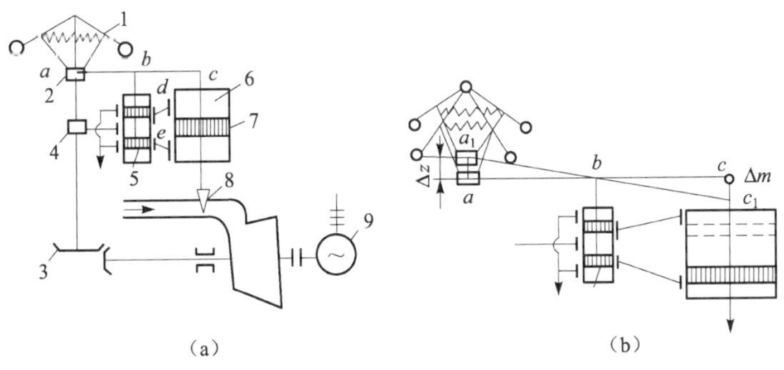

图 4-5-1　汽轮机调节系统流程图

（a）间接调节系统；（b）杠杆传动关系

1—调速器；2—滑环；3—减速齿轮；4—主油泵；5—滑阀；6—油动机；7—活塞；8—调节阀；9—发电机

当外界负荷减少时，转速升高，经减速齿轮 3 的传动，调速器 1（离心飞锤式）的旋转速度亦加快，飞锤在增大了的离心力的作用下，旋转半径增大，同时向上抬起，在调速器带动下，滑环 2 上滑，杠杆 abc 以 c 为支点，顺时针旋转，滑阀 5 上行，打开油口 d 和 e，压力油经油口 d 进入油动机活塞 7 的上腔室，而活塞下腔室的油经油口 e 排出，活塞 7 在油压差的作用下下行，关小调节汽阀 8，使汽轮机的功率与外界负荷相适应。当活塞 7 下行时，杠杆以 a

为支点顺时针旋转，又把滑阀5拉回原来位置，重新遮断油口 d 和 e，此时调节系统动作结束，杠杆位置从动作前的 abc 变为 a_1bc_1 如图4-5-1(b)所示。当外界负荷增加时，其动作过程与上述相反。

汽轮机发出的功率与外负荷平衡以及滑阀回中是调节系统重新稳定的两个必要条件。

调速器动作使滑阀活塞产生位移，而油动机活塞的运动又带动滑阀活塞使其复位，后者的作用称为反馈，这个反馈对滑阀的作用与调速器对滑阀作用相反，称之为负反馈，负反馈的作用是使调速系统稳定，是调速系统的重要组成部分，如果没有负反馈，滑阀就不能稳定在中间位置，调速系统将发生强烈振荡，就不能将这样的系统投入使用。

(2) 调节特性

汽轮机运行稳定与否与调节系统的静态特性和动态特性有密切的关系，因此在分析调节系统特性时，必须同时研究静态特性与动态特性。

调节系统的静态特性是指汽轮机的功率与发电机的负载平衡、转速稳定的状况。调节系统的静态特性是指在稳定状态下，调节系统输入量即转速变化 Δn 与输出量即机组功率变化 ΔP 之间的关系。调节系统的静态特性与汽轮机的安全经济运行有着十分密切的关系。调节系统的静态特性曲线一般不能用试验方法直接求得。因为并列在电网中的机组，其转速取决于电网的频率，不可能随意改变；孤立运行的机组，由于电负荷取决于用户，也不能随意变动。因此调节系统的静态特性曲线通常都是用间接方法求得的。即先分别测出调节系统各机构的静态特性曲线，最后得出汽轮机调节系统总体静态特性，按照这样的方法得出的调节系统的静态特性曲线近似为一条直线。

调节系统的动态特性是指从一个稳定工况变化到另一个稳定工况的过渡过程。这些过程可能是稳定的，也可能是不稳定的。如果过程是稳定的，调节系统动作结束时，达到新的稳定工况；否则，调节系统动作起来就无止境，无法进行有效、可靠的调节。一般用稳定性、超调量和过渡时间三个参量来衡量调节系统的动态质量。

当机组受到扰动后，经过调节系统的调节作用，能够在新的状态下稳定，或者恢复到原来的稳定状态。那么，这种调节系统是稳定的。但是，稳定是相对的，一般在调节好的波动值不超过允许范围时，就可以认为该调节系统是稳定的。

机组甩负荷后，所达到的瞬时最高转速与稳定后的转速之差，称为超调量。超调量不应过大，否则会引起危急遮断器动作，以及动态过程振荡次数增加。因此，通常要求额定参数下甩全负荷后出现的最高转速应比危急遮断器动作转速低额定转速的3%。

机组受到扰动后，从原来的稳定状态过渡到新的稳定状态所需的时间，称为过渡时间。显然，过渡时间越短越好。通常要求机组甩全负荷后，其过渡时间应保持在5～50 s之内。

(3) 数字电液调节系统的工作原理

在汽轮机液压调节系统中，转速变化信号转变为油压信号进行传递放大，通过滑阀油动机操纵执行机构。但是由于液压式调节系统迟缓率高、调节精度低，因此现代大型机组已经很少采用这种型式的调节系统。

随着单机容量的不断增大，蒸汽参数的逐步提高，中间再热循环的广泛采用以及机组运行方式的多样化，对机组运行的安全性、经济性、自动化程度和多功能调节提出了更高的要求，仅仅依靠原来的液压技术已经不能适应。随着数字计算机技术的发展及其在电厂热工过程自动化领域的应用，开发了适用于新要求的以数字计算机为基础的数字电液调节系统

(Digital Electro-Hydraulic Control System,DEH)。它是把转速变化信号转变为数字信号,经计算比较后转变为电信号,再经电液转换器通过滑阀油动机操纵执行机构。由于液压式调节系统中滑阀油动机具有提升力大、动作迅速的优点,在新型汽轮机调节系统中保留了下来,新型调速系统主要是将转速感应机构做了调整。

图 4-5-2 为这种系统的调节原理框图。

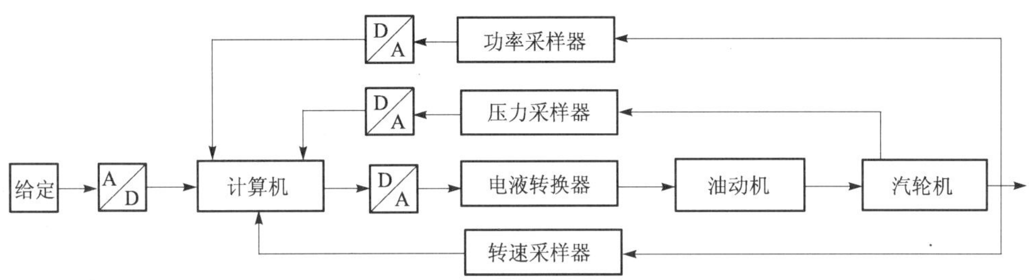

图 4-5-2 数字电液调节系统调节原理框图

功率采样器测得模拟量的功率信号和压力采样器测得调节级压力模拟信号,经模数转换器转换成数字量送入数字计算机,转速发讯器测得数字量的转速信号直接送入数字计算机,给定信号经模数转换后也输入数字计算机。数字计算机接收信号后经过运算,给出一个数字量输出,此输出经数模转换器转换成模拟量,送至电液转换器,将电信号转变为液压信号,此液压信号作用于油动机去改变汽轮机调节汽阀的开度,使汽轮机功率发生变化。

数字电液调节系统(DEH)具有易于改进控制特性的灵活性;能在带负荷时从喷管调节转换成节流调节;能够自动启动、自动监视和自动加负荷;计算机之间可进行数据传输以及具有图像显示等功能,用于汽轮机调节,可大大提高机组的自动化水平,改善机组的负荷适应性,保证机组安全经济地运行。

4.5.2.2 汽轮机保护系统

汽轮机保护系统的原理如图 4-5-3 所示。由汽轮机调节油系统油泵供过来的动力油分为两路,一路直接送往汽轮机高低压调节阀和截止阀的操作装置,用于调节汽轮机的进汽量,以满足不同负荷;另一路经紧急脱扣阀后,作为保护油送到汽轮机高低压调节阀和截止阀操作装置的泄压阀,用于各阀门的开启与关闭。

引发危急脱扣阀动作的信号有两类,一类是机械/液压引发的脱扣,这样的信号直接作用在危急脱扣阀的触发扳机上,包括手动脱扣、超速脱扣飞锤脱扣和润滑油压力低脱扣;另一类是电气引发的脱扣,这种脱扣是通过测量仪表将测量到的各种保护参数转变为电信号,通过脱扣继电器使危急脱扣阀通电引发脱扣。

无论是哪一种脱扣最终都是将供向汽轮机蒸汽阀门操作装置的动力油切断,并把原来操作装置内的残留油排出,使蒸汽阀门在弹簧作用下快速关闭来实现保护功能。

汽轮机所有保护系统脱扣分为两级:一级脱扣为汽轮机脱扣的同时,发电机负荷开关或高压出线断路器也跳闸,这种脱扣,任何延时都会扩大事故,一般都是由发电机和变压器等电气性质故障引起的;二级脱扣为汽轮机所有高、低压截止阀和调节阀立即关闭后,发电机负荷开关或高压出线断路器在允许联锁动作之前可以延迟断开,即二级脱扣属于非紧急脱扣。

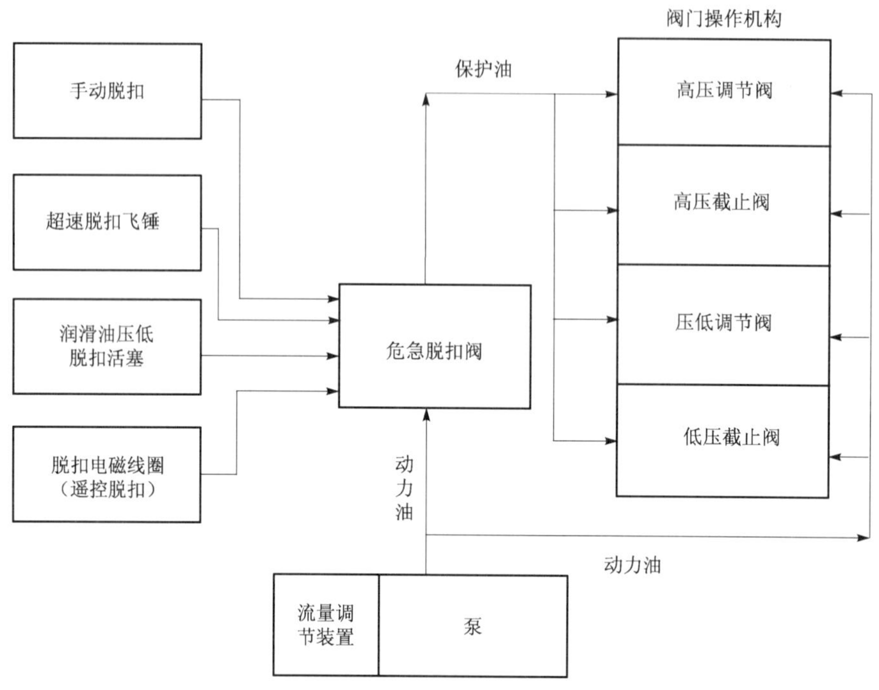

图 4-5-3 汽轮机保护系统原理图

4.5.3 主要设备

各种形式的汽轮机调节系统的执行机构均为调节阀，汽轮机的功率调节是通过改变调节汽阀的开度，调节进入汽轮机的蒸汽流量来实现的。现代大型汽轮机的调节汽阀都是由油动机经传动机构进行操纵的。调节汽阀和带动调节汽阀的传动机构被称为配汽机构。一般对配汽机构有如下要求：

1）结构简单可靠，动作灵敏，不易卡涩；

2）静态特性曲线符合调节要求，一般情况下希望尽量接近直线；

3）调节汽阀关闭应严密，漏汽量小；

4）提升力小；

5）工作稳定，在任何工况下不希望阀门开度和蒸汽流量有自发的摆动。

带动调节汽阀的传动机构的作用是把油动机活塞的位移传递给调节汽阀，使其产生相应的位移。对于喷管调节的汽轮机，传动机构还用来确定调节阀的开启顺序。国内常用的传动机构的结构型式主要有提板式传动、杠杆式传动、凸轮式传动三种。

调节汽阀按照结构划分有不同类型。其中单座阀是汽轮机的一种常见的阀门结构，它主要是由阀芯和阀座组成的。阀芯有球形和锥形之分，阀芯为球形的阀称为球形阀，阀芯为锥形的阀称为锥形阀。阀座采用较好的流线型结构，以减少流动损失。在阀座喉部之后流道制成渐扩形。当汽流以亚音速流过时（机组正常运行时阀门中汽流都属亚音速流动），汽流速度可部分地恢复成压力能，从而减少阀门到喷管室的流动损失，提高汽轮机的效率。由于单座阀的结构简单，因此在中小型汽轮机上得到广泛的应用。但是对于现代大功率汽轮机，由于蒸汽参数高，阀门直径大，如果继续采用单座阀结构，阀门的提升力将要大到不允许的程度。为了减少提升力，采用带预启阀的结构。带预启阀的阀门结构型式也有两种，一种是如图 4-5-4 所示的带普通预启阀的阀门，另一种是如图 4-5-5 所示的带蒸汽弹簧预启阀的阀门。

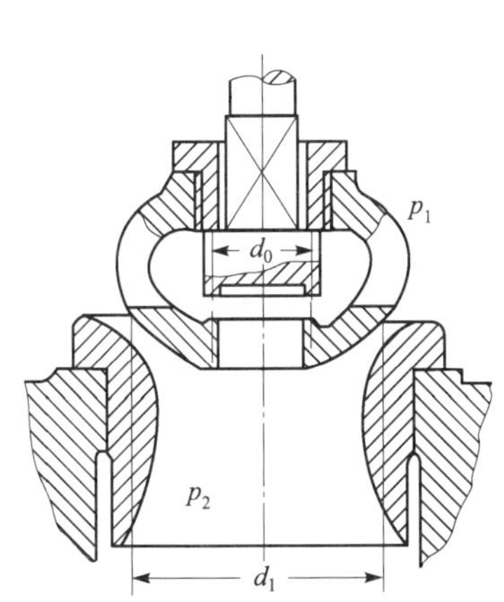

图 4-5-4　带普通预启阀的阀门示意图

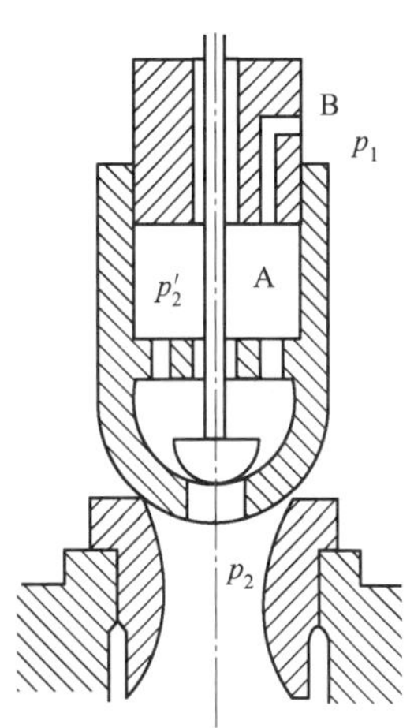

图 4-5-5　带蒸汽弹簧预启阀的阀门示意图

对带有普通预启阀的阀门而言，在阀门开启时，首先提升预启阀，蒸汽经预启阀进入汽轮机，由于蒸汽对预启阀的作用面积小于对主汽阀的作用面积，因此所需的提升力大为减小。而当主汽阀开始提升时，主汽阀前后压差已经减小，最大提升力也就减小。由于这种阀门的减载是靠阀后压力扣的升高来达到的，因此，要求预启阀要有较大的尺寸才能使足够的蒸汽流量通过以提高 P_2，但这样又增加了预启阀的提升力，因而阀门的减载能力是有限的，从合理应用油动机工作能力的角度看，最好使提升预启阀和提升主阀的提升力相接近。

对于带蒸汽弹簧预启阀的阀门，处于全关位置时，新蒸汽（压力为 p_1）自 B 孔漏入 A 室，这时 A 室压力 $p_2'=p_1$，主阀紧贴在阀座上，保证主阀有较好的严密性。当预启阀开启时，由于 B 孔节流而起阻尼作用，使 p_2'很快降至 p_2，从而减小了主阀前后的压差，使主阀的提升力减小。这种阀门提升力的减小，虽然和带普通预启阀一样也是靠打开预启阀来实现的，但它不是提高阀后压力，而是使阀芯上蒸汽室的压力 p_2'始终与阀后压力相等。因此，预启阀的通流面积只要保证的流量大于 B 孔漏入 A 室的蒸汽量，即能起到减小提升力的作用。由于这种阀门的预启阀直径不大，所以开启时的提升力不大。

汽轮机保护系统一般设置有三套遮断装置，即电气危急遮断保护装置、机械超速危急遮断装置和手动危急遮断保护装置。

（1）电气危急遮断保护装置

电气危急遮断保护装置包括两类，一类是为了防止部分设备失常造成机组严重损坏而设置的自动停机危急遮断装置，当发生异常情况时，关闭所有进汽阀门，立即停机；一类是超速保护遮断控制装置（OPC），当发生故障时，暂时关闭高低压调节阀，减少汽轮机进汽量，降低机组功率，但是机组不停机。两种遮断保护设置有各自的控制油路。

电气危急遮断装置由超速保护电磁阀、自动停机危急遮断电磁阀、逆止阀和空气引导阀等组成。

1）超速保护电磁阀（OPC 电磁阀）：该阀门由 DEH 调节器的 OPC 控制，机组正常运行时该阀门是关闭的。当 OPC 系统动作，该电磁阀接到信号打开，卸掉安全油，高低压缸调节阀随之关闭。如果调节阀暂时关闭以后，转速回落到正常限值，则 DEH 调节器的 OPC 控制使 OPC 电磁阀关闭，高低压缸调节阀可以重新开启。

2）自动停机危急遮断电磁阀：该类阀门受危急跳闸装置（ETS）电气信号所控制，正常运行时，该阀被励磁关闭。当收到保护信号，电磁阀打开，卸掉安全油使得所有蒸汽阀门关闭而停机。

危急跳闸装置主要监测机组超速、轴向位移、轴承供油低油压和回油高油温、抗燃油低油压以及凝汽器低真空等重要参数。

（2）机械超速危急遮断装置

在运行过程中，如果汽轮发电机转子转速过高，可能会发生破坏性事故，如叶片断裂等，甚至在严重时会发生飞车事故。因此对转子转速作了规定，即一般不能超过（110%～112%）的额定转速，最高也不能超过（114%～116%）的额定转速。

机械超速危急遮断装置由机械超速保安器和机械超速遮断滑阀两部分组成。

1）机械超速保安器：危急遮断器是超速保护装置的转速感受机构，按其结构特点分为飞锤式和飞环式两种型式，两者的工作原理相同，均属于不稳定调节器，工作时飞锤（或飞环）只能从一个极限位置移动到另一个极限位置。危急遮断器装在用靠背轮和汽轮机主轴联为一体的短轴上。

图 4-5-6 为飞锤式危急遮断器的结构图。飞锤与汽轮机转轴垂直，其重心与旋转中心存在偏心矩 r_0。这样当汽轮机转动时，飞锤便产生离心力，在汽轮机转速较低时，离心力小于弹簧力，飞锤被弹簧力压住不动。随着转速升高，飞锤产生的离心力不断增大，一旦飞锤的离心力大于弹簧约束力时，飞锤便向外飞出，此时的转速称为危急遮断器的出击时速。飞锤出击后，偏心距增大，离心力随之增大，同时弹簧的压缩增加，因此弹簧力也随之增大，但是离心力的增大速度大于弹簧力的增大速度，所以飞锤一经出击，就一直运动到碰到凸肩 F 被限制为止。危急遮断器的这种性质称为静不稳定，这种结构可以保证飞锤在一定转速下准确地出击。飞锤迅猛出击，打击危急遮断油门上的挂钩，使危急遮断油门脱扣，危急遮断油门动作，泄去安全油，关闭主汽门，紧急停机。

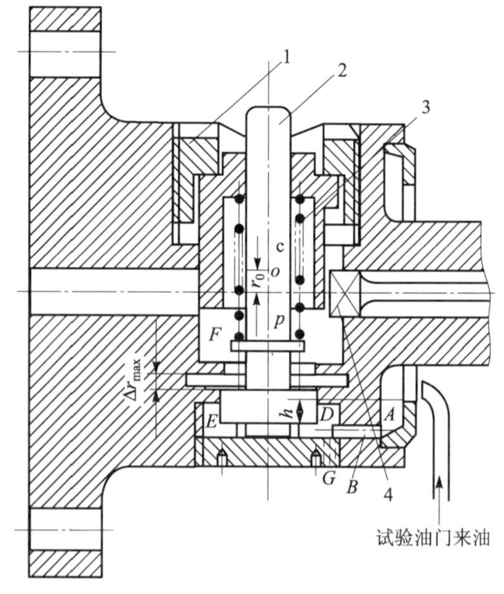

图 4-5-6　飞锤式危急遮断器结构图

1—调整螺帽；2—飞锤；3—压弹簧；4—键

切断汽源后，汽轮机转速开始下降，随之飞锤离心力不断减小。当转速降到使飞锤离心力小于弹簧约束力时，飞锤开始回复，随着飞锤回复，偏心距减小，离心力和弹簧力同时减小，但离心力的减小速度大于弹簧力，弹簧力超出离心力部分不断增大，所以飞锤一旦回复便一直运动到原来位置。飞锤回复时的转速称为危急遮断器的复位转速。

图 4-5-7 是飞环式危急遮断器的结构图。套在短轴上的飞环，其重心与轴旋转中心存在着偏心距，当汽轮机转速升高到出击转速时，飞环出击。具体工作原理与飞锤式危急遮断器一样。

危急遮断器经常处在相对静止的状态，因此容易发生卡涩不能动作的现象。为了能够在正常运行条件下活动危急遮断器，防止卡涩，并检查危急遮断器是否灵活、准确，大型机组都具备充油试验装置。对具有充油试验装置的机组，都有两套机械超速保护装置：一套从系统中隔离进行试验时，另一套投入起保护作用。

2）机械超速遮断滑阀：机械超速遮断滑阀结构如图 4-5-8 所示。它主要有拉钩 1、活塞 2、壳体 3、弹簧 4 等组成。在正常运行时，活塞被顶在如图 4-5-8 所示的下限位置，安全油的油室 D 与回油的通路被活塞 2 切断。当危急遮断器动作时，将拉钩撞脱，活塞 2 在弹簧力的作用下顶至上限，于是 D 室与回油相通，安全油压消失，主汽门关闭，机组紧急停机。

如欲将危急遮断油门复位，只要在 A 室通入复位油，把活塞 2 压下。此时，拉钩靠扭弹簧的扭力而转动，将活塞重新顶到下面，复位后便可将复位油切除。

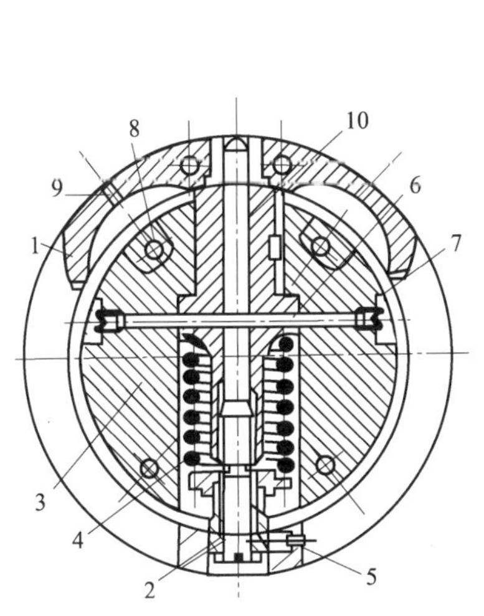

图 4-5-7 飞环式危急遮断器结构图

1—飞环；2—调整螺母；3—主轴；4—弹簧；5—螺钉；6—圆柱销；7—螺钉；8—孔口；9—泄油孔口；10—套筒

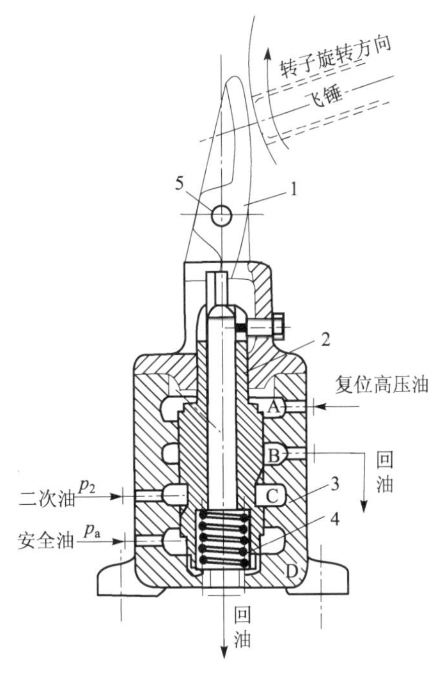

图 4-5-8 机械超速遮断滑阀结构图

1—拉钩；2—活塞；3—壳体；4—压弹簧；5—扭弹簧

（3）手动危急遮断保护装置

通常在汽轮机机头轴承箱上设置有手动危急遮断保护装置，根据紧急停机或者正常停机需要，通过手动按下操作按钮，打开机械脱扣油卸放通道，使机械脱扣油压快速下跌，继而引起所有主汽阀、调节汽阀以及抽汽逆止阀关闭，达到停机的目的。

4.5.4 系统运行

在汽轮发电机组运行过程中，调节系统根据系统设定值与测量值之间的差值，不断进行动作，调节汽轮机进汽量，以使得汽轮发电机组发出功率与电网需求一致。保护系统不间断巡检，对各个保护参数进行监视，一旦有超限值参数，就会产生相应的保护动作。

4.6 汽轮机排汽口喷淋系统

4.6.1 系统功能

凝汽器真空遭破坏、长时间低负荷运行和停堆不停机时发电机逆功率保护失效等原因，都会造成汽轮机排汽口温度升高。其中影响比较大的就是长时间低负荷运行，这种情况下，蒸汽流量较低，低压缸排汽不畅，由于摩擦鼓风损失产生的热量不能及时被汽流带走，就会造成汽轮机排汽口温度升高。如果汽轮机排汽口处温度超出正常数值，将会引起排汽温度和末级叶片温度上升，有可能造成叶片损坏。

汽轮机排汽口喷淋系统的主要作用是在汽轮发电机组启动、停运或低负荷运行时，向低压缸排汽空间喷淋冷却水，以防止汽轮机排汽口和长叶片温度上升的很高，甚至超过许可的限值。

4.6.2 系统描述

汽轮机排汽口喷淋系统包括布置在三台低压缸排汽口的六个带喷头的喷淋环管、流量调节阀、过滤器以及危急喷淋泵等，具体流程如图 4-6-1 所示。

汽轮机排汽口喷淋系统所采用的冷却喷淋水主要有两个来源，一路是从凝结水泵出口而来，用于系统正常运行期间。喷淋冷却水经过隔离阀、逆止阀、节流阀、过滤器和流量控制阀等，送到喷淋水母管，由母管分配到六个低压汽缸排汽口喷淋环管，每个环管装有 58 个喷管，在排汽扩散空间，从喷管喷出的锥形雾状水花与汽轮机排汽混合，有效降低排汽口温度。另一路喷淋冷却水直接来自凝汽器热阱，当正常供水线路水压低，并且汽轮机轴封系统任一供汽隔离阀未关闭以及喷淋泵入口阀全开时，由危急喷淋泵自动投入运行，从凝汽器热阱取水，经逆止阀、节流阀、过滤器和流量控制阀等，送到喷淋水母管。

低压缸排汽口温度由安装在每个低压排汽流道上的热电偶进行测量，汽轮机排汽口喷淋水的流量根据温度进行调节。

节流阀用于降低供水压力，以加宽流量调节阀调节的范围。流量调节阀为气动阀门，其调节特性保证在各种喷淋流量下的雾化效果。流量调节阀装有一个超越控制器，能够在一些特殊工况下，以最大流量喷淋 2 min，以克服温度探测器固有的时间滞后效应，然后根据探测到的排汽口温度调节喷淋水流量。

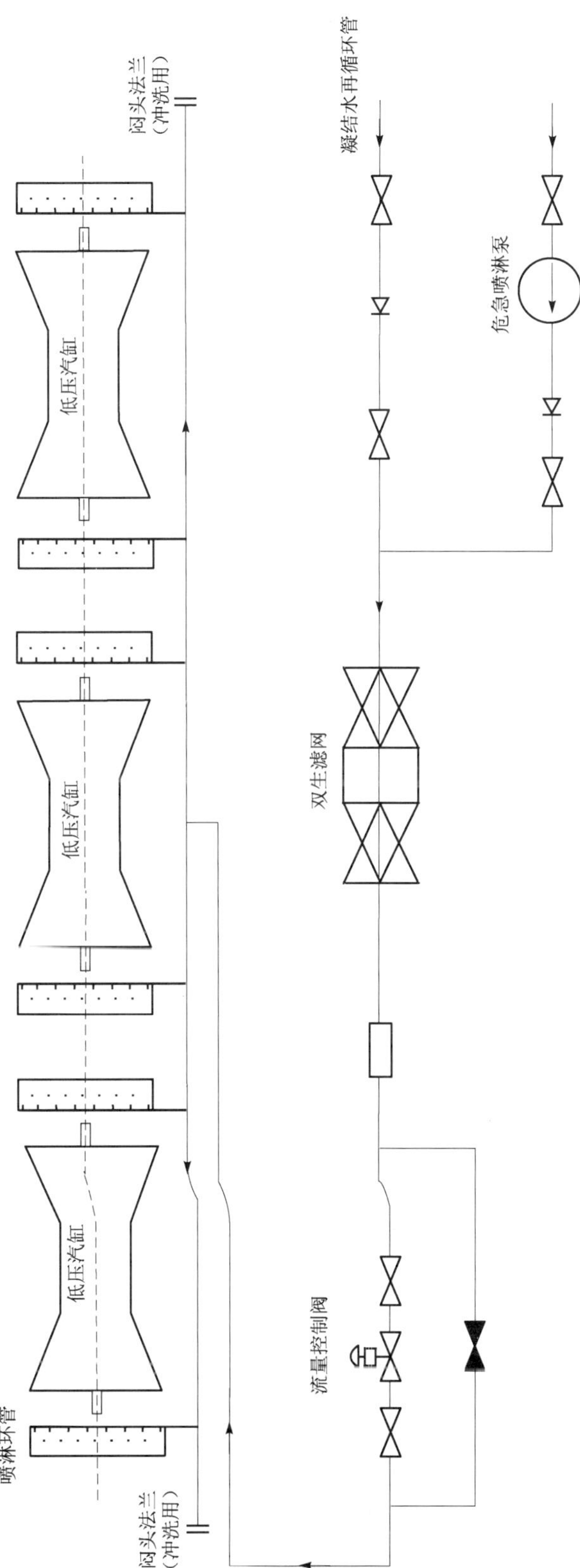

图 4-6-1 汽轮机排汽口喷淋系统流程图

4.6.3 主要设备

(1) 危急喷淋泵

危急喷淋泵为直流立式离心泵,由应急直流电源系统供电,转速为 3 000 r/min。

(2) 过滤器

系统中共设置了两个过滤器,做成复合式过滤器,装在两个过滤段上,每一个都是100%的容量。在需要时手动进行切换,由于设置有切换环管以保证切换过程中不会断水。每一个过滤器都有一个可拆卸芯筐,以便于过滤器两侧压差过大时进行拆卸清洗。

(3) 喷淋环管

汽轮机三个低压缸的六个排汽口处均有喷淋环管,装在低压内缸排汽导流环上,每个环管上装有喷管,将喷淋冷却水沿着汽轮机叶片旋转方向喷出,喷出锥形水雾,降低汽轮机排汽温度。环管在汽轮机汽缸中分面处分为两段,通过可拆式接头连接,检修上半环时可与上半缸一起吊走。

4.6.4 系统运行

当汽轮机启动、停运、负荷低于 40 MW 或者汽轮机脱扣时,汽轮机排汽口喷淋系统才投入运行,维持低压缸排汽温度小于 82 ℃。当排汽温度达到 82 ℃时自动开始以最小流量喷淋;当排汽温度达到 96 ℃时,喷淋水流量达到最大;在 82～96 ℃时,喷淋水流量根据测得的排汽温度呈线性变化。在此基础上,温度设有报警值和整定值,达到报警值时,在主控室给出报警;达到整定值时,通过汽轮机保护系统使得汽轮机脱扣。

4.7 凝汽器抽真空系统

在电厂运行过程中,由于密封及水质处理等原因,往往会有不凝气体进入凝汽器并积聚,从而降低凝汽器的真空,使汽轮机背压升高,在热力循环及蒸汽参数确定的情况下,循环热效率与排汽参数的关系,近似于线性关系。背压每降低 2 kPa,循环热效率大约提高 3%。对于较低蒸汽参数的核电机组对背压带来的影响更为敏感。因此,一般通过建立凝汽器内部真空、降低排汽压力的方法提高发电厂热经济性指标。同时,随着漏入空气量增加,水中氧含量随之增加,会加速设备和管道的腐蚀。

因此设置了凝汽器抽真空系统,将这些不凝气体抽出。

4.7.1 系统功能

凝汽器抽真空系统所承担的功能是把随着蒸汽进入凝汽器的不凝气体和从大气漏入的空气抽走,建立并维持凝汽器内的真空,防止它们在凝汽器中积聚,而破坏凝汽器的真空度,通过这种方式提高汽轮机组的经济性和汽轮机相对内效率,防止和减少湿蒸汽对汽轮机零部件的腐蚀。

4.7.2 系统描述

凝汽器抽真空系统由抽气系统、真空破坏系统和真空测量系统组成,其流程如图 4-7-1 所示。

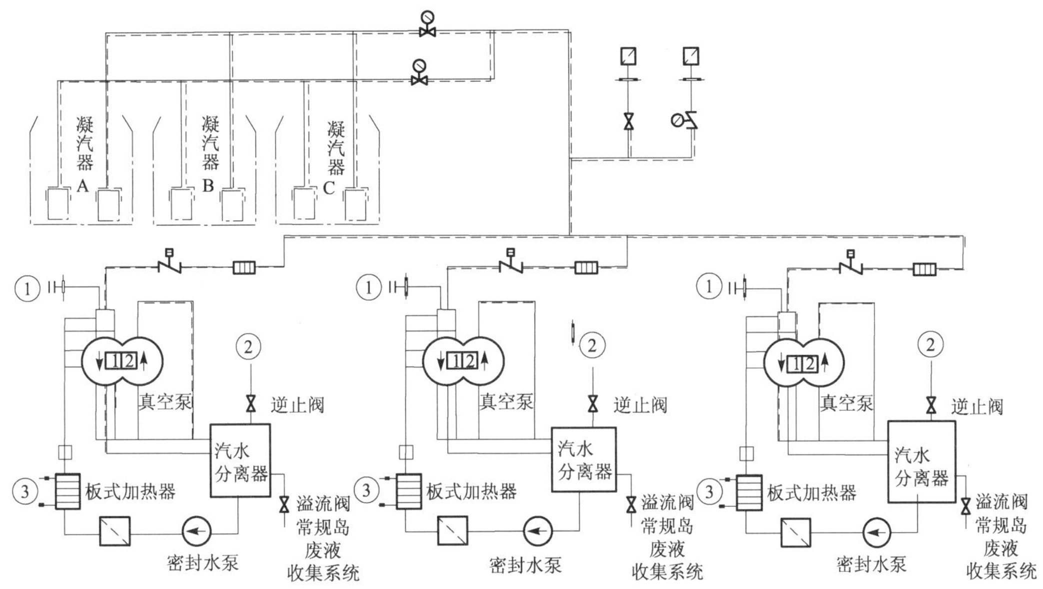

图 4-7-1 凝汽器抽真空系统流程图

①—常规岛除盐水分配系统；②—核岛厂房通风系统；③—辅助冷却水系统

(1) 抽气系统

凝汽器抽真空系统中共有三套相同的抽气系统并联连接，每一套由一台两级液环式真空泵、一个汽水分离箱、一台密封水泵及一台密封水冷却器等组成。

在三台凝汽器中的 6 组冷却管束中均布置有抽气管，分成两列，将从凝汽器中抽出的气-汽-水混合物送到抽气母管中，经隔离阀进入到真空泵入口，在真空泵内部随着工作液的旋转、挤压，随着真空泵工作液一起进入水汽分离箱，分离出来的不凝结气体从分离箱顶部排放到大气或者核岛厂房通风系统。一般情况下，只有在机组刚刚启动时，这部分不凝结气体才会直接排到大气，其余工况下，均要经过放射性检测后才排放。剩余水经密封水泵吸出后，经过滤器过滤，进入到板式换热器冷却降温后，一部分水经孔板雾化后，从真空泵上部进入真空泵中，起到冷却从凝汽器抽来的空气和汽水混合物的作用，同时补充液环水的损耗，另外一部分水直接供给真空泵。

板式换热器的冷却水来自辅助冷却水系统提供的海水，为了抗海水腐蚀，一般该冷却器由钛板制作。汽水分离箱的水位控制是自动的，由常规岛除盐水分配系统提供补水，正常运行时，空气排出可以通过测量后排出，也可以直接排放。在汽水分离箱下端设有溢流阀，用于水位高时的排水。

(2) 真空破坏系统

真空破坏系统设置在抽气母管上，由一台过滤器、一个节流孔板和一个真空破坏阀组成，其作用主要有两方面，一是机组正常停运时，当机组转速降低到 2 000 r/min 时，将真空破坏阀打开，空气进入到凝汽器，破坏凝汽器真空，在汽轮机末端，由于摩擦损失和鼓风损失，使得汽轮机转速迅速下降至盘车转速。从而缩短停机时间。另外一方面作用就是在紧急情况下，通过破坏真空达到紧急停机的目的，以防止较严重的事故扩散，但是这种停机方式相当于“急刹车”，对转子影响较大，一般情况下不予以采用。

真空破坏阀开关柜上的选择开关置于“远控”位置时，运行人员方可用主控制盘上的开关来破坏真空，为了保证安全运行，运行人员必须首先确认汽轮机和真空泵已经停运的条件下，才能手动打开凝汽器真空破坏阀。

(3) 真空测量系统

在每台凝汽器上安装有 2 个压力传感器，真空测量系统就是通过这 6 个传感器测量凝汽器内部真空，并把测得的信号送到各自的微处理机，用于凝汽器抽真空系统的自动控制和凝汽器真空遭破坏时给出报警和联锁保护动作。同时要把这些信号送到主控室。

4.7.3 主要设备

凝汽器抽真空设备有很多类型，应用比较广泛的主要有液环式真空泵和抽气器两种类型。

(1) 液环式真空泵

液环式真空泵作为一种性能优越的新型凝汽器抽真空设备，它具有使用安全、操作简单、运行经济、工作可靠、动静部分接触面小、无须润滑油、运行噪声小、结构紧凑等特点，目前大型机组广泛使用。

真空泵由转子(叶片和转轴)、壳体、进口、出口、锥面及旋转压缩剂环(液环)组成。真空泵的转子与壳体之间有一偏心距，旋转时形成一个偏心旋转液环。

液环式真空泵的工作原理如图 4-7-2 所示。由于叶轮偏心地装在壳体上，随着叶轮的旋转，工作液体在壳体内形成运动着的水环，水环内表面也与叶轮偏心，由于在壳体的适当位置开设有抽气口和排气口，水环泵就完成了吸气、压缩和排气这三个相互连续的过程，从而实现抽送气体的目的。

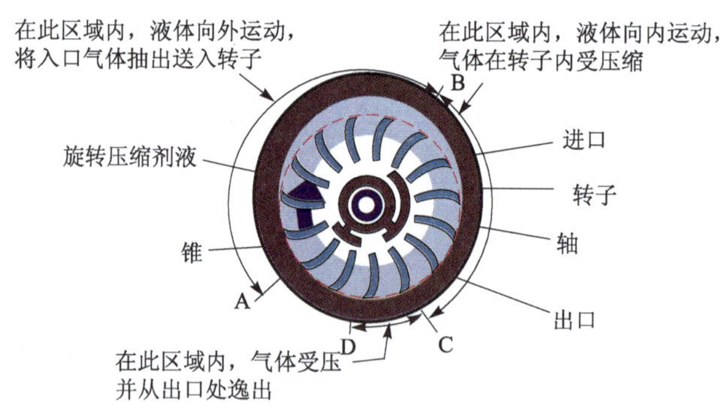

图 4-7-2 液环式真空泵工作原理图

(2) 抽气器

抽气器的种类有很多，由于喷射式抽气器结构简单、工作可靠、维修方便，并且能在短时间内(5～10 min)建立起必要的真空，因此现代电厂中广泛应用。喷射式抽气器按照采用的工质不同，又分为射汽抽气器和射水抽气器。结构简图见图 4-7-3。

抽气器的工作原理：高速流动的工作介质(水或者汽)，经喷管将压力转变为动能，使混合室中形成高度真空，抽出凝汽器中的不凝气体，凝汽器中的汽-气混合物被工作水带进扩

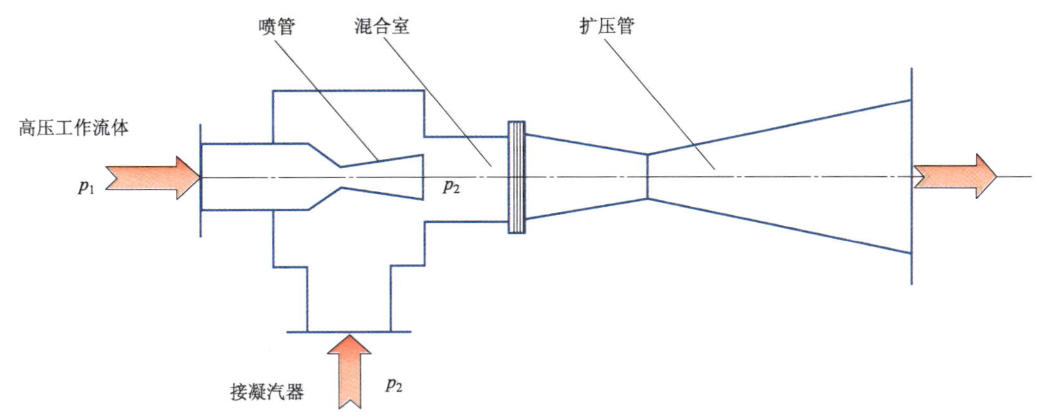

图 4-7-3 抽气器结构简图

压管，扩压管的出口略高于大气压，汽、气混合物随工作水一起排出。

在实际应用中，抽气器一般采用多级的。采用多级后，可设立中间冷却器，使混合物冷却下来，使得扩压管消耗的压缩功减少，从而节省抽气器工质能量，并使大部分蒸汽冷凝成水，减轻了下一级抽气器的负担，蒸汽被冷却下来相应饱和压力也降低，即扩压管前的压力也降低，使得抽气口处形成更高的真空，冷却器的设立，还回收了工作蒸汽的热量和凝结水，提高了系统的经济性。

4.7.4 系统运行

(1) 启动

在启动前，检查相应设备和阀门都在正确状态，辅助设备处于可投入状态，抽气装置前的阀门按照相应的启动顺序，自动开启，根据具体的启动速度要求，可同时投入一套、两套或三套抽气装置。

需要注意的是，机组热态启动时，在汽轮机未送轴封蒸汽之前，不能投入真空泵，以防止转子在热态下吸入冷空气，引起冷冲击，使汽轮机受到损伤。而在机组冷态启动时，应该遵循先抽真空，后送轴封，以防止轴封高温蒸汽对冷态汽轮机部件造成热冲击。

(2) 正常运行

正常运行时，只需投入一台真空泵，另外两台备用，即可维持凝汽器内部真空要求。

(3) 停运

本系统的停运与汽轮机转速联锁，当汽轮机脱扣并且转速降到 2 000 r/min 以下时，由运行人员停运抽气系统，抽气装置的停运是由程序自动控制的。此时，为了缩短汽轮机停运时间，可以打开真空破坏阀，将空气引入。

复习思考题

1. 汽轮机所设置的各个辅助系统的功能？
2. 汽轮机轴封蒸汽有哪几个汽源？各在什么情况下使用？

3. 汽轮机轴封系统中，排汽管线中各抽汽室和轴封冷凝器中为什么要维持微负压？负压是如何形成的？

4. 说明汽轮机处于不同状态启动时轴封投运的原则。

5. 分析当汽轮机失去轴封后有什么影响。

6. 汽轮机为什么要进行疏水？在机组启动过程中疏水阀是一直保持打开的状态么？为什么？

7. 列出盘车装置的功能以及电动盘车装置投运的条件有哪些？

8. 汽轮机润滑油系统中设置有哪些油泵？分别用于何种工况之下？

9. 汽轮机调节油系统的功能有哪些？大型机组中采用抗燃油，具有哪些优点？

10. 为什么要设置交流润滑油泵？在汽轮机冲转和停机过程中交流润滑油泵是如何工作的？该泵能否在正常运行期间长期运行？

11. 简介DEH系统组成及功能？

12. 汽轮机的高压主汽门、调节阀和再热主汽门、再热截止阀各起什么作用？

13. 汽轮机危急遮断装置有哪几种类型，各自的特点有哪些？

14. 汽轮机排汽口喷淋系统所采用的冷却喷淋水的来源有哪几种，分别用于何种工况？

15. 液环式真空泵的工作原理是怎样的？

16. 汽轮机末级排汽温度过高的原因有哪些？末级排汽温度过高有什么危害？

第五章　发电机及辅助系统

5.1　发电机简介

压水堆核电厂中的发电机及其辅助系统是用于将机械能转换为电能，完成核能向电能的最终转换，并将电能输出给外电网（外用户）和厂用电系统（电厂自用），在需要时，能够将外电网的电能反输给厂用电系统。

本章主要介绍标准压水堆核电厂中常用的发电机型式及其辅助系统，具体包括发电机、发电机定子冷却水系统、发电机密封油系统、发电机氢气供应系统、发电机氢气冷却系统等。

5.1.1　发电机的作用

目前国内压水堆核电厂绝大多数机组采用的都是全速（3 000 r/min）发电机。发电机定子线圈采用水内冷，定子铁芯和转子线圈采用氢气外冷却。发电机在电厂的能量转变中起着至关重要的作用，通过与汽轮机转子相连，将汽轮机传递来的机械能转变成最终的电能，完成了核电厂中的核能向电能的最终转变过程。

5.1.2　发电机的构成

发电机由定子和转子构成。其剖面结构如图 5-1-1 所示。

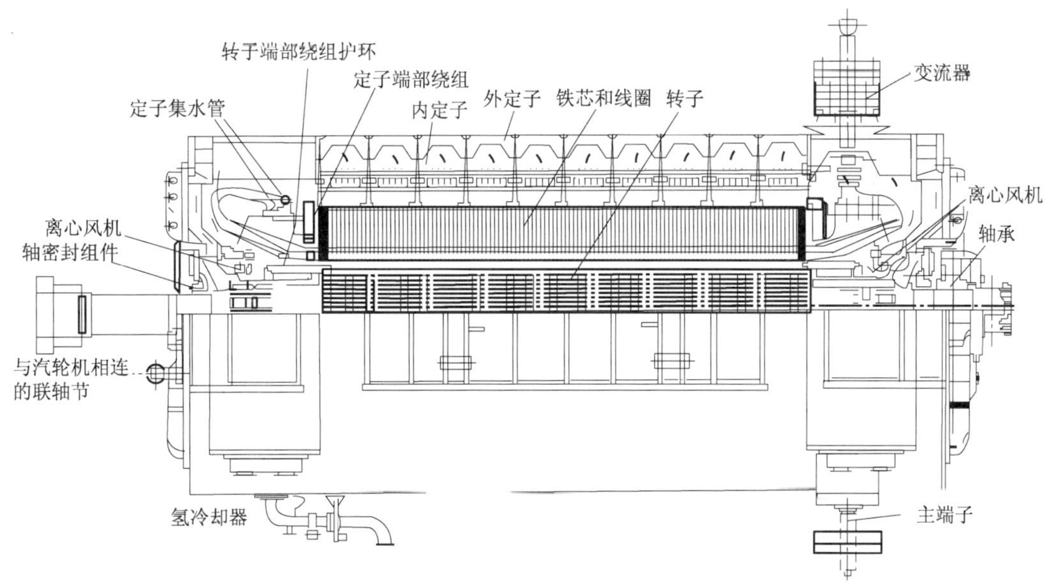

图 5-1-1　发电机剖面结构图

(1) 定子

发电机的定子又分为内定子和外定子两部分,结构见图 5-1-2 和图 5-1-3。

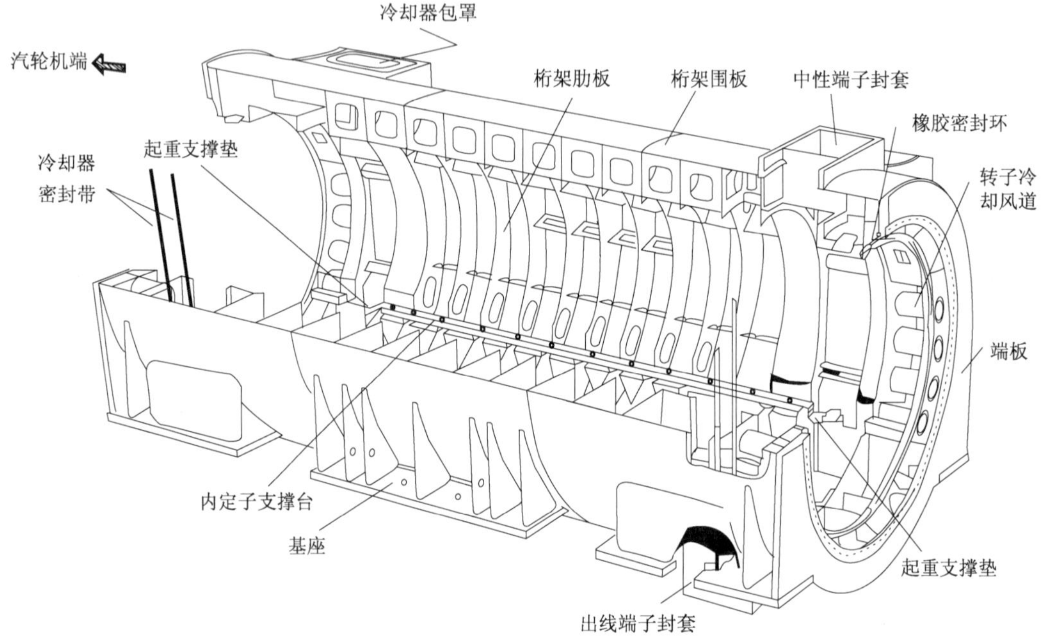

图 5-1-2　发电机外定子结构图

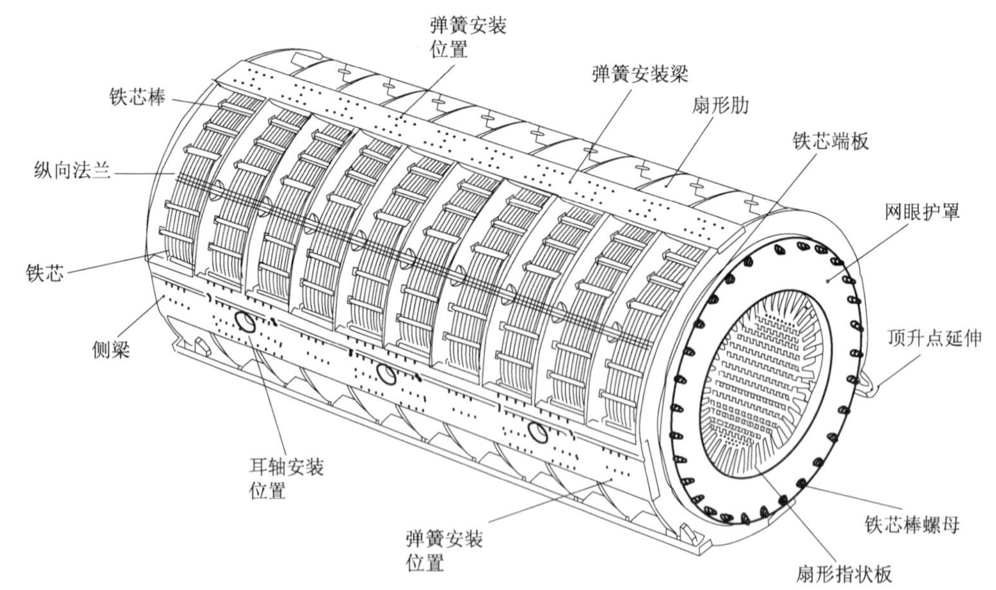

图 5-1-3　发电机内定子结构图

内定子由铁芯和定子绕组组成,并被组装在外定子框架中,内定子有一个支撑铁芯和定子线圈的框架(内定子的框架),它由螺栓紧固在外侧框架的支撑弹簧板上,这样可以减少从定子铁芯传到定子框架和基座上的振动。内定子框架由环形肋板和轴向桁条焊接而成。具体结构见图 5-1-3。

外定子包括框架(外定子框架)、冷却器、轴承、氢气密封装置、发电机出线端子等。外定子能够使内定子得到固定,外定子框架两侧端板上的法兰是托架,转子轴就穿过托架孔。在前端托架上装有密封件,在后端托架上装有密封件和轴承。在框架前端装有定子绕组,冷却水进出口总管由聚四氟乙烯软管与绕组连接。在后端顶板上是三个中线接线端子,三相出线端在底板上。机壳内充氢气在机座四角设有四个氢气冷却器。

定子铁芯是由薄钢片加工成开槽叠片组合而成,每一叠片两面都涂有清漆绝缘层。铁芯被两块重型端板夹紧,端板通过扇形板把压力传递到铁芯的背部和齿上。在端板上装备有铜屏蔽罩以减小轴向磁通贯穿入铁芯夹紧结构。铁芯开有一定数量的线圈槽,并由装在转子上的风扇带动氢气循环对铁芯进行径向循环通风冷却。

定子线圈采用除盐水进行冷却,线圈和线圈的电气连接用圆截面的铜管,并作为与水接头的连接,水接头再通过软管与母管相接。单相的连接环和接到端子的连接件都是空心铜管。进水和出水母管都是不锈钢管,都在定子相环的另一端。母管和线圈接头之间的连接都是柔性软管(聚四氟乙烯)。另有一段波纹管作为母管与外侧定子框架和外部冷却系统的柔性连接,外部冷却系统定子供水入口的压力比壳内气体压力低。

(2) 转子

发电机的转子是整体合金钢锻件,其结构见图 5-1-4。

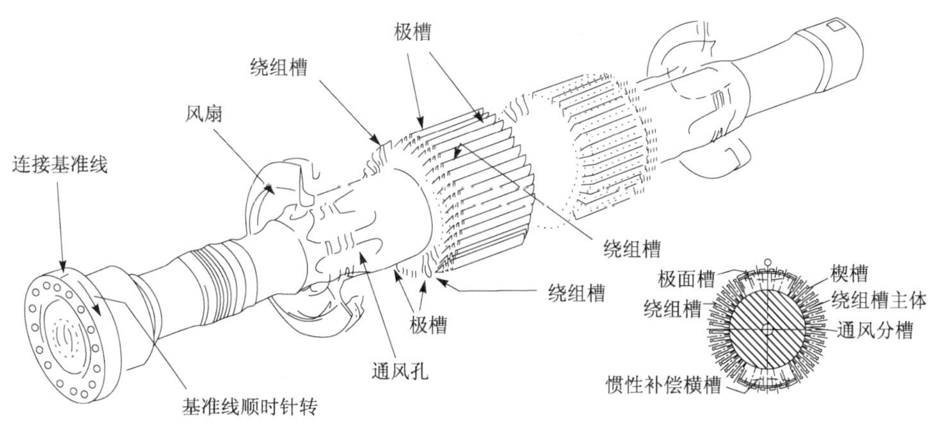

图 5-1-4　发电机转子结构图

在转子的圆周上加工了一定数量的槽,转子线圈就镶嵌在这些槽中,形成励磁绕组。并加工出一些空槽配重,从而形成了一对 N-S 磁极。在转子线圈槽的两端各装了循环氢气用的叶轮风扇,使用氢气进行冷却。旋转的风扇把转子、定子之间的热氢气抽出送入氢气冷却器,从冷却器出来的氢气分成两路,一路穿过转子线圈对线圈进行冷却,另一路穿过定子铁芯,对铁芯进行冷却,然后都回到转子和定子的缝隙中,再由风扇把热氢气送到氢气冷却器进行冷却。

5.2 发电机定子冷却水系统

5.2.1 系统作用

发电机定子冷却水系统的作用是通过一个闭式的低电导率水的循环，带走发电机定子线圈在带负荷运行时由于电流损失产生的热量。并利用压力控制阀维持冷却水入口压力和温度在一个稳定值，满足各种负荷条件下的需要。

5.2.2 系统描述

发电机定子冷却水系统是由高位水箱、水泵、热交换器、电加热器、过滤器、离子交换器、氢气收集箱以及阀门和管道组成，其流程图如图 5-2-1 所示。发电机冷却水系统通过这些设备为发电机定子线圈提供符合要求的具有一定温度、压力、流量和水质的冷却水。

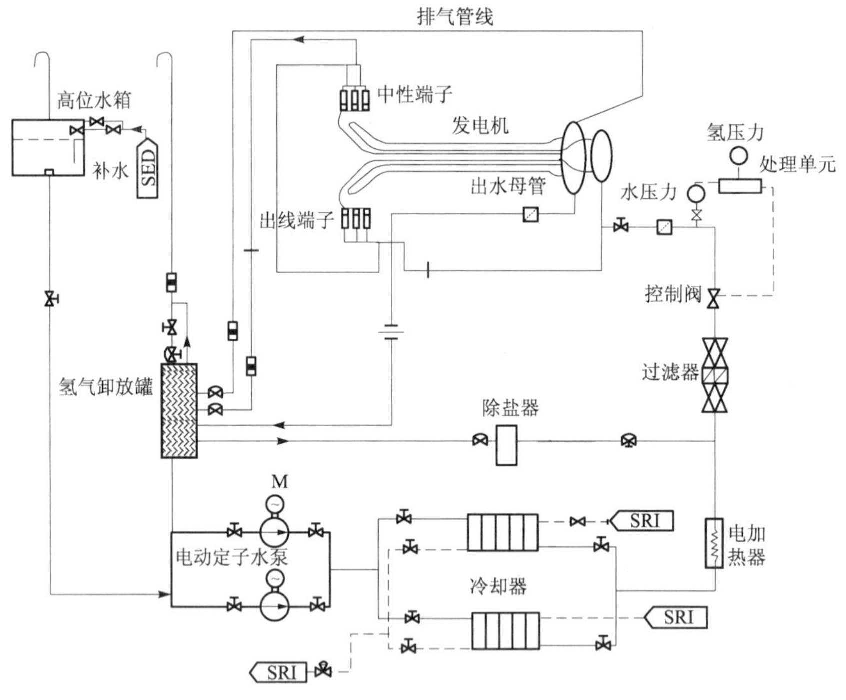

图 5-2-1　发电机定子冷却水系统流程图

电动定子水泵将氢气卸放罐中贮存的冷却水抽出升压后送到冷却器中，与常规岛闭式冷却水系统供来的水进行热量交换，被冷却后的水流经一个立式圆筒形的电加热器(该加热器在发电机正常运行期间不通电，没有加热作用)，经过滤器后，在必要时，其中一小部分水去除盐床进行处理后，直接回到氢气卸放罐；另外，绝大多数的水进入到发电机本体进水环形母管，再由多根聚四氟乙烯软管分配给各个定子绕组，将各绕组的热量带出来，回到与进水母管同侧的环形出水母管。小部分水直接去位于发电机励磁机侧的出线端子和中性端子，然后也回到出水母管中，最后一起回到氢气卸放罐。

在系统中设置有高位水箱，以保证定子线圈和端子经常充满水，并为两台水泵提供足够的压头，同时当水温变化时，还起着容积补偿的作用。高位水箱由核岛除盐水系统补水，水箱液位通过浮子阀自动控制，并装有一只手动操作的旁通阀，以允许手动控制液位。两台100%的流量容量的离心泵，正常运行时一台工作，一台备用。当运行泵流量不足时，备用泵能够自动投入。发电机冷却水通过两台板式热交换器来进行冷却，每台容量为100%，热交换器的冷却水来自常规岛闭式冷却水系统提供的冷却水。正常运行时一台热交换器投入运行，另一台备用，从运行的冷却器切换至备用冷却器是靠手动开启或关闭相关的阀门来实现的。

电加热器是一个立式圆形不锈钢体，内装有可以间歇运行的电加热元件。电加热器旁有一个控制柜，柜内的可控硅元件自动按需要控制送入电加热器的功率，使水温和氢气温度保持相等。发电机正常运行时，该加热器不通电。通常只有在发电机停运、升速或降速期间电加热器才通电。或者当发电机定子线圈受潮时，把冷却水维持在70 ℃，用于干燥绕组。

定子冷却水的纯度必须要保持足够高，定子水的净化有两个途径，一种是通过系统中设置的两台复合式过滤器完成的，每台可以通过100%的流量，具有3 μm的过滤能力，有一个压差指示器和压差开关跨接在过滤器上，该开关可在主控室发出过滤器脏污报警。正常运行时一台工作、一台备用，可以手动切换，在切换时循环定子水流量不会被切断；另一种是利用除盐床。除盐床是一个立式圆筒形容器，带有混合树脂床，用以除去水中的杂质，主要除去水中的离子，降低水的电导率，当水的电导率大于1.0 μS/cm时，则应手动操作相应阀门，使部分水经过该装置直接返回到高位水箱中，以改善水质。一般在系统中会设置电导率计数器对定子冷却水进行纯度的监测。

为了防止冷却水泄漏到发电机中，在运行中冷却定子铁芯的氢气压力应该大于冷却定子线圈的冷却水的压力，可以通过控制阀来调节进入发电机的定子水压力和流量。在发电机入口处测得的定了水压和发电机壳内的氢压　起送入　个微机处理单元，该单元对这些信号进行比较，并向控制阀输入信号，使氢气压力始终比定子水压高0.4 bar。因此会有氢气泄漏到定子冷却水中，为了将其去除，在系统中设置了一个氢气卸放罐，来收集泄漏到冷却水中的氢气，并定期排放，以免水的冷却效果恶化和流动不稳定的产生。氢气卸放罐是一个立式圆筒形贮罐。它用于降低水的流速，以使氢气或空气从水流中逸出而将气体分离出来聚积在罐顶部。由一个可调定时操纵的阀门把漏出的气体排放至厂房外面，当气体的泄漏率很小时，不会有报警，如果在定时器循环周期内上部隔离室被充满时，则气体释放的同时会发出一个报警，表示气体泄漏过多。

5.2.3　系统运行

发电机定子冷却水系统在正常运行时，主要实现以下控制：

1) 调节常规岛闭式冷却水系统提供的冷却水的流量，以便将定子线圈出口的冷却水温度控制在要求的温度范围之内，以减小由于定子内温度变化使定子线圈与铁芯之间产生相对变形；

2) 控制定子线圈内的冷却水的压力，使定子线圈的水压力始终低于氢气压力(压差为0.4 bar)，防止冷却水泄漏到发电机内；

3）当水的电导率大于 1.0 μS/cm 时，手动投入离子交换器，以降低水的电导率。

5.3 发电机密封油系统

5.3.1 系统作用

发电机密封油系统用于采用氢气冷却的发电机，其作用是防止发电机内冷却用的高压氢气从转子与发电机壳体间缝隙向外泄漏，同时也防止氢气受到密封油所带空气的污染，保证氢气的纯度和氢气冷却的效果，并防止氢气和空气混合发生氢爆。此外还可用于带走运行时密封瓦产生的热量。

5.3.2 系统描述

发电机密封油系统由储油箱、油位控制箱、油泵、冷油器、过滤器和调节阀门、聚结器以及回油箱等设备组成，构成密封系统，保证满足密封装置所需要的密封油。并在正常运行条件下，向发电机连续提供具有一定压力、温度和流量的密封油。为了使密封油中的氢气与空气能顺利排放，并且两者不至于相遇和积聚，在发电机端盖处定子、转子间的密封采用了典型的双流环式油密封瓦结构，该密封能够防止发电机转子轴与端盖间有氢气逸出，同时也能防止空气以密封油为媒介进入到氢气中。所谓双流是指在密封瓦的氢气侧和空气侧各设置独立的油路，并利用空气侧和氢气侧的平衡阀来控制两条回路的压力。整个系统流程如图 5-3-1 所示。

密封瓦由碳钢加工制成，在内孔和侧面浇铸巴氏合金。整个瓦体分两个部分，即空气侧部分和氢气侧部分，这两部分由定位套筒定位，由连接螺栓紧固在一起而成为一个整体。整个密封瓦有两个环形油室，即空气侧油室和氢气侧油室，它们分别由不同的油源供油，一路为空气侧密封供油，另一路为氢气侧密封供油。两个供油压力由密封油系统控制并保持相等（大于机内氢气压力 1.4 bar）。两路油的回油以相反的方向分别向空气侧和氢气侧排出，这样氢气侧与空气侧完全隔开，在两个环形油室之间的区域形成了一个油膜轴向滞留区，同时由于油压略大于氢气压力，防止了两个油源在该区域混合，即最大限度防止了氢气混合到空气侧油中，而混合了氢气的氢气侧密封油将由与空气侧相隔离的回油管道流回自己的油箱而进行氢气离析处理。

（1）氢气侧密封油系统

在运行期间，由氢气侧油泵从油位控制箱中取油加压后，打到氢气侧油冷却器，通过与常规岛闭式冷却水系统供来的冷却水换热后，经过过滤器过滤，以及压差调节器的调节保持与空气侧油压相同后，供到氢气侧密封结构中。氢气侧密封结构中的回油回到储油箱中，由储油箱向油位控制箱供油，以此周而复始地完成循环，达到密封氢气侧的作用。

氢气侧密封油的储油箱不仅用于接收来自密封装置氢气侧的回油以及向油位控制箱供油，还用来平衡氢气侧和空气侧两端密封装置的油压。油位控制油箱向氢气侧油泵供油的同时应该保证油泵有一定的压头。在油位控制箱内有两个浮子阀，用来控制箱内的油位，油位高时向汽轮机润滑油系统排油，油位低时浮子阀把空气侧冷却器分接点来的油注入油位控制箱，对油箱进行补油。

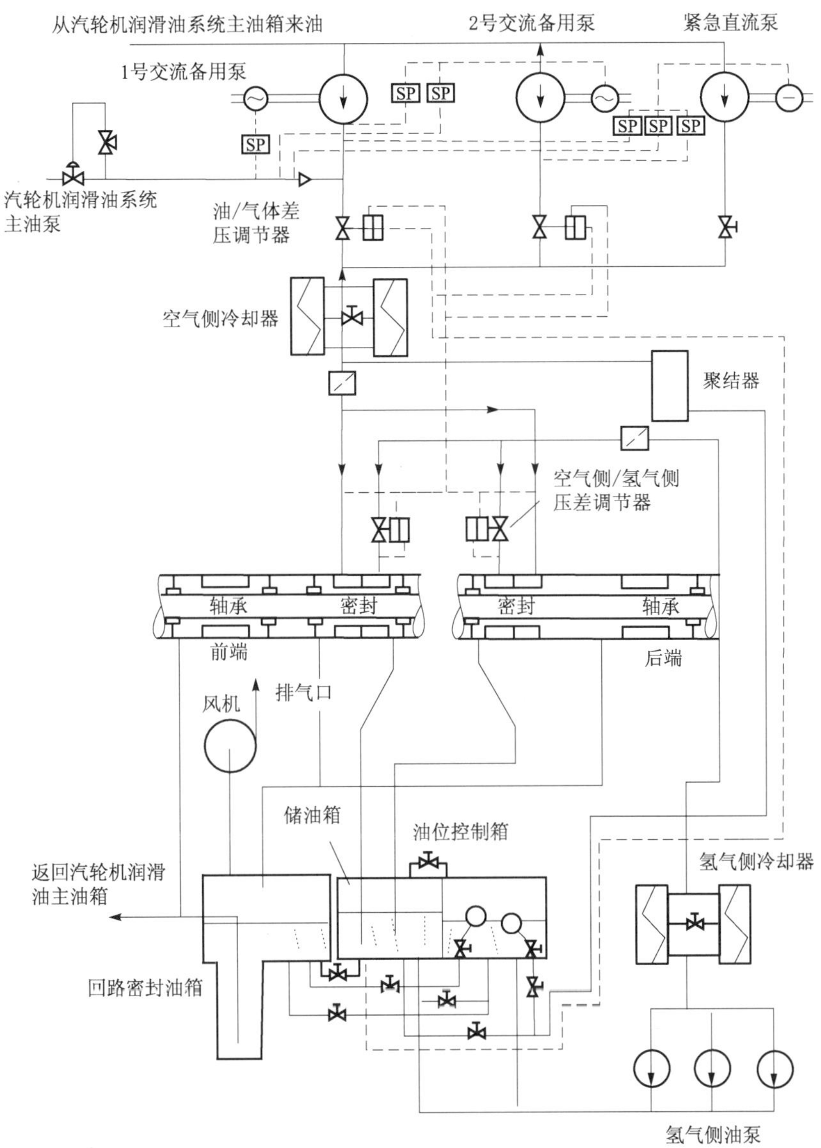

图 5-3-1　发电机密封油系统流程图

氢气侧安装了三台油泵，其中两台交流油泵，一台直流油泵。正常运行时，一台交流油泵工作，其余油泵处于备用状态。

为了稳定并降低氢气侧密封油的温度，系统中设置有两台冷油器并联安装，容量均为100%容量，一台运行一台备用。冷油器由常规岛闭式冷却水系统提供冷却。

另外，在系统中还设置有油过滤器和调节阀。油过滤器的作用是对密封油进行过滤，以改善油质。压差调节阀是具有平衡塞的球体阀，它的输入信号为空气侧和氢气侧密封油压，调节该阀使得氢气侧供油压力始终等于空气侧油压。

(2) 空气侧密封油系统

在正常的运行工况下，空气侧由汽轮机润滑油系统的主油泵供油，发电机密封油系统内还配有三台备用的空气侧密封油泵，其中两台交流油泵，一台直流油泵，正常运行时三台油泵均处于备用状态，其中直流油泵用于紧急情况下的供油，如失交流电源时。

正常情况下，由汽轮机主油泵来的密封油经差压调节阀调节，使得密封油压力大于发电机内氢气压力后，进入到空气侧冷却器，利用常规岛闭式冷却水系统供来的冷却水进行冷却后，经过滤器过滤，供到空气侧密封装置。为了避免回油中含有氢气，直接排回到汽轮机主油箱不合适，在系统中设置了回路密封油箱，接收空气侧密封油侧及轴承润滑回油，回油靠重力回到主油箱，回油箱上安有两台排风机，以利于有效地排气。

系统中设置有四台空气侧冷油器并联安装，每台为50%的容量，正常情况下两台运行，另两台备用。冷油器仍由常规岛闭式冷却水系统提供冷却。空气侧油过滤器的作用是对空气侧的密封油进行过滤以改善油质。空气侧的压差调节阀为具有平衡塞的球体阀，它的输入信号为空气侧密封油压力和发电机壳体内的氢气压力，在调节阀的作用下，使发电机空气侧密封油压比发电机内氢气压力高 1.4 bar。

聚结器采用易更换的芯式聚结器，当油位控制箱油位过低时，从空气侧冷油器出口取油，经过聚结器除去油中的水分后，向油位控制箱补油。

5.3.3 系统运行

正常运行时，密封装置的空气侧由汽轮机润滑油系统的主油泵供油，密封油经过一个油/气压差调节阀控制，使油压始终高于氢气压力 1.4 bar；密封装置氢气侧由一台交流油泵供油，油经过冷却后通过一个空气侧/氢气侧密封油压差调节阀调节氢气侧的供油油压始终等于空气侧的油压。空气侧的供油是由汽轮机润滑油系统的主油泵出口引入的，当它的供油压力低于正常值时，随着压力下降的水平，依次自动投入第一台备用交流油泵、第二台交流油泵启动和备用直流油泵，同样在氢气侧运行的交流油泵一旦故障，备用的交流油泵和直流油泵也将依次启动。

当发生下列情况时，需要紧急停机并将发电机紧急排氢：

1）发电机及其密封油系统或氢气系统着火，无法扑灭时；

2）发电机空气侧密封油完全中断时。

发电机密封油系统的停运必须在确认发电机氢气已经置换完成、并且发电机无压力，汽轮机盘车已经停运的状况下才能够进行。

5.4 发电机氢气供应系统

5.4.1 系统作用

目前大型电厂中的发电机均采用氢气冷却其定子铁芯和转子线圈，氢气作为冷却介质，具有相对导热性好，腐蚀性低，并且相对密度小，对转子阻力小等诸多优点，但是氢气这种物质本身有一个最大的隐患就是遇到氧易发生爆炸，因此在向发电机中供应氢气时，必须采用不可燃气体作为中间介质，以防氢气与空气相遇。

发电机氢气供应系统的主要作用是在发电机启动时，通过中间介质 CO_2 来排出发电机内的空气而充入氢气；相反在发电机停机检修时，通过 CO_2 来排出氢气充入空气。选择 CO_2

作为中间过渡介质是因为 CO_2 气体本身不可燃，同时避免了在充氢或排氢过程中，氢气和空气之间混合而产生爆炸的危险。

5.4.2　系统描述

发电机氢气供应系统主要由氢气、二氧化碳、压缩空气供应管道和一些手动阀门组成。具体流程如图 5-4-1 所示。

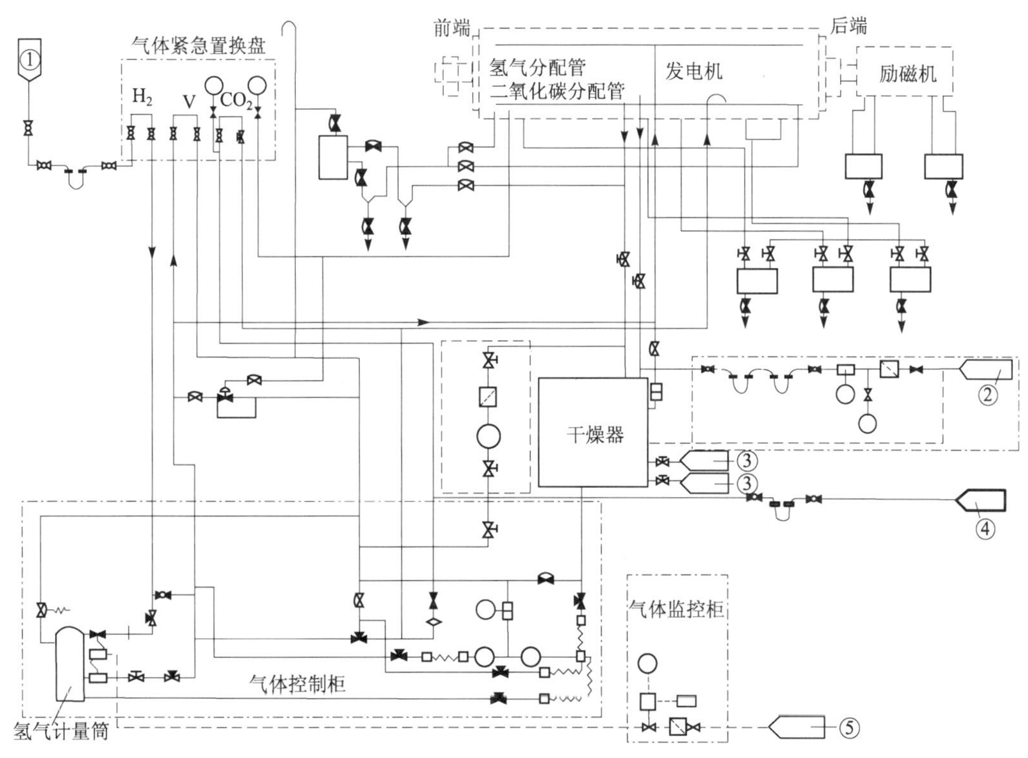

图 5-4-1　氢气供应系统流程图

①—氢气生产与分配系统；②—公用压缩空气分配系统；③—常规岛闭式冷却水系统；
④—厂用气体贮存与分配系统；⑤—仪用压缩空气分配系统

系统采用了两个可移动式 U 形管来连接气源和管道，用以保证充气和排气的安全。在 H_2 和 CO_2 的取样管道，配有 H_2、CO_2 湿度和纯度分析仪，用于在充气、排气和正常运行中对气体的湿度和纯度进行监测，系统中对氢气的纯度要求比较严格，如果由于压缩空气或者 CO_2 供应管线上阀门产生泄漏，或者润滑油带入空气等原因造成氢气纯度下降的话，会存在一定的安全隐患，最主要的是氢气中氧含量达到一定比例时会发生爆炸；另外气体密度上升，运行阻力也会增加，气体导热性能变差。

当系统中出现故障时，系统内设置的一些保护装置可以发挥作用，保护系统和设备。如系统中设置的定子线圈冷却水泄露监测和报警装置，以及紧急排氢气盘，当发电机或汽轮机厂房着火时，快速疏导出发电机内的氢气，避免发生氢气的爆炸等。

系统中设置有气体控制柜和气体监控柜，控制柜内装有大部分阀门以及操作这些阀门的压力开关与气动操作设备，以及一个氢气计量筒，氢气计量筒用于在正常运行时，若发电机内部氢气压力低于整定值时，可以通过该装置与氢气气源接通，接受氢气到满足压力时，通过其下游的压力调节阀调节后向发电机补气。气体监控柜内装有电气、监测及系统的控制设备，柜中装有氢气纯度指示仪、湿度监测仪以及气体干燥器的操纵控制设备等，在运行中不仅进行监测，还会对超出限值要求的参数给出报警。

(1) 发电机的充氢过程

在发电机氢气供应系统的排空气充入氢气的过程中，首先把两个可拆卸移动的U形管置于CO_2和H_2的气源供给管，然后向系统中充入CO_2，CO_2则通过相应的管道充入发电机内，在压差的作用下，发电机内空气通过相应的管道被排空，根据取样和监测分析空气完全被排空后，则打开阀门向发电机内充入H_2，在压差的作用下CO_2被从系统中排出，排放到大气中，根据取样和监测分析，CO_2排放完，且发电机内的H_2压力、湿度和纯度都符合运行的要求，则认为H_2充气结束，否则要用干燥器对H_2进行干燥处理，系统中设置的干燥器为全自动、可连续工作、自行再生的双室型干燥器(干燥剂材料选择活性氧化铝)。

正常运行时H_2是依靠其压差维持循环的，如果发电机没有启动，压差不够，则用鼓风机投入维持循环。

(2) 发电机的排氢过程

在停机检修时，系统则需要排出氢气充入空气。首先把原先接H_2的气源的U形管拆装到压缩空气的气源接口上，然后向系统内充入CO_2，在压差的作用下H_2由相应的管道排入大气，待取样和监测分析表明H_2完全排完，则将CO_2的U形管接到压缩空气的供气管道上，然后打开压缩空气的气源向发电机内充入空气，CO_2依靠压差排向大气，根据取样和监测分析，CO_2完全排完后，则排氢气充入空气的过程结束。

如果万一发生发电机或汽轮机厂房内火灾，而危及发电机安全时，则可以通过专门配置的紧急排氢气盘，迅速向发电机内充入CO_2使发电机内的H_2迅速通过紧急排氢气盘从系统内排空，避免发生氢气爆炸。

5.4.3 系统运行

在正常运行时，通过氢气气源向发电机内补充氢气，氢气罐则维持氢气的压力满足要求。发电机定子线圈的冷却水的调节阀以此压力为基准，调节水压低于氢气的压力一定数值，避免水泄漏进入发电机。发电机密封油系统的油压调节阀也以氢为标准，调解密封油的油压使之高于氢气压力一定数值，避免氢气漏出发电机。

在运行中，干燥器连续地对氢气进行干燥，在干燥器的出口设有一个取样管线，连续对氢气的湿度进行监测，氢气纯度分析仪也连续取样监测发电机内氢气的纯度，要求氢气纯度达到98%的水平。来自发电机的氢气持续地通过气体干燥器，而后回到发电机，其间没有任何流量的损失。干燥器内的干燥剂选用活性氧化铝，当其与水接触时，颜色会由蓝色变成淡粉红色，当活性氧化铝达到饱和状态时，必须使其再生，通过加热器对其加热，但是要严格控制加热温度不能超过150 ℃，否则氧化铝会分裂成粉末状，丧失其干燥功能，当氧化铝重新变为原始的蓝色时，再生工艺完成。

5.5　发电机氢气冷却系统

5.5.1　系统作用

发电机氢气冷却系统的主要作用是利用常规岛闭式冷却水系统的水来冷却发电机内循环的氢气和励磁机内循环的空气。该系统还利用设置在发电机及励磁机内的热电偶，对发电机和励磁机内的温度进行连续监测。

5.5.2　系统描述

发电机氢气冷却系统主要由发电机氢气冷却器和励磁机空气冷却器，以及一些相关的管道、阀门等组成，整个系统共有两个子系统组成：发电机内氢气冷却系统和励磁机内空气冷却系统。如图 5-5-1 所示。

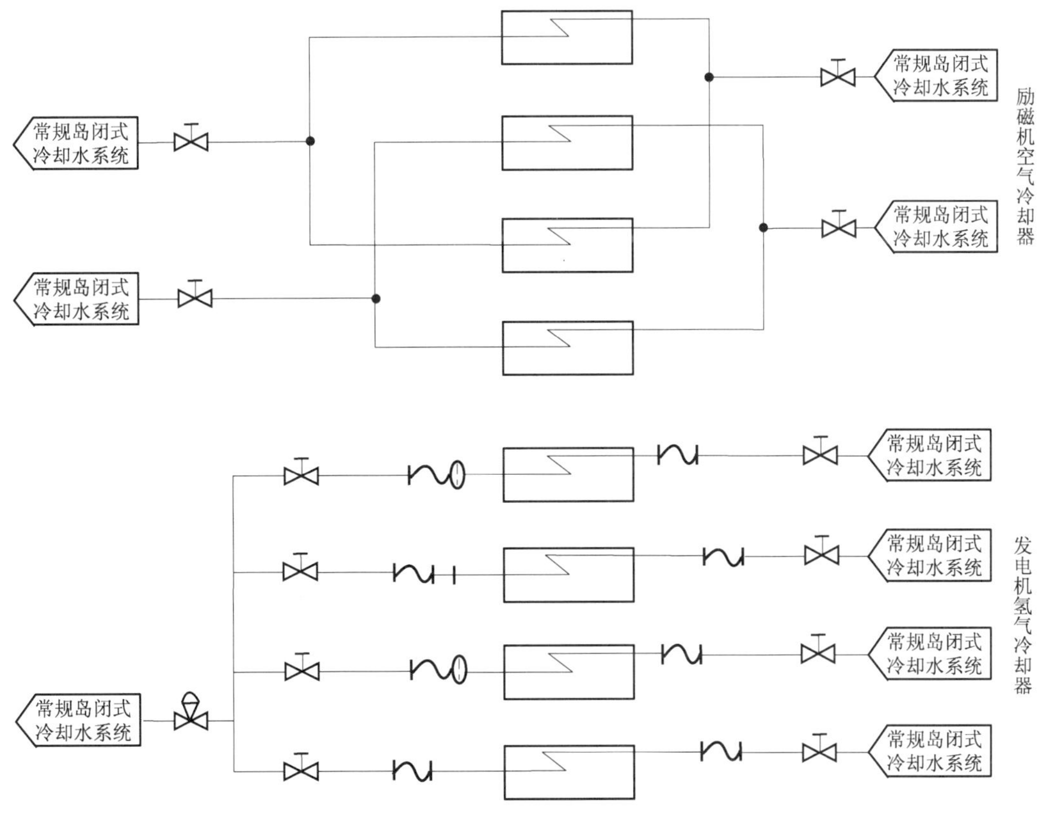

图 5-5-1　发电机氢气冷却系统结构图

(1) 发电机氢气冷却系统

发电机内氢气的冷却依靠装在发电机两端的四个容量各为 25％的冷却器完成，冷却器均为管式热交换器，垂直布置在发电机的上部。氢气靠发电机转子的两端的两个离心式风机叶片循环，进入氢气冷却器以后，靠常规岛闭式冷却水系统提供的水进行冷却，在冷却水管线上设置有调解阀，用来调节冷却水的流量以控制氢气出口的温度。

(2) 励磁机空气冷却系统

励磁机通常采用空气进行冷却。循环的空气依靠在励磁机两侧的四个容量均为50%的冷却器来冷却，四个冷却器均为管式热交换器，平行布置。空气利用励磁机的电枢转动时的鼓风作用进行循环。正常运行时励磁机的四台冷却器全部投入工作。空气冷却器的冷却水由常规岛闭式冷却水系统提供，空气的出口温度通过冷却器出口的一个隔离阀手动调节冷却水的流量来调节确定。

5.5.3 系统运行

发电机在正常运行时，发电机的四台氢气冷却器全部投入运行，而无备用。如果部分氢气冷却器故障而退出运行时，则发电机必须降低负荷运行。当一台冷却器停运时发电机功率应降到70%额定功率运行；如果不同端的两台氢气冷却器故障停运，则发电机仍可以降到65%的额定功率运行，但如果同一端的两台氢气冷却器损坏，则发电机不能带功率运行。

发电机氢气冷却系统在正常运行时，还能监测发电机和励磁机的温度。当测点温度超过限值时，则应该降低发电机的功率。一些测点温度热电偶还具有保护功能，当温度达到设定值时，发电机将自动跳闸。

复习思考题

1. 简述发电机基本结构特点并说明发电机的工作原理。
2. 简述发电机定子冷却水系统的功能。
3. 定子冷却水系统中的加热器有什么作用，在什么情况下才启用？
4. 发电机定子冷却水的净化途径有哪些？
5. 发电机密封油系统的功能是什么？
6. 简述发电机氢气供应系统的功能。
7. 发电机氢气冷却系统的功能是什么？
8. 能提供空气侧密封油的油泵有哪些？其备用关系如何？
9. 为什么用 H_2 作发电机冷却介质而不用 CO_2 等其他气体？

7. 发电机氢气供应系统为何要采用二氧化碳气体作为中间气体？如何排出发电机内的空气充入氢气。

8. 简述发电机密封油系统中双流环式油密封瓦的工作原理。

第六章　常规岛其他系统

在压水堆核电厂的常规岛，除了汽轮机系统和发电机及其辅助系统以外，还包括了电厂中许多其他的系统，如循环水系统和常规岛闭式冷却水系统以及辅助冷却水系统等。本章将针对这些系统作以简单介绍。

6.1　循环水系统

6.1.1　循环水系统综述

循环水系统主要用来为凝汽器提供凝结汽轮机乏汽的冷却水。按照供水方式不同，循环水系统可以分为闭式循环水系统和直流式循环水系统两种类型。

(1) 闭式循环水系统

闭式循环水系统是把由凝汽器排出的水，经过冷却降温之后，再用循环水泵送回凝汽器入口重复使用。对于天然水源的水量不充足，或水源的季节性水流量差距很大的情况，一般采用这种循环水方式。闭式循环水系统的一种基本方式是采用冷却水塔循环供水系统，如图 6-1-1 所示。

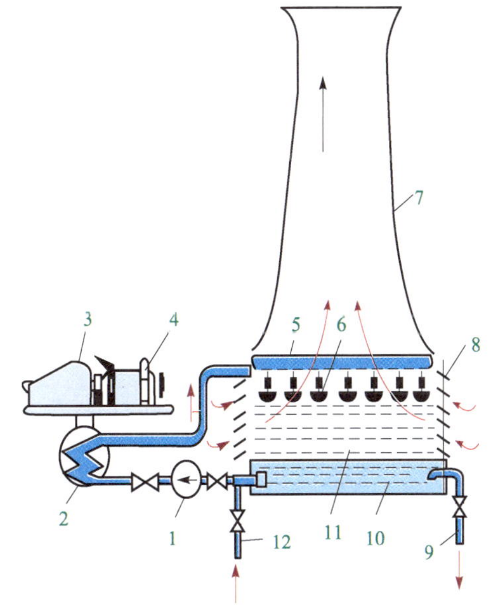

图 6-1-1　闭式循环水系统

1—循环水泵；2—凝汽器；3—汽轮机；4—发电机；5—配水槽；6—溅水盘；7—通风塔；8—供空气进入的百叶窗；9—排污管；10—贮水池；11—木栅格；12—补充水进水管

由凝汽器中排出的冷却水在循环水泵的驱动下，送至冷却水塔内具有一定高度的配水槽中，然后落至若干层溅水盘上，将冷却水分散成许多细小的水滴或形成水膜。由于通风塔的塔身有相当高度，能起到良好的通风作用，致使塔周围冷空气得以从塔底部进入通风塔，并向上升，冷空气在上升过程中与下降的水滴或水膜接触，水被冷却后落入储水池内，再由循环水泵送回凝汽器重复使用。

冷却水塔系统运行比较稳定，占地面积也比较小，因此，远离水源或水源不足的大型核电厂或火电厂，常采用这种供水系统。本系统的主要缺点是冷却效果受自然条件影响较大，通风塔造价昂贵。

与这种依靠自然循环冷却循环水的方式近似的还有一种靠强制对流换热的冷却塔形式，就是在塔顶安装风机，促进换热过程，其余与自然对流的设置基本一样。

(2) 直流式循环水系统

直流式循环水系统是指以江河湖海等天然水源作为循环水,循环水流经一次循环后,不重复使用。若厂区地势较水源水位高,而水源水位的涨落幅度又较大时,往往将循环水泵装设在水泵房内。为避免由电厂排出的热水重新进入吸水口,排水口应设在水流下游,且与吸水口有足够距离。

直流式循环水系统的主要优点是冷却水进水温度较低,并可以通过调节冷却水量来保证机组效率,有利于汽轮机组的经济运行,而且系统简单,投资较低。因此,只要水源在枯水季节时的水流量仍能达到发电厂耗水量 3～4 倍,水质又符合要求,则应首选开式供水方式。但若天然水源并不十分充分,则应妥善考虑,要防止大量余热集中地排入水源的某一段,影响附近水域中水生物的正常繁殖和生长,从而造成对自然界生态平衡的破坏。在这种情况下,应该考虑两种方式结合的办法,即在电厂同时设置直流式循环水系统和闭式循环水系统两套系统,互为补充。

对于压水堆核电厂,由于饱和汽轮机进汽参数低,容积流量大,冷凝器也因排汽量大而使其换热面增大,循环水量几乎增加一倍,这也是核电厂在选择厂址时需要特殊考虑的问题之一,基于这点要求,目前,国内核电厂都是建在沿海或靠近江河湖泊的地区。

6.1.2 系统功能

循环水系统的功能是通过向汽轮机组的凝汽器提供冷却水,将汽轮机排出的乏汽冷凝为水的状态,并向辅助冷却水系统提供冷却水。

海水直接从自然界中取用,必须通过循环水过滤装置对海水进行过滤,除去其中的杂质及微生物群。另外由于海水含盐量高、腐蚀性强,并含有大量微生物等特点,设置了循环水处理系统,即通过电解海水产生浓度为每升海水 1 g 的次氯酸钠溶液(强碱弱酸盐溶液),保护与海水接触的系统设备不受氯化物的污染和海洋生物聚集等造成的堵塞。

6.1.3 系统描述

循环水系统主要由独立的进口水渠、水闸门、拦污栅、旋转滤网、循环水泵、冷凝器进出口水室和排水口等组成,如图 6-1-2 所示。

循环水经过过滤装置净化后,循环水泵从旋转滤网内侧取水升压,并沿水渠送到冷凝器入口水室,流经冷却管束带走热量,经出口水室和排水渠送回大海。在循环水泵出口还接有向辅助冷却水系统提供海水的管线。

循环水泵采用立式离心泵,具有轴向吸入口和混凝土泵壳结构,这种结构水泵泵壳与进口通道均为钢筋混凝土浇筑,从鼓形旋转滤网出口到水泵叶轮进口处形成进水通道,整个通道的型线和尺寸由制造厂通过模型试验确定,能够保证良好的进水水力特性,同时具有水泥泵壳无污染,无震动,不需要大量的维修工作、水泵轴承与海水隔离,用油润滑磨损小,使用寿命长、泵轴在机械密封处装有轴套,不与海水接触,无腐蚀、检查维修简单方便,无重载,检查时不需要解体,大修间隔时间长等诸多优点。

系统设计上采取了防海水腐蚀的措施,如进出口管与凝汽器进出口水管的连管,采用的钢管内衬有环氧树脂加固的玻璃纤维保护层;鼓形旋转滤网采用了外加电流法的阴极保护等措施;水泵转子及其他与海水接触的部件如轴套、密封环等均采用奥氏体不锈钢制造。

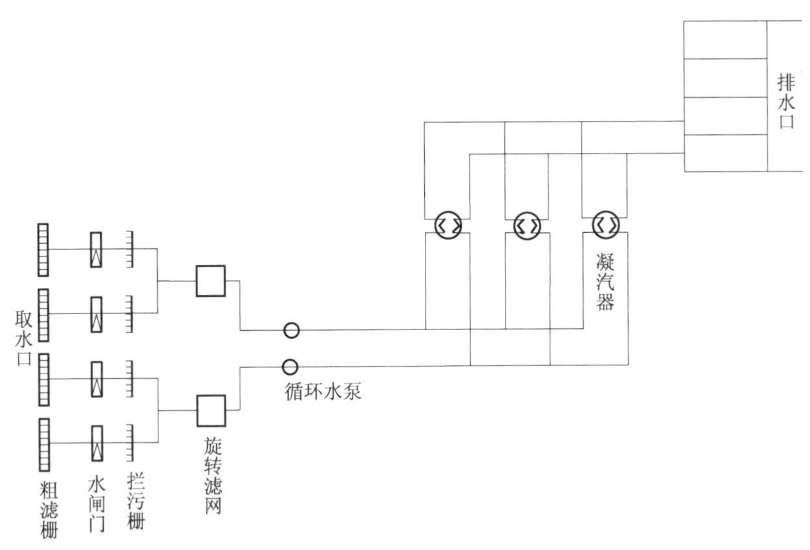

图 6-1-2　循环水过滤系统及循环水系统结构图

6.1.4　循环水过滤系统

循环水过滤系统主要包括粗滤栅，水闸门、拦污栅和旋转滤网等组成。

从取水渠来的循环水（海水），由粗滤栅挡住大块的漂浮物体进入水闸门。水闸门用于在泵站内部水渠或滤网检修时隔离海水。水闸门滑动的框架上装有带喷管的次氯酸钠注射母管，该管与循环水处理系统相连接，用于向进口循环水中注射次氯酸钠杀死海洋生物。拦污栅的栅格间距为 50 mm，各自装有一个垃圾耙斗，按时间顺序或根据拦污栅压力损失对拦污栅去污。当拦污栅的压力损失达到设定值时，垃圾耙斗自动投入运行，直至压力损失信号消失为止；也可由定时器电路控制，每隔所定周期启动一次。经过粗滤网过滤的海水接着进入细过滤设备——鼓型旋转滤网。每台旋转滤网由两台低速电机（正常情况下，一台运行，一台备用）、一台中/高速电机驱动。它的转速根据滤网两侧压差大小分为低速、中速和高速三挡，滤网两侧压差由压差探测器测量。当滤网两侧压力损失达到报警值时，向主控室发出报警。若旋转滤网的压力损失继续增大，达到整定值时，运行的循环水泵脱扣。

旋转滤网设有反冲洗系统，如图 6-1-3 所示，每台旋转滤网设置两台低压冲洗泵和一台高压冲洗泵。在旋转滤网运行时，一台低压冲洗泵（另一台备用）从重要厂用水系统吸水，经粗过滤器和旁路阀提供冲洗水。当旋转滤网以高速旋转大于 15 min 后，要手动投入高压冲洗泵，直到情况改善为止。此时低压冲洗泵做高压冲洗泵的增压泵运行。滤网表面被冲掉的垃圾通过排水沟排走。

6.1.5　循环水处理系统

循环水处理系统电解原理是通过就地电解海水产生次氯酸钠溶液，电解方式如下：

$$NaCl + H_2O \Leftrightarrow Na^+ + ClO^- + H_2$$

海水的 pH 值约为 8～8.5，温度达到 15 ℃时，所有的分子态氯消失，以氯化物的形式存

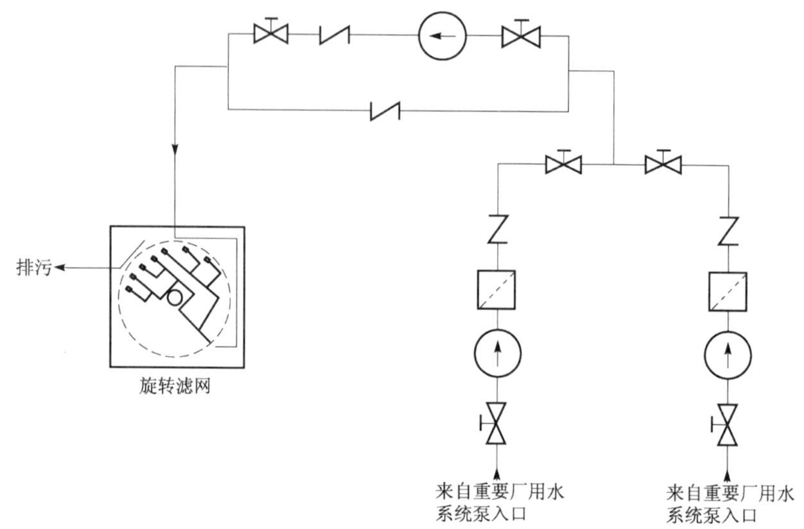

图 6-1-3 旋转滤网反冲洗系统流程图

在，经电解后以次氯酸钠形式出现的次氯酸离子约占 80%，次氯酸离子 $HClO^-$ 约占 20%；当 pH≥9.5 时，所有的可用氯以次氯酸离子 ClO^- 出现。主要使用的是次氯酸及次氯酸离子，若这两种产物进入有机生物体内，可破坏其生态机制，从而能有效地防止循环水回路中的海生物滋生。

另外在海水中还存在钙、镁等，电解时产生钙、镁等离子。这些离子趋向阴极形成钙和镁的沉淀，增加电能的消耗，因此必须通过化学和物理过程定期消除这些沉淀物。

每台机组的次氯酸盐发生器由两套独立的各为 50%容量的电解装置并联布置组成，如图 6-1-4 所示。

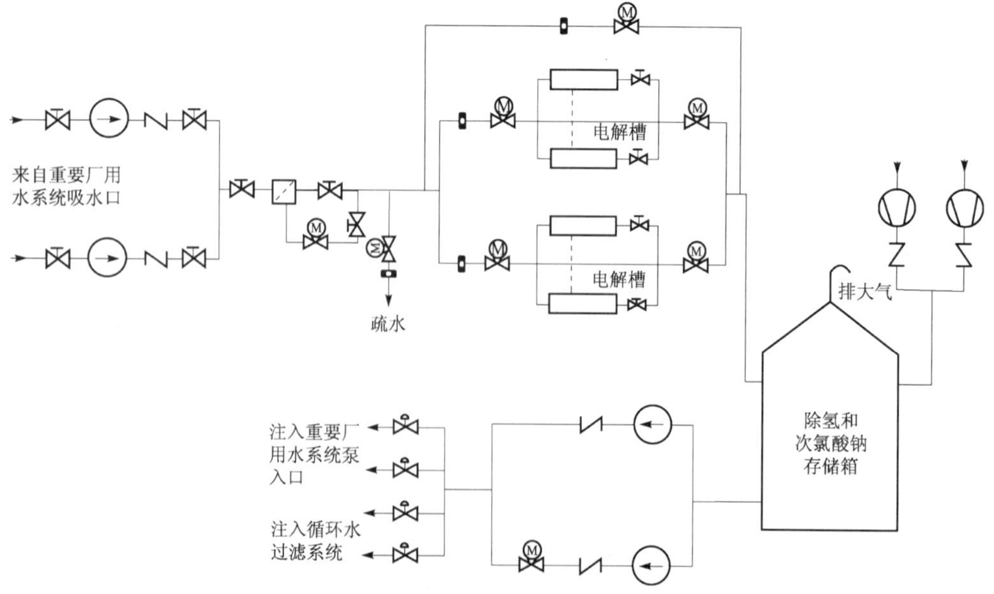

图 6-1-4 循环水处理系统结构图

两台各为100%容量的海水输送泵一台运行，另一台备用，从重要厂用水系统入口连接管道抽取海水，经逆止阀、隔离阀和带自动反冲洗装置的过滤器后送入两台并列运行的电解槽，每个电解槽由若干个单元组成，每个单元有若干个电离室。每个电解槽用一台独立的变压器/整流器提供直流电。在电解室中直流电流通过电解海水生成次氯酸钠溶液和氢气，生产的次氯酸钠溶液经隔离阀流到除氢和次氯酸钠贮存箱。在箱中氢气被分离出来，并通过两台排风机用空气稀释后经烟囱排放。两台注入泵从存贮箱吸收次氯酸钠溶液，通过安装在循环水入口的注入母管分配到循环水中。

6.2 常规岛闭式冷却水系统

6.2.1 系统功能

常规岛闭式冷却水系统的功能是将常规岛系统设备以及部分BOP设备运转过程中产生的热量导出，保证这些设备的安全运行。

6.2.2 系统描述

本系统由1台高位水箱、3台容量各为50%的卧式离心泵、3台容量各为50%的板式冷却器以及除盐冷却水母管和各个用户冷却器组成，其流程如图6-2-1所示。

正常运行情况下，由运行的两台泵(剩余一台备用)从高位水箱中取水、加压后，汇集到泵出口母管，然后进入运行中的两台并联的板式冷却器(剩余一台备用)，与辅助冷却水系统供过来的海水进行热量交换，被冷却的除盐水经过流量孔板至除盐冷却水供水母管，然后根据各个用户需求，向其供应冷却水。各个用户冷却器的排水最终汇集于回水母管，送到冷却水泵的入口，从而完成冷却水的闭路循环。

在每台泵的出口布置有逆止阀，泵的进出口布置有隔离阀，加热器的进出口管线上也布置有手动隔离阀，在进行设备切换时，通过操作这些阀门实现。

闭式冷却水的用户很多，包括：励磁机空冷器、发电机氢冷器、定子水冷却器、抗燃油冷却器、汽轮机润滑油冷却器、发电机空气和氢气侧密封油冷却器、发电机母线冷却器、负荷开关冷却器、电动给水泵电机冷却器、液力耦合器工作油及润滑油冷却器、汽动给水泵润滑油冷却器等。冷却水系统的各用户冷却器进出口都装有隔离阀，用于设备的切除隔离。在部分用户冷却器的出口设置有温度调节阀，根据被冷却的介质对温度的要求来调节除盐冷却水的流量。其中从发电机氢冷器出来的冷却水要先经过排氢水箱将氢气分离出来排入大气之后再与其他路冷却水汇合。

在板式冷却器出口设置有旁路管线，用于调节供到冷却水母管的冷却水流量。其中旁排阀的控制信号来自流量孔板上跨接的流量变送器，当用户对冷却水的需求量减少时，旁排阀门就开大，使冷却水泵运行在最佳工作点上。

高位水箱为冷却水泵提供正吸入压头，并起到容积缓冲的作用，在其内部设置有浮子阀，调节来自除盐水分配系统的补水量，以补充冷却水的损失。在水箱顶端设有溢流管，当水箱满水时，可以通过溢流管放水。三台板式冷却器在选材上为了耐海水腐蚀，选择金属钛板。

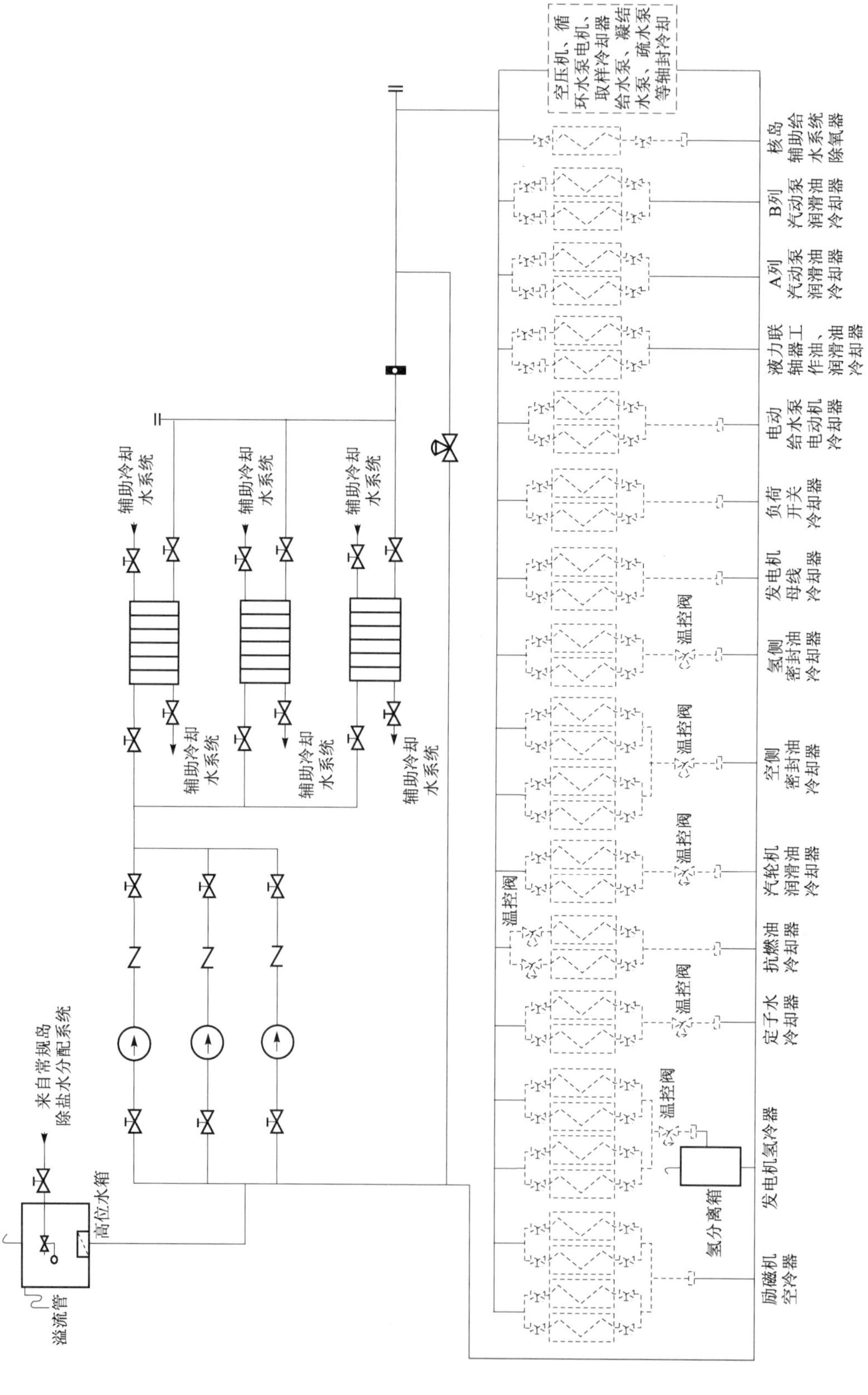

图 6-2-1 常规岛闭式冷却水系统流程图

6.2.3　系统运行

（1）启动

在系统启动前要求常规岛除盐水分配系统处于工作状态，并且辅助冷却水系统先向本系统中的板式冷却器供海水，选定好投运的 2 台冷却水泵和 2 台板式冷却器，并在启动时，将系统中的空气排空。

（2）正常运行

在正常运行期间，本系统投运 2 台冷却水泵和 2 台板式冷却器，其余 1 台泵和 1 台冷却器备用，保持系统处于运行状态。当汽轮机脱扣时，本系统仍然要维持在运行状态。当冷却水出口温度低时，可加大旁路阀的开度，将多余的水送回到冷却水泵入口。可根据用户需求调节投运的冷却水泵和冷却器数量，若主要用户的冷却器都已经停运，可以只保留一台冷却水泵运行。

（3）停运

本系统的停运不需要特殊的操作，手动停运冷却水泵，并在除了检修时允许排空之外，其余停运状态下均需要保持系统满水。

6.3　辅助冷却水系统

6.3.1　系统功能

辅助冷却水系统的功能是为常规岛闭式冷却水系统的冷却器和冷凝器真空系统的冷却器提供过滤的冷却水——海水。

6.3.2　系统描述

本系统由四台各为 50%容量的增压泵、一台自动清洗过滤器、三台各为 50%容量的常规岛闭式冷却水系统的冷却器以及三台凝汽器真空系统液环式真空泵的密封水冷却器等组成，其流程如图 6-3-1 所示。

辅助冷却水的最原始水源为海水，从循环水泵出口引出四个接口，四台各为 50%容量的增压泵在此接口取水升压后，送到泵的出口母管，之后水进入到一台带自动反冲洗装置的过滤器，经过滤后的冷却水分成两路进入冷却器：一路通往常规岛闭式冷却水系统的三台并联的容量各为 50%的冷却器（正常情况下，二台运行，一台备用）；另一路通向冷凝器抽真空系统三台并联的容量各为 100%的冷却器。从两路冷却器出来的水流入循环水系统的排水渠，最后回到大海。

四台 50%容量的增压泵分为 A、B 两列。正常情况下，每一个系列有一台泵运行，另两台备用。在增压泵的入口处有隔离阀，出口处有逆止阀和隔离阀。每台泵的进出口两端跨接有水位开关，它与泵的电机联锁，防止泵在未充水情况下启动。过滤器容量为 100%流量，带有定时反冲洗装置、放气阀和疏水阀，其壳体为碳钢，内壁有环氧树脂衬，其他元件都由不锈钢制造。

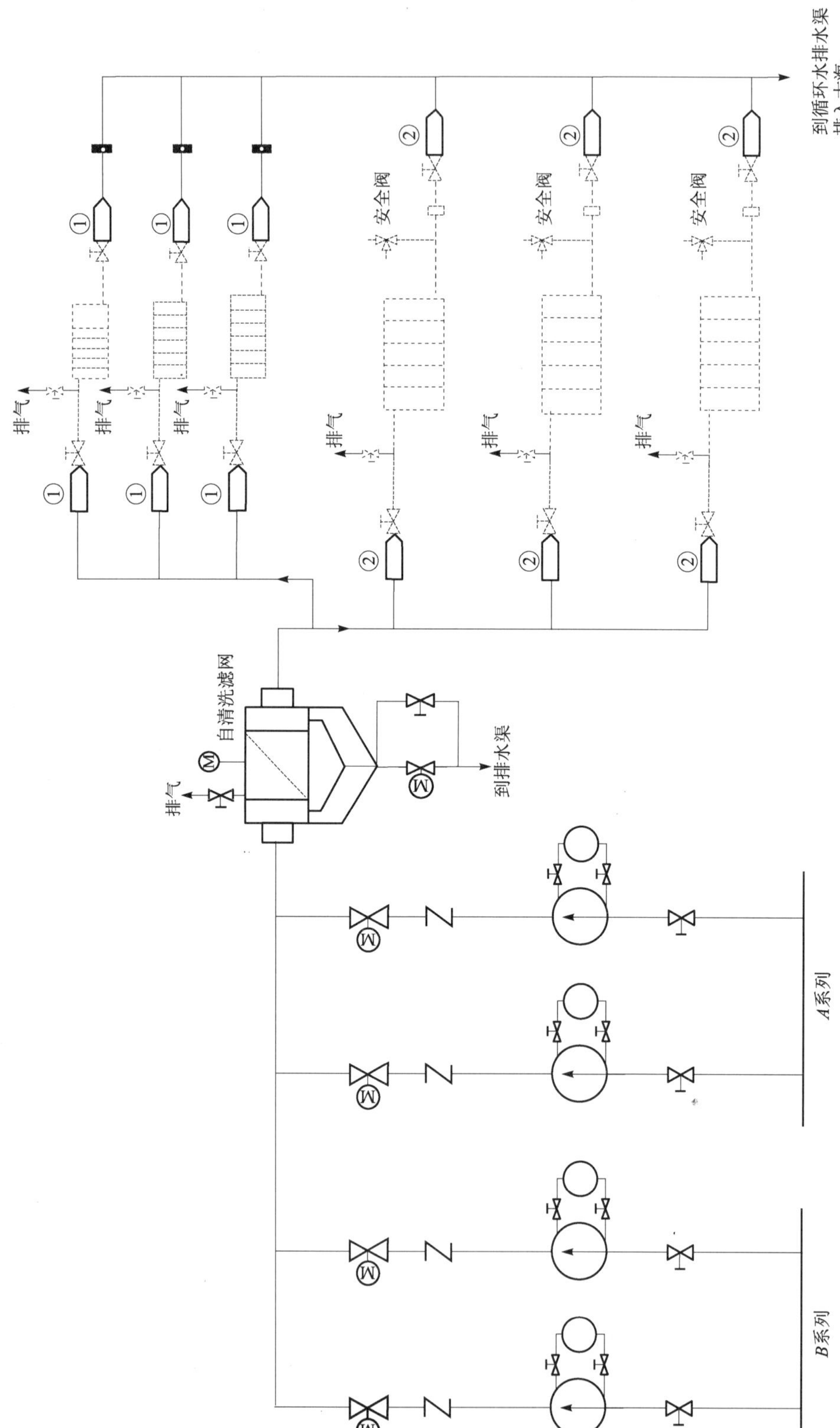

图 6-3-1 辅助冷却水系统流程图

①—凝汽器抽真空系统；②—常规岛闭式冷却水系统

6.3.3　系统运行

(1) 启动

正常启动要求循环水系统先投运。每列进口水渠选择一台泵运行,另一台备用,当泵体内已充水、且水泵出口阀已全开的情况下,由手动启动辅助冷却水泵。当出现运行泵出口压力过低(备用泵在延迟 5 s后投入)、运行泵停运或另一水渠中两台泵均停运以及向另一进水渠供水的循环水泵停运时,备用泵能自动投入运行。

(2) 正常运行

辅助冷却水由两台辅助冷却水泵供给,分别从每条进水渠取水,当任何一台泵故障时,自动启动同一条进水渠的备用泵;两台常规岛闭式冷却水系统的冷却器和自动清洗过滤器投入运行、三台冷凝器真空系统的冷却器也可使用(正常运行时只投运一台液环式真空泵,所以只需一台冷却器运行)。

(3) 停运

运行人员可通过手动按辅助冷却水泵的停止按钮,停止水泵的运行,这时本系统中断冷却水供应。

复习思考题

1. 循环水系统按照供水方式不同有哪几种类型? 各自的特点有哪些?
2. 闭式冷却水系统的用户有哪些?
3. 简述循环水过滤系统旋转滤网的反冲洗装置的工作原理。
4. 循环水系统与哪些系统和设备有直接的关系?
5. 分析循环水处理系统的功能以及电解原理、电解液的应用。
6. 引起循环水泵脱扣的原因有哪些?
7. 循环水处理系统如何处理在海水电解过程中生成的氢气?
8. 循环水过滤系统的用户有哪些?
9. 循环水过滤系统中旋转滤网的工作转速分为几挡? 划分的依据是什么?
10. 常规岛闭式冷却水系统在板式冷却器出口设置的旁路管线的作用是什么?
11. 循环水过滤系统中旋转滤网两侧压差过高时有何反应?
12. 常规岛闭式冷却水系统需要监测的参数有哪些? 当这些参数超过整定值时会有什么情况发生?
13. 辅助冷却水系统的功能有哪些?

参考文献

[1] 代云修,张灿勇. 汽轮机设备及系统. 北京:中国电力出版社,2006.

[2] 苏林森,杨辉玉,王复森. 900 MW压水堆核电站系统与设备. 北京:原子能出版社,2005.

[3] 郑福裕,邵向业,丁云峰. 压水堆核电厂运行. 北京:原子能出版社,1998.

[4] 陈汝庆. 汽轮机原理及运行. 北京:中国电力出版社,2000.

[5] 孙为民,杨巧云. 电厂汽轮机. 北京:中国电力出版社,2005.

[6] 广东核电培训中心. 900 MW压水堆核电站系统与设备. 北京:原子能出版社,1985.

[7] 王仲奇,秦仁. 透平机械原理. 北京:机械工业出版社,1981.

[8] 臧希年,申世飞. 核电厂系统及设备. 北京:清华大学出版社,2003.

中文索引

（本索引按汉语拼音排序，每个词条后面的数字是它在本书中首次出现的页码）